工业和信息化部"十二五"规划专著

KONGJIAN JISHENG XITONG DONGLIXUE JIANMO YU KONGZHI

空间系绳系统动力学建模与控制

王长青　李爱军　著

U0202147

西北工业大学出版社

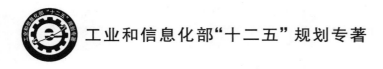

【内容提要】 本书是作者在多年从事空间系绳系统动力学与控制理论和实践研究的基础上撰写而成的，较全面地介绍了空间系绳系统动力学建模、控制和仿真分析方法。本书主要内容包括空间系绳系统动力学建模、空间系绳系统标称展开轨迹设计、空间系绳系统舱体辅助返回的展开过程计算及仿真、空间系绳系统小卫星辅助空间发射的展开过程计算及仿真分析、空间系绳系统平衡状态基本理论与建模、空间绳网系统交会捕获空间碎片的运动分析以及空间系绳系统状态保持稳定控制等。

本书内容丰富，特色鲜明，可供从事空间系绳系统或其他航天器动力学建模与飞行控制研究、设计和实验的技术人员参考使用。

图书在版编目(CIP)数据

空间系绳系统动力学建模与控制/王长青，李爱军著．—西安：西北工业大学出版社，2017.3

ISBN 978-7-5612-5242-0

Ⅰ.①空…　Ⅱ.①王…②李…　Ⅲ.①绳系卫星系统—动力学分析—研究　Ⅳ.V474

中国版本图书馆 CIP 数据核字(2017)第 057509 号

策划编辑：杨　军
责任编辑：李阿盟

出版发行：西北工业大学出版社
通信地址：西安市友谊西路 127 号　　邮编：710072
电　　话：(029)88493844，88491757
网　　址：www.nwpup.com
印 刷 者：兴平市博闻印务有限公司
开　　本：787 mm×1 092 mm　　1/16
印　　张：12.75
字　　数：309 千字
版　　次：2017 年 3 月第 1 版　　2017 年 3 月第 1 次印刷
定　　价：48.00 元

前　言

空间系绳系统是通过系绳将卫星与航天飞机、宇宙飞船、空间站或其他卫星连接起来而形成的新型空间飞行器，在空间探测与航天技术领域相较于现有空间技术具有独特优势，可完成普通航天器无法完成的任务。空间系绳技术是一种全新的航天技术，是当代空间技术的一个新的领域。自20世纪70年代中期以来，空间系绳系统理论经过几十年的发展，显示出巨大的应用前景，随着日益增长的太空任务需求，空间系绳系统已经成为国际研究热点。本书是笔者多年从事空间系绳系统动力学建模与控制研究工作的系统总结。

全书共分8章：第1章绪论，介绍空间系绳系统的发展、应用、空间实验概况以及系绳的材料与结构；第2章空间系绳系统动力学建模，介绍坐标系定义及坐标转换关系，研究基于“哑铃模型”采用拉格朗日方程方法和牛顿力学方法建立简易动力学模型的方法、基于“珠式模型”采用牛顿力学方法建立更一般性的动力学模型方法；第3章空间系绳系统标称展开轨迹设计，研究静态展开过程标称轨迹设计方法和动态展开过程标称轨迹设计方法；第4章空间系绳系统舱体辅助返回的展开过程计算及仿真，研究空间系绳系统辅助返回方案及原理、空间系绳系统辅助返回再入条件计算、空间系绳系统辅助返回控制律设计以及空间系绳系统辅助返回再入条件影响因素分析；第5章空间系绳系统在轨发射的展开过程计算及仿真分析，介绍在轨发射方式，研究空间系绳系统在轨发射的基本原理及方案、空间系绳系统轨道参数影响因素的仿真分析；第6章空间系绳系统平衡状态基本理论与建模，研究空间系绳系统平衡状态的建模、空间系绳系统平衡位置计算与分析、系绳系统临界绳长的计算与分析；第7章空间绳网系统交会捕获空间碎片的运动分析，分析交会捕获条件，研究摆动交会捕获方案，设计摆动交会跟踪控制律，对空间系绳系统动态释放空间碎片进行仿真分析；第8章空间系绳系统状态保持稳定控制，介绍标准系数法，研究基于标准系数法的模态控制方法，对空间系绳系统可控性、可观性以及稳定性进行分析，对状态信息完全情况下和状态信息不完全情况下空间系绳系统状态保持稳定控制进行仿真分析。

本书内容是笔者和所指导的研究生董哲、康俊杰、许自然、张丛丛、李超、韦汉林、张马林、罗拉全、杜崇刚、王盼冰、王鑫多年研究工作的结晶，在此特向他们表示感谢。研究生李婧忱、陆宏湜、唐丹丹、葛洋洋、刘晨光在本书资料整理、排版和校稿过程中做了很多有益工作，对他们表示感谢。特别要感谢西北工业大学中俄国际空间系绳系统研究中心主任王伟教授和西北工业大学自动化学院“人才特区”讲座教授、陕西省“三秦友谊奖”得主、中国政府“友谊奖”得主、俄罗斯萨马拉国立航空航天大学扎伯罗特诺夫·尤里教授、纳乌莫夫·奥列格副教授对本书所提供的大力支持和有益帮助！同时，对国家科学技术部、陕西省科技厅、西北工业大学所提供的项目资助表示衷心感谢！

由于水平有限，书中难免出现纰漏和不妥之处，欢迎各界同仁批评指正。

作　者

2016 年 12 月

目　　录

第1章　绪　　论

1.1　空间系绳系统概述

空间系绳系统是一个用柔性系绳连在一起共同完成在轨飞行的人造空间物体组合体[1]。最具代表性的是将一颗卫星(子星)通过几米到几十千米甚至更长的柔性系绳连接到另一颗质量较大的飞行器(基星)上,构成基星-系绳-子星空间组合体[2]。基星可以是卫星、飞船、航天飞机、空间站等多种空间飞行器,甚至可以是废弃的末级运载火箭等;子星为小卫星、返回舱、微小探测器等。复杂系绳系统由多个空间物体组成,用空间系绳把它们连接成闭环、树形或多面体等。空间系绳系统是人在空间建造的一种新型结构,能够完成现有航天器不可能完成、不适于完成、不能经济地完成的任务。根据系绳是否导电,可将系统分为两类:电动力系绳系统和非电动力系绳系统。电动力系绳系统的系绳采用多层绝缘铜线、铝 6061 等导体材料;非电动力系绳系统的系绳采用 Spectra - 1000,Spectra - 2000,Kevlar(凯夫拉),Dyneema(迪尼玛)等非导体材料。在使用的过程中,系绳系统又可以分为两类:一类是静态系绳系统,即系绳的长度和数量、航天器的数量和质量以及它们的相互位置和指向不发生变化。其主要用于深空、近地空间和地球表面研究,低空的大气探测研究,微重力环境下的各种实验研究,构建复杂的空间大型建筑等。另一类是动态系绳系统,即系绳的长度和数量、航天器的数量和质量以及它们的相互位置和指向经常改变。其主要用于完成航天器的轨道机动、变换航天器空间指向、空间运输、航天器编队等。

空间系绳系统概念的提出可以追溯至俄罗斯“航天之父”齐奥尔科夫斯基在 1895 年关于“赤道通天塔”的设想[3],即在赤道上建造一座“通天塔”,人们依托“塔”上升到“失重”的高度,从而离开地球。但是由于当时航天技术的限制,该设想未引起人们的注意。20 世纪 50 年代,科学家们提出了“空间升降机”设计方案[4],即由地球同步轨道上的基站释放系绳至地面,将系绳固定后作为货物或航天器的运送轨道。与最初的“通天塔”设想相比,已经可以看到现代系绳系统的雏形,空间系绳系统的研究由此拉开帷幕。从 20 世纪 60 年代末期起,苏联组织科学家队伍从事空间系绳系统的理论研究,奠定了系绳系统的理论基础,并把它作为航天技术的一个有前途的发展方向。1965 年俄罗斯能源火箭公司(苏联中央机械制造设计局)在科罗廖夫领导下准备开始做世界上第一个系绳系统的空间实验。当时提出用一根 1 km 长的钢绳把联盟号飞船与运载火箭末级连在一起,使它们一起运转,在飞船上制造人工重力。但随着科罗廖夫的逝世这一工作停止了。1966 年年底,美国国家航空航天局(NASA)发射双子星 11 号和 12 号(Gemini Ⅺ & Ⅻ)首次进行了系绳系统在轨飞行实验,验证了人造微重力现象[5];1974 年 Colombo 等人提出“Shuttle - Borne Skyhook”设想[6],将系绳系统的应用与实验研究带入了快速发展阶段。进入 20 世纪 80 年代后,包括美国、意大利、欧洲太空局(简称欧空局)在内的多个国家和地区的研究机构从不同应用角度对系绳系统的性态及实验进行研究,发表了大量关于空间系绳系统的科技文献，并投入大量人力、财力进行了多次系绳系统地面实验以及在轨飞行实验[7]。俄罗斯能源火箭航天公司从1987年重新投入了空间系绳系统的研究工作，以期在载人空间站的框架内掌握并应用这种系统。他们制定的发展俄罗斯空间系绳系统的构想，已取得了新一代永久性载人轨道站专利权。根据预先研究，这种轨道站应是一种复杂的系绳系统，它由两个多组合站构成，多组合站由数条系绳连接，还有一部升降机沿着各站之间的系绳运行，以及与系绳相连的各个组件。自20世纪六七十年代至今，美国国家航空航天局、意大利航天局(ASI)、加拿大航天局(CSA)、美国海军研究实验室(NRL)以及欧洲太空局(ESA)与俄罗斯能源火箭航天公司(RSC"ENERGIA")等研究机构已进行了数十次系绳卫星在轨实验[8]。这些实验系统虽尚未达到实际应用水平，却从系绳释放及旋转稳定、重力梯度稳定及系绳回收、电流产生、长系绳展开及反馈控制、电动力轨道提升以及系绳的长时间存活等方面对空间系绳系统的可行性进行了验证。

空间系绳技术是一种全新的航天技术，是当代空间技术的一个新的领域，有可能改变未来航天系统的整个面貌。自20世纪70年代中期以来，系绳理论经过几十年的发展，显示出其巨大的应用前景，如，利用系绳技术拓宽空间站站外活动，构建微重力实验室，从空间站向下或者向上伸出的系绳系统可进行较为精确的微重力或变微重力实验[9-10]；辅助空间站进行姿态的稳定与控制[21-22]；利用动量交换实现子星的轨道提升[20]；利用电动力改变空间站轨道离心率以及实现航天器从空间站上发射[23,25-32,43]；利用系绳伸展下降到一定高度后，予以释放，使空间站试验品进入地球返回轨道被回收[24]；实现有效载荷入轨/离轨、空间飞行器的交会对接[33-38]，以及废弃卫星或者空间碎片的捕捉与清除[39-42]；利用在系绳末端不同位置安装多个探测器以收集不同轨道高度的空间地球物理以及大气信息[9-11]；利用电动系绳技术为航天系统的蓄电池以及其他用电设备提供电能[13-15]，还可以用于低频或者超低频无线电通信以及无线电定位[16]；利用系绳系统可以在外太空建造大型复杂建筑，例如，工厂、发电站、温室[12]等；利用系绳技术可以收集彗星和小行星样本，进行火星观测，在木星内磁层提供电磁推力或阻力机动[17-18]，可为太阳系行星探测提供足够的质量储蓄[19]，也可基于该技术远距离观测月球[20]，还可以构建地月绳系运输系统、星际转移推进系统、火星月球绳系运输系统[8]等。

1.2 空间系绳系统实验

1.2.1 空间实验

第一次系绳系统空间实验可以追溯至1966年，美国国家航空航天局将两个有人操作的飞船Gemini Ⅺ号和Gemini Ⅻ号通过系绳与阿金纳火箭连在一起，以此来研究连在一起时飞船的动力学特性。该实验对空间系绳系统的相关技术进行了验证，为以后开展系绳系统实验提供了支持。

1.2.1.1 OEDIPUS实验

由加拿大航天局和美国国家航空航天局联合完成的OEDIPUS(Observations of Electric－Field Distribution in the Ionospheric Plasma－a Unique Strategy)实验旨在利用系

绳构成更大的观测孔径研究电离层。此次实验共包含 OEDIPUS－A 与 OEDIPUS－C 两个实验[44-46]。

在 1989 年 1 月的 OEDIPUS－A 实验中，系绳系统为旋转系绳二体系统，系绳最终释放了 958 m，实验持续了 15 min，达到了实验目的。

OEDIPUS－C 实验在 1995 年 11 月进行，实验过程中直径仅 1 mm 的系绳释放了 1 174 m，实验任务除了对电离层进行观测外还对系绳系统的结构动力学进行了研究。

研究人员对两次在轨实验得到的数据进行研究后，发现了系绳对其两端刚体姿态的动力学影响，并研究了 OEDIPUS 旋转系绳系统的动力学现象，为未来系绳系统实验以及理论研究提供了支持。

1.2.1.2　TSS 实验

20 世纪 90 年代，意大利空间局与美国国家航空航天局合作开展的 TSS(Tethered Satellite System)实验是人类历史上首次电动力实验。该实验包含两次飞行演示实验[47-49]：1992 年 7 月的“TSS－1 实验”和 1996 年 2 月的“TSS－1R 实验”。整个实验的主要目的是研究利用系绳发电的可行性。

TSS－1 实验过程中，由于系统在地面组装过程中某个机械控制装置上的螺栓安装不当，导致系绳在释放过程中被卡住，仅释放了 256 m，子星被收回至航天飞机的货舱内。

TSS－1R(见图 1.1[48])实验过程中，系绳释放了 20 km，在系绳两端之间产生了 3 500 V 电压，由于电流控制电路未能有效控制电流，导致电流达到 1.1 A，总功率达 3 850 W，形成电弧，将系绳击断。

图 1.1　TSS－1R 实验

研究人员根据 TSS 实验得到的数据，评估了系绳系统的动力学特性以及系统的应用价值，验证了利用系绳系统在空间发电是可行的，并且如果导体可从电离层获得足够的电子，导体系绳可以产生电动力。

1.2.1.3　SEDS 实验

SEDS(Small Expendable Deployer System)实验由美国国家航空航天局设计开展，包括 SEDS－1 和 SEDS－2 两次实验。其目的主要在于验证系绳系统在小型航天器上的应用，该实验重点观测了系绳的释放与控制机构。

1993 年 3 月完成的 SEDS－1 实验是全球首个用小卫星作为子星完成的实验(见图

1.2[80-81]),为了研究系统在伸展过程中的动力学以及系绳在空间被切断后有效载荷的运动情况。实验过程中当系绳释放至 20 km 处时,其末端被切断,之后子星返回大气,实验达到预期目标。

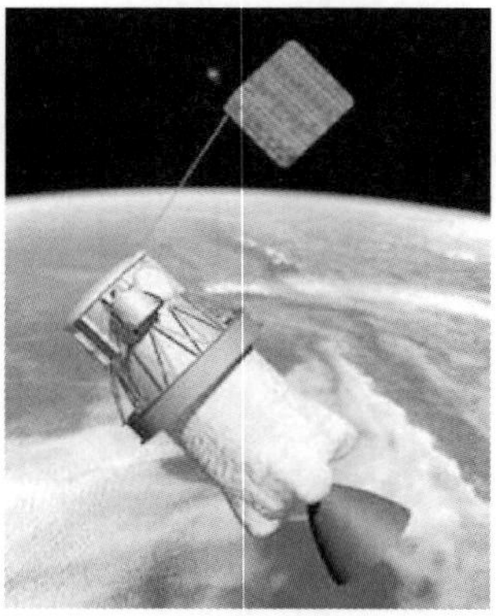

图 1.2　SEDS-1 实验

1994 年 3 月,美国国家航空航天局进行了 SEDS-2 实验,实验目的主要是在 SEDS-1 的硬件基础上,研究系绳系统在空间中的生存能力,包括子星释放控制能力以及系统长期运行时的动力学特性。实验计划运行 12 天,但系统仅运行了 3.7 天,系绳被微流星体切断,展开系统在电源失效前传输了大约 3 500 s 的数据。

1.2.1.4　TiPS 实验

1996 年 6 月,美国国家勘测办公室(National Reconnaissance Office,NRO)和美国海军实验室(Naval Research Laboratory,NRL)联合进行了 TiPS(Tether Physics and Survivability,系绳物理与生存能力)实验(见图1.3[52])。

图 1.3　TiPS 实验

实验的主要目的是为了获得系绳系统的动力学数据以及存活能力的资料。实验过程中利用长 4 km 的系绳释放了两颗小卫星,成功地获取了数据,验证了系绳材料可以承受来自空间碎片的撞击以及空间恶劣环境下的生存能力。

除此之外,研究人员还在系统平衡位置处做了摆动实验,研究了系统的姿态确定方法,通过系统摆动角度和速度的相关数据验证了长系绳的摆动可利用阻尼显著衰减以及系绳系统的整体姿态运动很快就会被重力梯度效应衰减,由此说明系绳系统具有可预测性、稳定性和鲁棒性。

1.2.1.5　YES 实验

YES(Young Engineers' Satellite)[53]实验是由来自欧洲 10 多个国家的学生在欧洲空间局帮助下设计并开展的，包括 YES－1(Young Engineers' Satellite－1)和 YES－2(Young Engineers' Satellite－2)。

YES－1 实验在 1997 年进行，实验目的主要是验证以及演示在地球同步转移轨道上的系绳展开时的动力学特性和系绳的动量交换技术[53]。但不幸的是，如果发射窗口在系绳展开过程中改变，那么系绳就极有可能被太空碎片割断，研究人员考虑到这点未进行系绳展开实验。

YES－2 在 2007 年 9 月底进行，此次实验从 SEDS 实验演变而来，属于欧洲空间局的微重力实验的一部分，由俄罗斯制造的"光子－M3"号飞船送入太空。实验主要目的是验证空间系绳系统作为太空交通工具是否可行，即验证是否能通过系绳系统将有效载荷送回地球表面(见图 1.4 和图 1.5[54])。

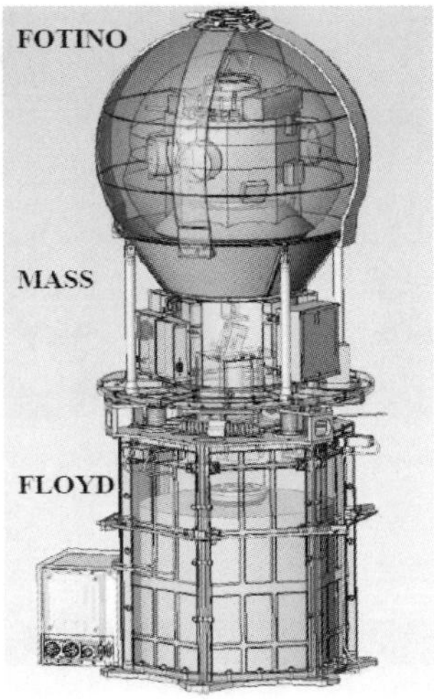

图 1.4　YES－2 实验设备结构

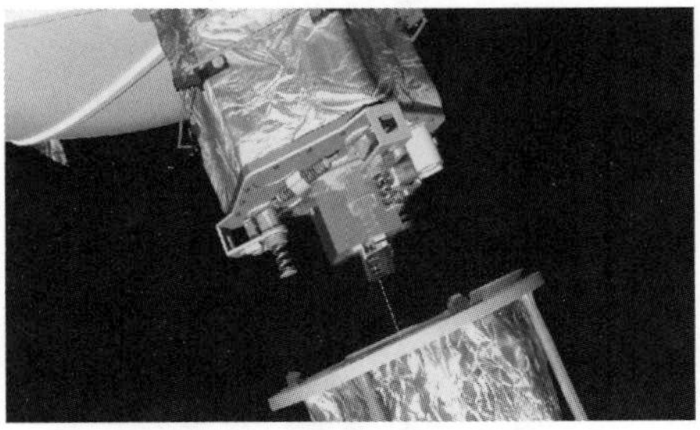

图 1.5　YES－2 实验过程

1.2.1.6　ProSEDS 实验

2003 年 7 月，在第 39 届美国航空航天学会(AIAA)联合推进会议上，研究人员回顾了美国国家航空航天局的 ProSEDS(Propulsive Small Expendable Deployer System)电动力系绳实验，分析了系绳系统由初始 360 km 的轨道高度下降到 285 km 的轨道高度时的一些系统特性[81]。

实验中的电动力系绳由导电部分和绝缘部分构成，系绳总长度为 12 km(5 km 导电系绳和 7 km 绝缘系绳)。研究人员发现，如果离轨起始高度低于 300 km，国际参考电离层(IRI)模型在使用时就不像预想的精确，此时应在 IRI1990 模型中将电子等离子区密度乘以因子 0.65 加以补偿。

实验采用美国密歇根大学开发的软件 TEMPEST 对 ProSEDS 的电动力特性进行理论上的预测与仿真。研究人员通过 TEMPEST 软件得到结论：ProSEDS 会在 90 h 内离轨，而不是之前预测的 160 h。系绳上的感应电动势的分布与收集电流一样，将随着高度的变化而变化，基本保持在 400～1 000 V。

该实验项目原计划于 2003 年春季进行，但最终因考虑到对国际空间站有潜在威胁而取消，实验原理图如图 1.6 所示[81]。

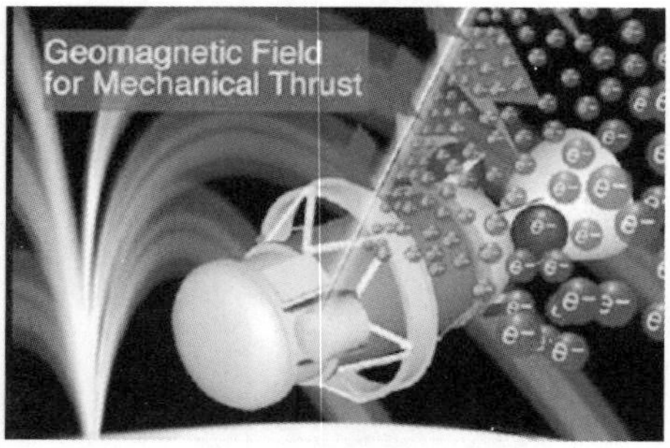

图 1.6　ProSEDS 实验原理

1.2.1.7　MAST 实验

MAST(Multi-Application Survivable Tether)实验是由美国 TUI(Tether Unlimited, Inc)公司和斯坦福大学空间系统发展实验室(Stanford University's Space Systems Development Laboratory, SSDL)在 2007 年联合开展的(见图 1.7[58])。

图 1.7　MAST 实验

该实验的主要目的是，获得空间系绳存活能力以及结构强度较低的空间飞行器在空间恶劣环境(如微小陨石撞击)下的在轨飞行数据;研究系绳编队飞行系统以及旋转系绳系统的动力学特性,这一研究将有利于确认系绳系统仿真工具,如 TetherSim 演示简单的系绳动量交换过程。

实验过程中系统通过长 1 km 的系绳(包括导电部分和绝缘部分)共释放了 3 个质量为 1 kg的立方星。图 1.7 中中间的立方星在沿系绳运动的过程中检测系绳的情况,同时向地面基站返回系绳由于空间恶劣环境受损情况的数据。

MAST 实验是在 NASA 的 STTR 计划的第二个阶段中进行的,实验为针对系绳的存活能力、系绳形态动力学、系绳动量交换与推进等方面的研究提供了大量数据,另外该实验为研究人员在系绳系统结构设计以及立方星子系统设计等方面提供了帮助。

1.2.1.8　MXER 实验

2001 年美国国家航空航天局马歇尔空间飞行中心的 Sorensen 提出利用电动力系绳和动量交换系绳组成的混合推进系绳进行 MXER(Momentum - eXchange Electrodynamic Reboost)实验(见图 1.8[36])。

图 1.8　MXER 实验

研究人员设想利用系绳将载荷从低地球轨道转移到高地球轨道,并实现系绳系统本身不消耗推进剂的轨道机动和轨道保持。实验过程中系统可在两种工作模式下工作:在没有发射载荷任务时系统处于电动系绳推进模式,在导电系绳中通入电流,利用系绳与地磁场的相互作用修正、提高整个系统的轨道,将电能转换成高轨道位置的重力势能;当发射载荷时,系统处于动量交换系绳模式,通过动量交换提高载荷的轨道,系统自身的轨道被降低。发射任务完成之后,系统又将进入电动系绳推进状态,完成整个系统能量交换的循环。实验初步确定载荷质量为 2 500 kg,系绳系统通过动量交换为载荷提供 2.4 km/s 的速度增量,载荷质量在未来将增至 5 000 kg[36]。

随着研究人员对 MXER 实验的进一步研究,系绳系统中系绳终端可靠抓捕载荷并在改变其轨道过程中保持可靠的连接成为完成任务的关键点[57]。

该方案利用系绳在刚性杆件的支撑下形成一个网状结构,在交会的过程中能够可靠地抓捕载荷,并可利用系绳的柔性特性缓冲抓捕或者轨道转移过程中产生的数倍重力加速度。

这一实验方案对于要求具有高性能的轨道转移具有潜在的应用价值。2006 年 Bonometii 在一份报告中证实 MXER 实验项目还在美国国家航空航天局的空间推进技术项目中应用[59-60]。

除了上述的空间实验外,比较重要的空间实验还包括 1993 年美国国家航空航天局进行了等离子体推进与发电系统 PMG(Plasma Motor Generator)实验[61]。在该实验中,系统利用 500 m 的电动力系绳成功演示了空间电动力系绳在推进和发电两方面的功能。

1998 年,美国海军太空技术研究中心(Naval Center for Space Technology,NCST)在 TiPS 实验的研究基础之上,进行了 ATEX(Advanced Tether Experient)实验。实验目的主要是验证空间系绳系统的稳定性和控制、系绳末端姿态的确定和控制能力以及系绳的生存能力[62]。实验原计划释放绳长 6 km,但在实际实验过程中仅释放了 22 m,研究人员分析后称原因是由于系统主星上的自我保护装置在 22 m 时被触发,导致子星被抛射出去了。

结合各国所做的空间实验,可以看出实验过程中在技术上具有以下特点:设计系统时将系绳的长度控制在合适长度可以保证整个系统在轨道上保持稳定的垂直状态,在系统的一端可以形成微重力,用系绳连在一起的各个航天器在不同轨道高度上用同一个旋转周期运动;利用释放或者回收的系绳长度可以挠性改变系统的构形,借此可以调整各航天器的相互位置及其指向;系绳同地磁场和电离层相互作用使系绳系统能够工作在发电状态、推进状态和辐射状态等多个状态下。

总结起来看,在这些空间实验中系绳系统展现出独特的动力学特性,验证了柔性空间结构扩展空间任务的可行性,实验中得到的数据促进了系绳系统动力学和空间环境的研究,为系绳空间应用的理论研究和工程实践奠定了基础。

1.2.2 地面实验

地面实验的主要目的在于初步检验系绳系统动力学理论和控制律的可行性,确保在轨任务的成功执行,是空间实验的必要准备。

Higuchi 和 Natori 设计了一套旋转式地面模拟实验系统,研究了圆轨道面内系绳系统回收过程的最优控制问题。该团队利用倾斜的旋转平台模拟系绳系统的实际在轨飞行动力学环境,通过卷轴机构实现对系绳长度的控制,控制时采用最优控制,实验过程中应用相机获得子星的位置信息,利用干冰气化产生气膜来减小子星与平台斜面之间的摩擦力[63]。之后,Fujii 基于类似的思想设计了一套地面模拟实验,研究了圆轨道面内系绳系统的释放控制问题[64]。

Kojima 等人在 Fujii 设计的系统基础上对实验装置进行了改进,通过增加一个滑动装置,使实验过程中主星的轨道半径可按要求实时改变,从而实现系绳系统的椭圆轨道模拟。实验结果验证了椭圆轨道系绳系统运动的周期性,且进一步表明该实验装置可从物理上实现系统的混沌运动[64-65]。

Modi 等人设计了一套地面模拟实验系统来研究系绳系统的偏移控制。他们设计了线性反馈控制律,通过移动系绳与主星的连接点来实现主星的姿态控制。整个实验系统建立在一个带有横梁的立方体框架之上,套在横梁上可水平移动的受控滑块用来模拟系绳与主星的连接点,垂直于横梁下方与滑块相连的球形摆用来模拟系绳系统[66]。

Schultz 等人采用水平悬索设计了一套实验装置来模拟重力梯度效应,并将此装置用于设计 BOLAS(Bi - static Observations with Low - Altitude Satellites)旋转系绳系统[67]。

之后研究人员研制出了更为先进的地面实验系统,此类系统常采用气浮作为动力,即通过气垫上的小孔或缝隙排出压缩气体,在气垫与地面平台间形成气膜来支撑载体。

Matunaga 和 Mori 构建了气浮式地面模拟实验系统,该系统由三个卫星仿真器和基于

CCD相机的位置测量系统组成。仿真器上有气垫装置、喷气推进器和陀螺仪等。实验过程中气垫装置可以使仿真器悬浮于实验平台上，推进器控制仿真器的位置和姿态，位置测量系统和陀螺仪确定仿真器的位置和姿态。利用该实验系统，Matunaga和Mori先后进行了旋转系绳编队系统的释放和姿态控制研究[69]。

Chung等人利用SPHERES（Synchronized Position Hold，Engage，and Reorient Experimental Satellites）实验平台对其提出的系绳编队系统非线性解耦控制方法进行了初步研究[70]。

Masahiro等人通过对模拟系绳系统上连杆的控制进行了微重力环境下系绳系统姿态控制的地面实验研究[71]。

总结起来看，系绳系统地面实验技术常具有以下特点：由于在进行地面实验时地面空间具有局限性，所以地面实验通常只针对系统子星与母星间的相对运动及其动力学与控制问题进行研究，在确定实验所用模型时在相似原理的基础之上按比例缩小。另外，考虑到系绳系统多数情况下处于微重力环境下飞行，因此地面实验时应模拟出微重力以及Coriolis加速度作用。

1.3 系绳材料与结构

复杂的太空环境限制了系绳的设计。影响系绳安全的因素主要有三种。首先，在太空的残余气体中，原子氧是其主要成分，它不仅会腐蚀航天器，同样也会腐蚀系绳，造成系绳的剥蚀老化，对系绳和任务的安全性构成威胁。第二，太空中紫外线的辐射也损害了系绳的安全性，科学家建议太空系绳颜色的选择要尽量为白色。第三，由于太空中的微流星体及其他太空物体的存在，它们大小不一、运行速度多变，对系绳的寿命构成很大的威胁，因此，地面预测和估计系绳寿命的模型也是至关重要的。

1.3.1 系绳主体材料

阻碍空间系绳系统应用的一个主要问题是缺乏轻且强度高的材料用于制造系绳。目前的材料和生产技术可以满足系绳展开100 km的系绳系统的要求。这样的系绳系统可以解决许多问题，如可以制造用于着陆到地球表面的空间系绳系统，用于在航天器上产生人造重力或者用于使有效载荷降轨。然而若要产生一个能展开更长系绳的系统（如长的升降机或太空电梯），这些材料是不能满足要求的。Edwards估计用于制造太空电梯系绳的材料要求的弹性模量为130 GPa。而目前，人类还未能制造出弹性模量达几百吉帕的长系绳。在最近的空间项目中，制造系绳所用的材料有铜、铝、Kevlar、Spectra和Dyneema。

目前Kevlar-29与Kevlar-49，Spectra-1000与Spectra-2000以及Dyneema主要作为制作系绳的主体材料。其中Kevlar是一种芳纶纤维，抗静电，柔韧性好，耐磨且强度极佳。Kevlar-29在高低温环境下性能很好，抗紫外辐射和原子氧侵蚀的能力很强。在AIRSAT，AIRSEDS，ATM任务中，强度材料均使用了Kevlar-29。相比Kevlar-29而言，Kevlar-49不易吸水，但是其抗热膨胀能力更优，在ProSEDS任务和后续的几个任务中均被采用。Spectra材料具有摩擦因数小、抗磨损能力强、粉尘产生少的特性，其抗紫外线能力优于

Kevlar,但耐热性能较差。Spectra - 1000 是由一种具有高适应性的聚乙烯纤维编织而成的,在 SEDS - 1,SEDS - 2,TiPS,ATEX 任务中,均得到了采用。2000 年,研制单位又推出了 Spectra - 2000,这是当时世界上强度最大的合成纤维,主要使用在 ProSEDS 任务中。

除了以上两种主要的材料外,使用过的强度材料还包括聚乙烯和 Dyneema。由于聚乙烯材料存在形状记忆特性及较大的静摩擦,在 ATEX 任务中,出现了系绳展开问题,导致实验任务失败。Dyneema 材料由于强度大、密度小、耐湿热性好,被应用在 YES - 2 实验中。

在地面实验中,对 M5,Zylon 纤维等材料进行了研究。M5 材料具有强度大、耐高温、抗切割、耐腐蚀、抗紫外辐射等优良特性,但其对温度的适应范围较窄。Zylon 具有极高的弹性模量,耐高温、耐磨损且吸湿性强。

不同材料有不同特性,我们要做的就是从各种材料中挑选出适合实验任务需要的材料。在表 1 - 1 中,列举出了一些材料的基本物理性质(ρ_M—— 密度,σ^* —— 拉伸强度,E—— 弹性模量)。

表 1 - 1——一些系绳材料的物理性质

材料	密度 $\rho_M/(g \cdot m^{-3})$	拉伸强度 σ^* /GPa	弹性模量 E/GPa
Dyneema	0.99	3	172
Kevlar - 29	1.44	3.6	83
Kevlar - 49	1.45	3.6	124
Zylon HM	1.56	3.7	176
Spectra - 2000	0.97	3.34	124

对于导电系绳还需要嵌入导电材料,主要嵌入的是铜和铝。早期的导电材料一般选择铜,但到了近期,人们则更倾向于选择铝。这是因为铝的导电、导热能力与铜相差不多,而它又具有质量小、强度大等优点。在 TSS 任务中,导电系绳使用了铜线,以 Nomex 材料(一种耐高温轻质芳香族聚酰胺)为核心,并在它上面缠绕铜线(镀锡)。在 ProSEDS 实验中,则选择了铝线作为导电材料。

1.3.2 系绳涂层材料

为了减轻原子氧的侵蚀作用,目前最常采用的办法是在表面覆盖一层涂层材料。这是一种比较有效的办法,涂层材料的性能在一定程度上也会影响到系绳的生存能力。已经使用的涂层材料有 Photosil,镍,TOR - LM,TOR - BP 和 POSS。

Photosil 是由完整性测试实验室公司(Integrity Testing Laboratories, Inc.)开发并持有商标的涂层材料,它是一种具有含硅的官能团的有机材料。该涂层可在材料的表面形成一个渐变的过渡区域,从而降低材料受到的外界影响。Photosil 已被证实可以降低原子氧的活性。最初,Photosil 主要是用来像毛毯一样盖住平坦的材料,最近才被应用到表面粗糙、弯曲的物体,如编制的系绳上。镍涂层是由系绳无限公司(Tethers Unlimited)开发的,通过一种多步骤流程,使得镍在 Zylon 上沉积成为 1 μm 厚的表面涂层。虽然镍确实有承受原子氧侵蚀的能力，但也存在一定的缺点：热循环可能导致镍涂层产生裂纹，从而影响到系绳的生存能力，出现这种情况可能是因为镍和 Zylon 之间的热膨胀系数不同。另外，由于镍是一种铁磁性材料，需要特别注意的是地球磁场和镍之间可能会产生相互作用而造成意想不到的影响。TOR－LM 是由 Triton 系统公司开发的，是一种聚亚芳基醚的苯并咪唑类聚合物。TOR－LM 涂层此前已经应用在 Passive Optical Sample Assembly(POSA)实验中。TOR 的一个变种，叫 TOR－BP，在 ProSEDS 任务中也作为系绳涂层材料进行了应用。还有一种涂层材料叫作 POSS，它是包含 Si—O 键的复合共聚物。当暴露在充满原子氧的环境中时，POSS 表面的有机基团都将丢失，硅和原子氧将反应形成 SiO_2。对 POSS 的测试表明了该涂层作为抗原子氧侵蚀及紫外线辐射涂层的可行性。

对涂层材料的抗原子氧侵蚀及紫外线辐射的能力进行了实验分析。与 Photosil，TOR－LM 及 POSS 涂料相比，镍涂层更好地抵抗了原子氧的侵蚀作用。经过原子氧侵蚀后，系绳通常会出现质量上的减少，但是涂层材料为镍的系绳在经过较高浓度的原子氧侵蚀后出现了系绳质量的增加，这是因为表面形成了氧化镍以防止系绳材料受到进一步的损害。此外，进行了 Photosil 处理后的系绳在经过紫外线辐射后抗拉强度损失较少，但是值得注意的是，进行处理后，在即使没有接触到原子氧和紫外线的情况下也会丧失一定的抗拉强度，这可能是在进行涂覆的过程中对纤维的处理导致的。

1.3.3　系绳结构

早期提出的系绳多为单股圆截面系绳，但是经过不断的测试，研究人员发现单股系绳很容易被自然的或者人为的碎片所切断，即使增加了系绳直径，其生存能力仍远低于空间任务的预期。鉴于此，Alenia Spazio 提出了具有更强生存能力的双股系绳结构：一组（两根）平行的系绳每隔一定的距离打一个结，整条系绳上结的数量为 N，双股系绳则被分为 $N+1$ 个环，如图 1.9 所示。

图 1.9　双股系绳结构

除了上述系绳结构形式外，还出现了如网状系绳及带状系绳的新型系绳结构，如图 1.10 所示。网状结构系绳的典型结构为 Hoytether 结构[36]，如图 1.11 所示。Hoytether 是开放的三轴网状结构，包括承受轴向载荷的主线和有间隔的按对角线交叉连接的辅线，辅线只有在主线被破坏时才承受载荷。这一设计的优势在于，会将碰撞的损伤集中到局部区域而不影响全局。这样能够给在空间碎片环境中飞行的系绳提供几个月的高存活期，以达到使航天器离轨的目的。对网状系绳和带状系绳进行实验测试，结果表明：网状系绳的生存能力强于带状系绳，而带状系绳的导电性能好于网状系绳。

此外，有些空间实验还使用了由不同材料拼接而成的组合结构系绳。YES－2 实验就是如此，如图 1.12 所示[15,53]。系绳的主体材料选择了 Dyneema（长度为 30 km），另外 3 部分分别为用以减少系绳振荡的减振部分（长 5.3 m）、用以防止末端高温熔化的 Kevlar－49 编织系绳（长 9 m）和用于固定普鲁士结的自由端（长 0.5 m）。

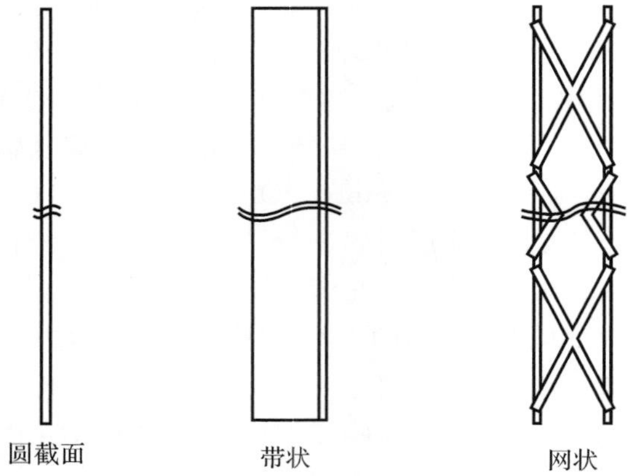

图 1.10　各种不同的系绳结构

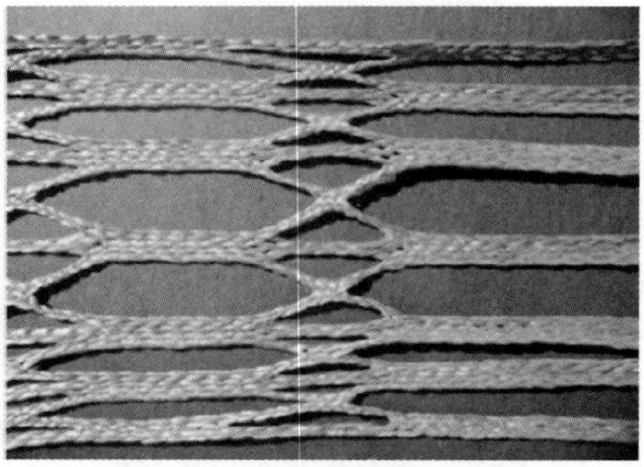

图 1.11　Hoytether 结构的系绳

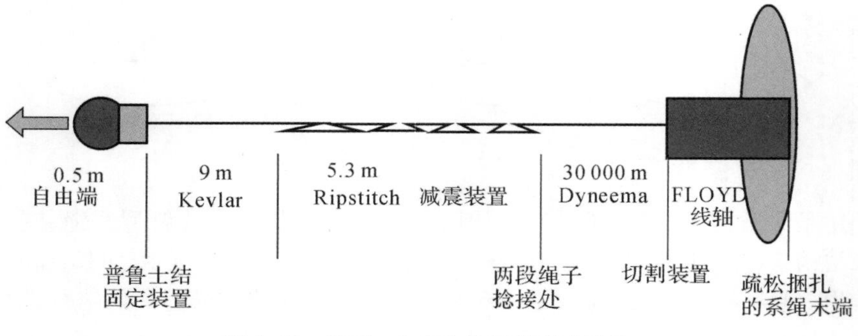

图 1.12　YES - 2 实验使用的系绳结构

1.3.4　选择系绳的标准

在为空间实验选择系绳时，有两个重要的因素：系绳的材料和系绳的直径。大多数的约束条件基于任务的需求，例如可允许的系绳直径和系绳体积、系绳可以承受的任务高度环境的性能，同样还有用于保持在轨探测器的系绳强度的需求。

系绳材料是系绳设计的一个重要因素。从任务需求出发，系绳材料的选择有如下十个标准：

1）强度-质量比；

2）材料的极限强度；

3）耐高温和低温的能力；

4）抗微流星体影响的能力；

5）承受原子氧侵蚀的能力；

6）抗紫外线辐射的能力；

7）卷轴存储效果，要保证系绳在存储一段时间后可以顺利从展开机构释放；

8）吸湿特性，由于太空环境中水含量的变化，要求系绳可以吸湿而不损害系绳材料；

9）系绳各部分要同低地球轨道等离子体共处；

10）对于电动力系绳，要考虑绝缘体厚度、消除静电影响、消除电晕和电弧、电火花测试、检测系绳的电气特性、避免系绳中存在气体。

系绳的直径也是一个重要的考虑因素。从任务需求出发，直径的选择有如下三个标准：

1）可容许的质量；

2）可容许的体积；

3）微流星和空间碎片的影响。

系绳的材料与结构的选择要根据实验要求考虑多种影响因素，做各种地面测试才能最终确定。

第 2 章　空间系绳系统动力学建模

空间系绳系统是一个高度非线性及欠驱动的复杂系统，利用系绳展开子星会发生复杂的非线性动力学行为，空间系绳系统动力学模型是理论研究的基础和应用的前提。本章首先给出坐标系定义及坐标转换关系，基于哑铃模型建立运动坐标系和惯性坐标系的动力学模型，将之作为后续理论分析及控制研究的基础；然后基于珠式模型建立更一般性的空间系绳系统动力学模型，作为仿真分析研究的基础。

2.1　坐标系定义及坐标转换关系

2.1.1　坐标系定义

系绳卫星作为地球的人造卫星，需要有地球坐标系作为惯性参考系，以及表达卫星运动的运动坐标系。

在系绳卫星研究中，一般需要用到三种坐标系：惯性坐标系（与地球固连的静坐标系）、主航天器坐标系（质心固连在基星上）和从航天器坐标系（质心固连在子星上）。

常用的坐标系有赤道坐标系、地心轨道坐标系、地心轨道运动坐标系、轨道坐标系、系绳坐标系、主/半联动坐标系等。

1. 地心赤道坐标系 $OX_{eq}Y_{eq}Z_{eq}$

尽管赤道坐标系的标定是由天球坐标系定义的，但是由于赤道坐标系与地球固连，仍是惯性坐标系，在此使用了直角坐标系，作为参考地心惯性系。坐标系定义如图 2.1 所示。

坐标原点 O 在地球质心处，OX_{eq} 轴指向春分点（即主点），OZ_{eq} 轴与地球旋转轴一致（基圈即为赤道，两极选为天轴南北极），而 OY_{eq} 轴构成右手坐标系。

2. 地心轨道坐标系 $OXYZ$

坐标原点 O 在地球质心处，OX 轴指向航天器轨道近心点（对于圆轨道是轨道面与赤道面升交点，即从南向北运动时的交点），OZ 轴沿着航天器轨道面法向方向并与航天器沿轨道运动动量力矩矢量共轴，而 OY 轴构成右手坐标系（见图 2.2）。

只要轨道确定，近心点或者升交点依然是定点，因此地心轨道坐标系仍然是静坐标系。但是由于近心点或升交点与轨道面是共面的，因此地心轨道坐标系实际上是作为赤道坐标系与地心轨道运动坐标系的过渡坐标系使用的。

3. 地心轨道运动坐标系 $OX_oY_oZ_o$

坐标原点 O 位于地球质心处，OX_o 轴沿着航天器径向方向，轴 OZ_o 沿着航天器轨道面法向方向并与其动量力矩矢量平行，而 OY_o 轴构成右手坐标系（见图 2.1）。

相对于赤道坐标系来说，轨道运动坐标系相差三个角度：Ω_u 为升交点相对的经度（地心轨道坐标系与赤道坐标系），i 为轨道倾角，u 为纬度自变量（升交点相对航天器的角度）。

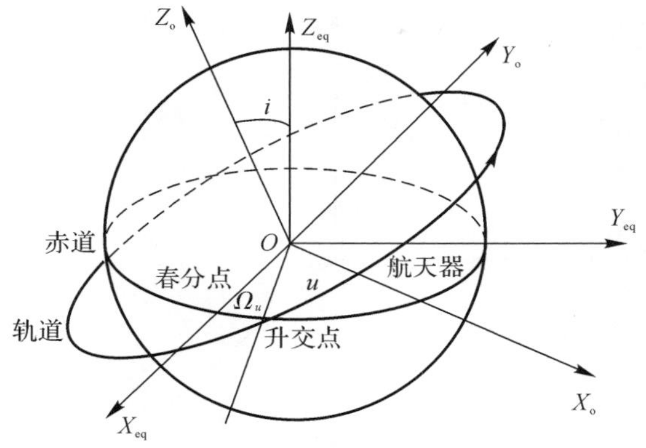

图 2.1　赤道系与轨道运动坐标系

4. 轨道运动坐标系 $Cx_o y_o z_o$

坐标原点 C 在空间系绳系统质心处，而各轴与坐标系 $Ox_o y_o z_o$ 各轴平行，与地心轨道坐标系之间相差向径 $\boldsymbol{R}_o$（见图 2.2）。

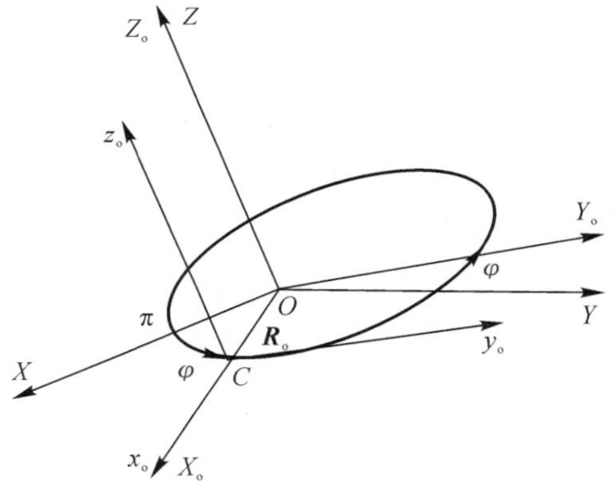

图 2.2　地心轨道坐标系与轨道运动坐标系

5. 系绳坐标系 $Cx_t y_t z_t$

坐标原点 C 位于基星航天器质心处，x_t 轴沿着卫星拉紧系绳的反方向，y_t 轴和 z_t 轴的位置由相对于坐标系 $Cx_o y_o z_o$ 的角 θ 和 β 确定，该坐标系为基星系绳坐标系（见图 2.3）。子星系绳坐标系 $cx_t y_t z_t$ 坐标原点与子星质心 c 固连，坐标轴与坐标系 $Cx_t y_t z_t$ 轴平行。

可见，系绳坐标系与轨道运动坐标系之间相差两个角：θ，β。其中，θ 角为面内角，β 角为面外角，二角定义类似于航空坐标系中的侧滑角和迎角。图 2.3 中的 l 为系绳长度。

6. 主 / 半联动坐标系 $cxyz$

坐标原点位于子星质心 c 处，$cxyz$ 各轴相对于系绳坐标系相差欧拉角：进动角 ψ，章动角 α，自转角 φ。$cx_n y_n z_n$ 半联动坐标系没有自转角，其他与主联动坐标系一致（见图 2.4）。

进动角 ψ 平面与轨道面平行（即沿着轨道面飞向或远离地球），章动角 α 与轨道面垂直（一般幅度不大，表现为上下小幅振动），自转角 φ 绕 x 轴转动。三角定义类似于航空坐标系中偏航、俯仰、滚转三角。

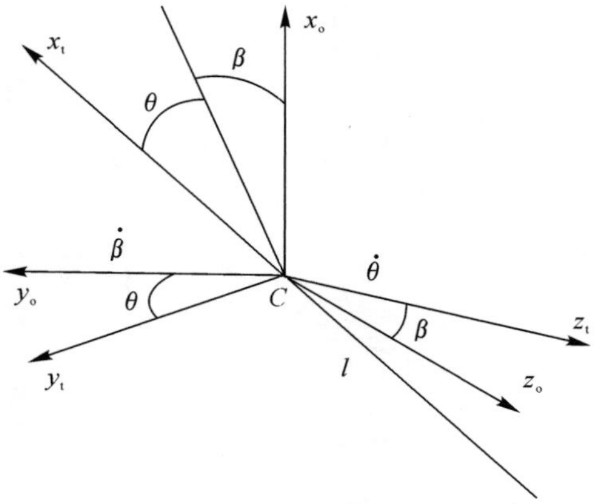

图 2.3　轨道坐标系和系绳坐标系

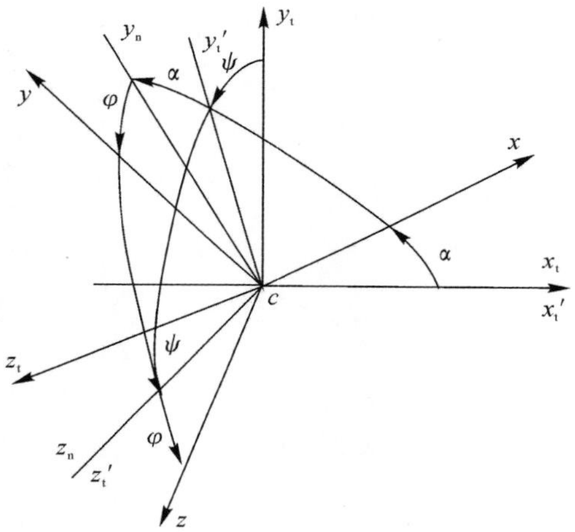

图 2.4　子星系绳坐标系与主联动坐标系

7. 联动坐标系 $cx_1y_1z_1$

坐标原点位于子星质心 c 处，各轴与其壳体刚性地连接在一起。主联动坐标系和联动坐标系的转移矩阵由标准型确定，该标准型由卫星惯性张量的特征值和特征矢量确定。

2.1.2　坐标系转换基础

系绳卫星研究过程中描述不同参量时，需要用到不同的坐标系。而在研究一个问题时，往往会用到多个参量，因此会涉及不同坐标系之间的变换，使所有参量在统一的坐标系下表述，方便问题研究。

坐标系变换有四元数法和欧拉角两种。四元数法是运用矩阵论的纯代数方法，适用范围比较广，不存在极限无定义问题。欧拉角是将任意姿态下的物体空间角划分为三个坐标轴上的分量，即三个欧拉角来描述，有明确的几何意义。因此，欧拉角更加直观，应用比较广泛。

使用欧拉角变换时，需要用到坐标系基元变换的知识，图 2.5 表示的是转过任意欧拉角的物体。

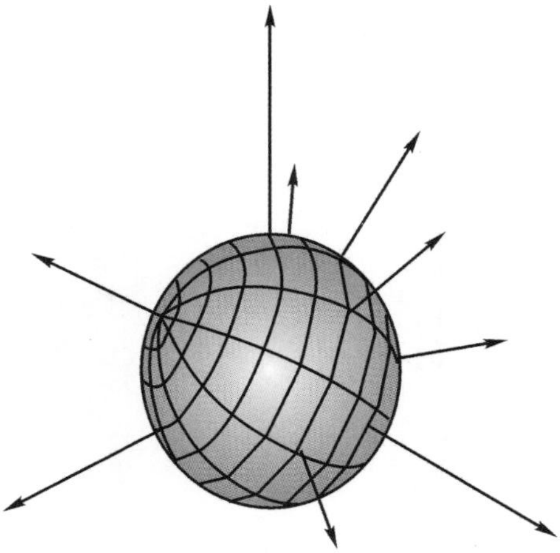

图 2.5　转过任意欧拉角的物体

欧拉角通过绕着 X，Y，Z 三个坐标轴旋转而得，下面依次绕 Z-Y-X 轴转过三个欧拉角进行分析。

(1) 首先绕 Z 轴转过 ψ 角(见图 2.6)。

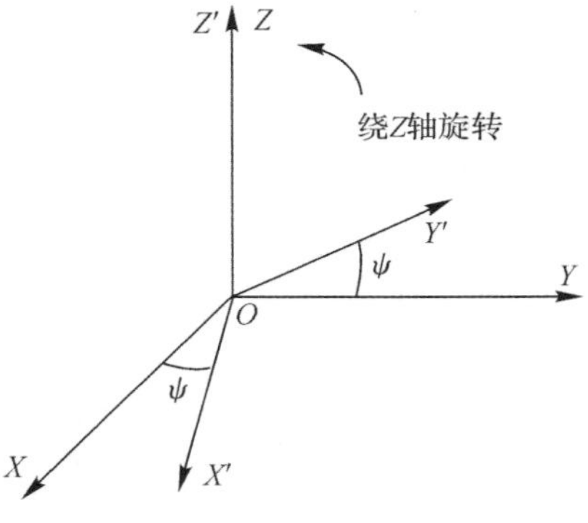

图 2.6　绕 Z 轴转过 ψ 角

显然，绕 Z 轴，Z 轴分量不变。为了方便研究问题，从 Z 轴方向“看”XY 平面的坐标变换情况，如图 2.7 所示。

由图 2.7 得，任意坐标投影到新坐标系下的矢量投影，与原坐标系变换后的矢量投影一致。推导坐标转换关系得

$$\left.\begin{aligned}X' &= X\cos\Psi + Y\sin\Psi \\ Y' &= -X\sin\Psi + Y\cos\Psi \\ Z' &= Z\end{aligned}\right\} \tag{2.1}$$

变换矩阵 $\boldsymbol{L}_\psi$ 形式：

$$\boldsymbol{L}_{\psi}=\begin{bmatrix}\cos\psi & \sin\psi & 0\\ -\sin\psi & \cos\psi & 0\\ 0 & 0 & 1\end{bmatrix} \tag{2.2}$$

(2) 绕 Z 轴旋转后,继续绕 Y' 轴旋转 θ 角(见图 2.8)。

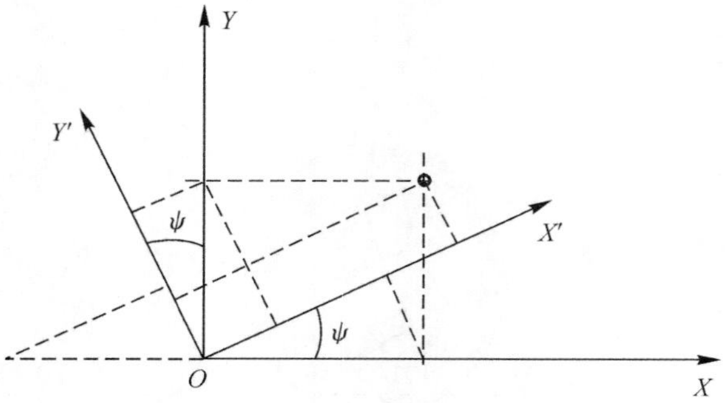

图 2.7　绕 Z 轴变换

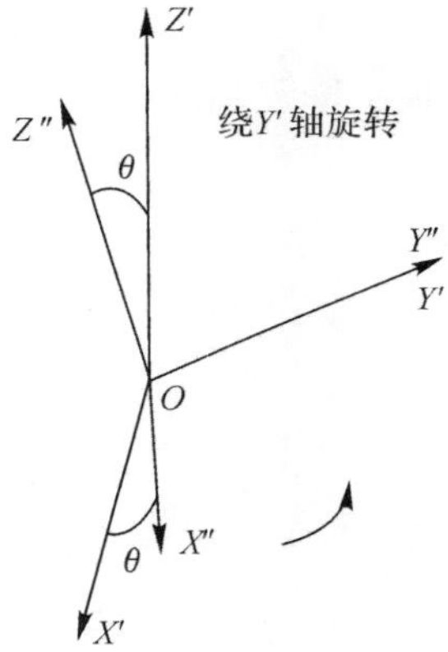

图 2.8　绕 Y' 轴旋转

从 Y' 轴观察 $X'Z'$ 平面的坐标变换情况,如图 2.9 所示。

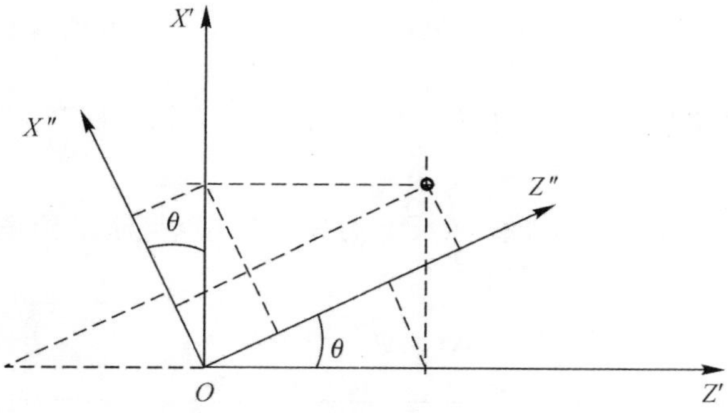

图 2.9　从 Y' 轴观察 $X'Z'$ 面

与第一次旋转类似,坐标变换矩阵 $\boldsymbol{L}_{\theta}$ 为

$$L_\theta=\begin{bmatrix}\cos\theta & 0 & -\sin\theta\\ 0 & 1 & 0\\ \sin\theta & 0 & \cos\theta\end{bmatrix} \tag{2.3}$$

(3) 绕 X'' 旋转 φ 角(见图 2.10)。

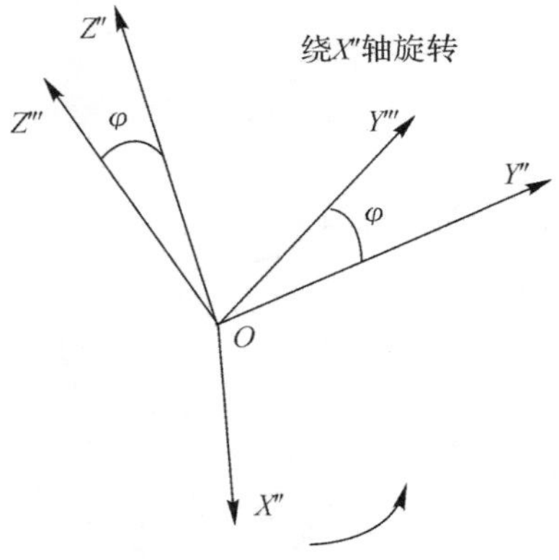

图 2.10　绕 X'' 轴旋转 φ 角

从 X'' 轴观察 $Y'''Z'''$ 平面的坐标变换情况,如图 2.11 所示。

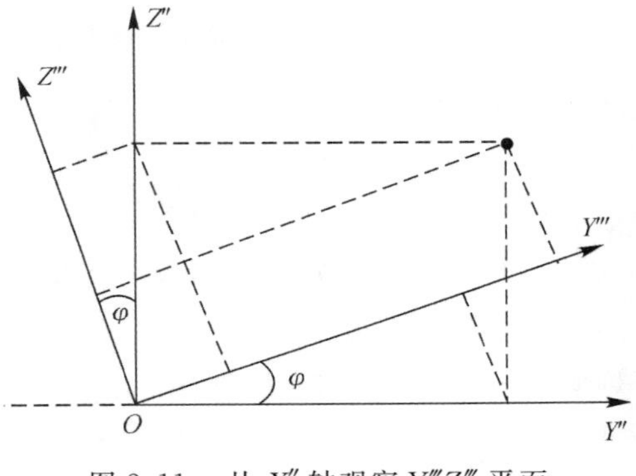

图 2.11　从 X'' 轴观察 $Y'''Z'''$ 平面

坐标变换矩阵 L_φ 为

$$L_\varphi=\begin{bmatrix}1 & 0 & 0\\ 0 & \cos\varphi & \sin\varphi\\ 0 & -\sin\varphi & \cos\varphi\end{bmatrix} \tag{2.4}$$

综上所述,绕过三个欧拉角的坐标系变换公式为

$$L_o=L_\varphi L_\theta L_\psi \tag{2.5}$$

对基元变换总结如下:

1) 绕哪个轴投影,哪个轴分量不变。剩余二轴分别乘以对应欧拉角的正余弦(注意正、负号),且绕一轴的变换矩阵形式唯一。

2) 欧拉角旋转顺序一般为 $Z-Y-X$,根据实际需要或惯例也可改变。

3) 坐标变换时,先变换的轴位于矩阵的右乘方向。

2.1.3 空间系绳系统坐标系的转换矩阵

空间系绳系统的研究主要涉及惯性坐标系(赤道坐标系和地心轨道坐标系)、主航天器坐标系(地心轨道运动坐标系和轨道坐标系)和从航天器坐标系(系绳坐标系和主/半联动坐标系)。在描述不同量时,需要用到不同的坐标系。

(1) 从地心赤道坐标系 $OX_{eq}Y_{eq}Z_{eq}$ 到地心轨道运动坐标系 $OX_oY_oZ_o$,如图 2.12 所示。

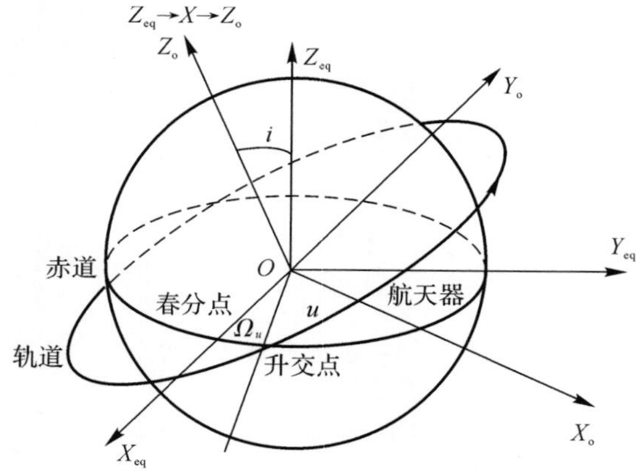

图 2.12 赤道坐标系与地心轨道运动坐标系

变换顺序为 $Z-X-Z$,故转换矩阵为

$$\boldsymbol{L}_o=\boldsymbol{L}_u\boldsymbol{L}_i\boldsymbol{L}_\Omega \tag{2.6}$$

这里 $\boldsymbol{L}_u=\begin{bmatrix}\cos u & \sin u & 0\\ -\sin u & \cos u & 0\\ 0 & 0 & 1\end{bmatrix}$, $\boldsymbol{L}_i=\begin{bmatrix}1 & 0 & 0\\ 0 & \cos i & \sin i\\ 0 & -\sin i & \cos i\end{bmatrix}$, $\boldsymbol{L}_\Omega=\begin{bmatrix}\cos\Omega_u & \sin\Omega_u & 0\\ -\sin\Omega_u & \cos\Omega_u & 0\\ 0 & 0 & 1\end{bmatrix}$。

式中,u 为纬度自变量;i 为轨道倾角;Ω_u 为升交点的经度。

(2) 从轨道运动坐标系 $Cx_oy_oz_o$ 到系绳坐标系 $Cx_ty_tz_t$,如图 2.13 所示。

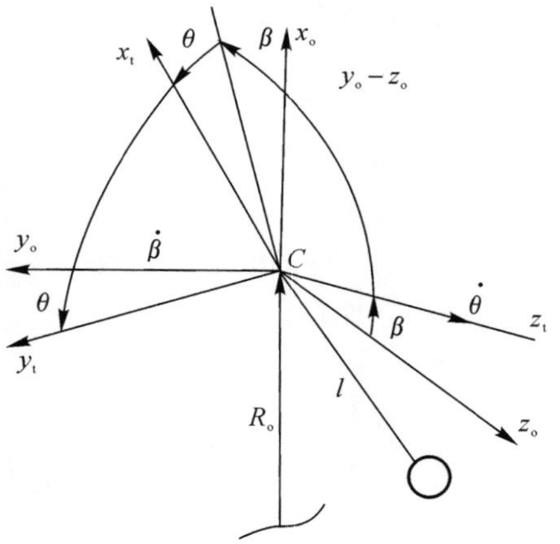

图 2.13 轨道运动坐标系与系绳坐标系

所得变换矩阵为

$$L_T = L_\theta L_\beta \tag{2.7}$$

这里 $L_\beta = \begin{bmatrix} \cos\beta & 0 & -\sin\beta \\ 0 & 1 & 0 \\ \sin\beta & 0 & \cos\beta \end{bmatrix}$，$L_\theta = \begin{bmatrix} \cos\theta & \sin\theta & 0 \\ -\sin\theta & \cos\theta & 0 \\ 0 & 0 & 1 \end{bmatrix}$。

(3) 从子星系绳坐标系 $cx_ty_tz_t$ 到主联动坐标系 $cxyz$，如图 2.14 所示。

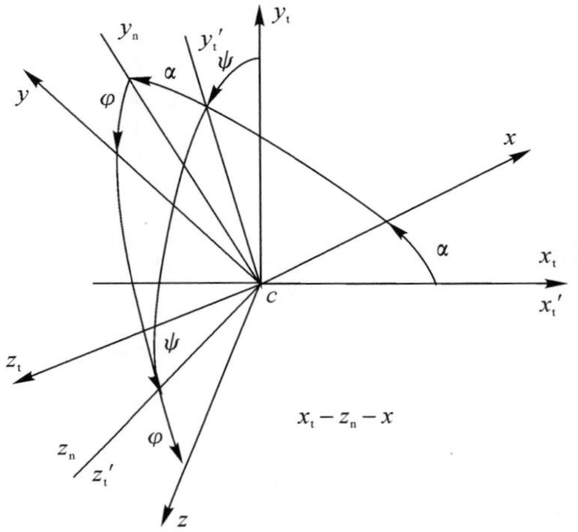

图 2.14　子星系绳坐标系与主联动坐标系

变换矩阵为

$$L = L_\varphi L_\alpha L_\psi \tag{2.8}$$

这里 $L_\psi = \begin{bmatrix} 1 & 0 & 0 \\ 0 & \cos\psi & \sin\psi \\ 0 & -\sin\psi & \cos\psi \end{bmatrix}$，$L_\alpha = \begin{bmatrix} \cos\alpha & \sin\alpha & 0 \\ -\sin\alpha & \cos\alpha & 0 \\ 0 & 0 & 1 \end{bmatrix}$，$L_\varphi = \begin{bmatrix} 1 & 0 & 0 \\ 0 & \cos\varphi & \sin\varphi \\ 0 & -\sin\varphi & \cos\varphi \end{bmatrix}$

(4) 从主联动坐标系 $cxyz$ 到联动坐标系 $cx_1y_1z_1$。

从主联动坐标系 $cxyz$ 到联动坐标系 $cx_1y_1z_1$ 的转换矩阵，根据坐标系 $cx_1y_1z_1$ 中的卫星惯性力矩张量并利用矩阵特征值和特征矢量来确定。

$$I = \begin{bmatrix} J_{x_1} & -J_{x_1y_1} & -J_{x_1z_1} \\ -J_{x_1y_1} & J_{y_1} & -J_{y_1z_1} \\ -J_{x_1z_1} & -J_{y_1z_1} & J_{z_1} \end{bmatrix} \tag{2.9}$$

这里 $J_{x_1}, J_{y_1}, J_{z_1}, J_{x_1y_1}, J_{x_1z_1}, J_{y_1z_1}$ 是坐标系 $cx_1y_1z_1$ 中的卫星惯性力矩。

那么矩阵的特征值 $\lambda_1, \lambda_2, \lambda_3$ 由下面的方程式确定：

$$|I - \lambda E| = 0 \tag{2.10}$$

这里 E 为单位矩阵，等于主联动坐标系 $cxyz$ 中卫星轴向惯性力矩。

矩阵的特征矢量 $V^{(1)}, V^{(2)}, V^{(3)}$ 由下面的条件确定：

$$(I - \lambda_i E) V^{(i)} = 0 \tag{2.11}$$

这里 $i=1,2,3$，组成主联动坐标系 $cxyz$ 到联动坐标系 $cx_1y_1z_1$ 的转换矩阵

$$L_1 = \begin{bmatrix} V_1^{(1)} & V_1^{(2)} & V_1^{(3)} \\ V_2^{(1)} & V_2^{(2)} & V_2^{(3)} \\ V_3^{(1)} & V_3^{(2)} & V_3^{(3)} \end{bmatrix} \tag{2.12}$$

2.2 基于“哑铃模型”的建模方法

对于空间系绳系统运动的定性分析常常采用非常简单的物理模型，将系绳看作刚性杆，构成“哑铃模型”进行研究。作如下假设，系绳被认为是刚性的、不可拉伸的质量体。本节研究基于“哑铃模型”建立运动坐标系和惯性坐标系的动力学模型的方法。

2.2.1 用拉格朗日方程方法建立系统数学模型

从基站航天器展开系绳系统时，在与基站航天器一起旋转的运动坐标系中所描述的运动方程获得了普遍应用。系绳释放装置安装在一个航天器上，利用它可以释放和回收系绳。所有影响空间系绳系统的外部作用力中，只考虑重力的影响。如图 2.15 所示，被系绳连接的两个航天器假定为质点 A(母星) 与质点 B(子星)，系统质心为质点 C；系绳系统的运动状态可用五个广义坐标描述：系统质心的轨道半径 r_C，质心运动的真近点角 f，面内角 θ，面外角 β 以及系绳长度 l。

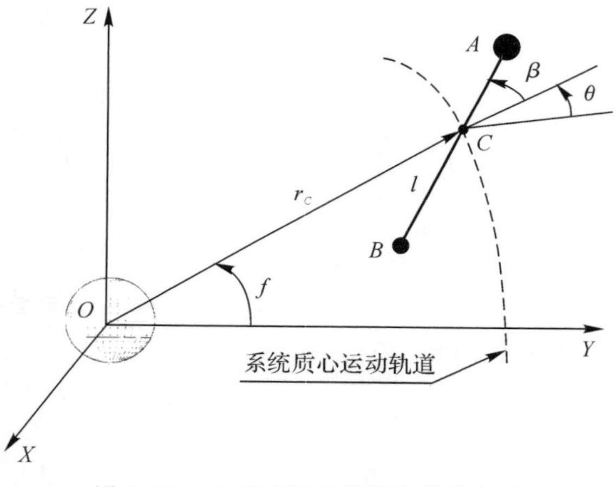

图 2.15　空间系绳系统模型的示意图

空间系绳系统的总动能为质心的动能 T_C 与系统相对质心的运动动能 T_r 之和：

$$T_{tot} = T_C + T_r \tag{2.13}$$

上述方程中系统质心的运动动能可描述为

$$T_C = \frac{1}{2} m (\dot{r}_C^2 + \dot{f}^2 r_C^2) \tag{2.14}$$

式中，$m = m_A + m_B + m_t$ 为空间系绳系统的总质量；$m_A = m_A^0 - m_t$ 为母星的质量；m_A^0 为系绳未展开时母星的质量；$m_t = \rho_t l$ 为释放出的系绳质量；ρ_t 为系绳材料的线密度。

而方程中 T_r 可写成系统相对质心的旋转动能 T_{rot} 与系绳释放时沿系绳展开方向产生的伸展动能 T_{ext} 之和：

$$T_r = T_{rot} + T_{ext} \tag{2.15}$$

空间系绳系统的旋转动能为

$$T_{rot} = \frac{1}{2}\boldsymbol{\omega}^T \| \boldsymbol{I} \| \boldsymbol{\omega} \tag{2.16}$$

式中，$\boldsymbol{\omega}$ 为运动坐标系下系绳系统的旋转角速度矢量，有

$$\boldsymbol{\omega} = \begin{bmatrix} (\dot{\theta} + \dot{f}) \sin \beta \\ -\dot{\beta} \\ (\dot{\theta} + \dot{f}) \cos \beta \end{bmatrix}$$

$\| \boldsymbol{I} \|$ 为空间系绳系统的惯性张量矩阵，有

$$\| \boldsymbol{I} \| = \begin{bmatrix} 0 & 0 & 0 \\ 0 & I_{Cm} & 0 \\ 0 & 0 & I_{Cm} \end{bmatrix}$$

式中，I_{Cm} 为系统质心的转动惯量，它可以由以下的定义得到：

$$I_{Cm} = m_A S_A^2 + m_B S_B^2 + \int_{-S_A}^{S_B} \rho_t S^2 \mathrm{d}S \tag{2.17}$$

其中，质心到 A，B 点的距离分别为

$$S_A = \left(m_B + \frac{m_t}{2}\right)\frac{l}{m} \qquad S_B = \left(m_A + \frac{m_t}{2}\right)\frac{l}{m}$$

对式(2.17)进行积分与简单计算之后，转动惯量 I_{Cm} 可以写为如下简单形式：

$$I_{Cm} = m_* l^2 \tag{2.18}$$

式中，$m_* = (m_A + m_t/2)(m_B + m_t/2)/m - m_t/6$ 为空间系绳系统转动的等效质量。

将式(2.17)中的表达式代入式(2.16)中可得系统的旋转动能为

$$T_{rot} = \frac{1}{2} m_* l^2 [\dot{\beta}^2 + (\dot{\theta} + \dot{f})^2 \cos^2 \beta] \tag{2.19}$$

将系绳释放过程的运动动能作为伸展动能。对于一个刚性系绳来说，则其伸展动能为

$$T_{ext} = \frac{1}{2} \frac{m_A (m_B + m_t)}{m} \dot{l}^2 \tag{2.20}$$

空间系绳系统在重力场的势能可以写成系统各个元素的势能之和：

$$\boldsymbol{W} = -\frac{\mu m_A}{\boldsymbol{r}_A} - \frac{\mu m_B}{\boldsymbol{r}_B} - \frac{\mu m_t}{\boldsymbol{r}_C} \tag{2.21}$$

点 A 与点 B 的矢量半径 $\boldsymbol{r}_A$ 和 $\boldsymbol{r}_B$ 为

$$\left.\begin{aligned} \boldsymbol{r}_A = \boldsymbol{r}_C + \boldsymbol{S}_A \\ \boldsymbol{r}_B = \boldsymbol{r}_C + \boldsymbol{S}_B \end{aligned}\right\} \tag{2.22}$$

矢量 $\boldsymbol{r}_C$，$\boldsymbol{S}_A$ 和 $\boldsymbol{S}_B$ 在地心惯性坐标系中的分量为

$$\boldsymbol{r}_C = [0 \quad \boldsymbol{r}_C \cos f \quad \boldsymbol{r}_C \sin f]^T$$

$$\boldsymbol{S}_A = [S_A \sin \beta \quad -S_A \cos \beta \cos(\theta + f) \quad -S_A \cos \beta \sin(\theta + f)]^T$$

$$\boldsymbol{S}_B = [-S_B \sin \beta \quad S_B \cos \beta \cos(\theta + f) \quad S_B \cos \beta \sin(\theta + f)]^T$$

这里矢量半径的大小分别为

$$r_A=\sqrt{r_C+S_A^2-2r_CS_A\cos\beta\cos\theta}$$

$$r_B=\sqrt{r_C+S_B^2+2r_CS_B\cos\beta\cos\theta}$$

从而式中的势能可写为

$$W=-\frac{\mu m_A}{r_C\sqrt{1-2\dfrac{S_A}{r_C}\cos\beta\cos\theta+\dfrac{S_A^2}{r_C^2}}}-\frac{\mu m_B}{r_C\sqrt{1+2\dfrac{S_B}{r_C}\cos\beta\cos\theta+\dfrac{S_B^2}{r_C^2}}}-\frac{\mu m_t}{r_C} \tag{2.23}$$

考虑系绳的长度远小于质心矢径，即 $S_{A,B}/r_C \ll 1$，则可以将势能按麦克劳林级数展开并保留前三项得

$$\frac{1}{\sqrt{1\pm 2x\cos\beta\cos\theta+x^2}}=1\mp x\cos\beta\cos\theta+\frac{x^2}{2}(3\cos^2\beta\cos^2\theta-1)+O(x^3)$$

将势能写成如下形式：

$$W=-\frac{\mu m}{r_C}-\frac{\mu m_* l^2}{2r_C^3}(3\cos^2\beta\cos^2\theta-1) \tag{2.24}$$

式中，μ 为万有引力常量。

假设系统机械能守恒，则系绳系统的能量积分为

$$E=T_{\text{tot}}+W=\text{const}$$

可得到系统的拉格朗日函数为

$$\begin{aligned}\Pi=T_{\text{tot}}-W=&\frac{m}{2}(\dot r_C^2+\dot f^2r_C^2)+\frac{1}{2}m_*l^2[\dot\beta^2+(\dot\theta+\dot f)^2\cos^2\beta]+\\&\frac{1}{2}\frac{m_A(m_B+m_t)}{m}\dot l^2+\frac{\mu m}{r_C}+\frac{\mu m_* l^2}{2r_C^3}(3\cos^2\beta\cos^2\theta-1)\end{aligned} \tag{2.25}$$

采用第二类拉格朗日方程，则有如下形式：

$$\frac{\mathrm{d}}{\mathrm{d}t}\frac{\partial\Pi}{\partial\dot q_i}-\frac{\partial\Pi}{\partial q_i}=Q_i \tag{2.26}$$

式中，$q_i=r_C,f,\theta,\beta,l$ 为广义坐标；Q_i 为非有势广义力。

可得到空间系绳系统的动力学方程为

$$\ddot r_C=r_C\dot f^2-\frac{\mu}{r_C^2}+\frac{3\mu\Phi_1l^2(1-3\cos^2\theta\cos^2\beta)}{2r_C^4} \tag{2.27}$$

$$\ddot f=-\frac{2\dot f\dot r_C}{r_C}+\frac{3\mu\Phi_1l^2}{2r_C^5}\sin2\theta\cos^2\beta \tag{2.28}$$

$$\ddot\theta=2(\dot\theta+\dot f)\left[\dot\beta\tan\beta-\Phi_2\frac{\dot l}{l}\right]+2\frac{\dot r_C}{r_C}\dot f-\frac{3\mu}{r_C^3}\sin\theta\cos\theta\left[1+\frac{\Phi_1l^2}{r_C^2}\cos^2\beta\right] \tag{2.29}$$

$$\ddot\beta=-2\Phi_2\frac{\dot l}{l}\dot\beta-\left[(\dot\theta+\dot f)^2+\frac{3\mu}{r_C^3}\cos^2\theta\right]\sin\phi\cos\beta \tag{2.30}$$

$$\ddot l=-\Phi_3\frac{\dot l^2}{l}+\Phi_4 l\times\left[\dot\beta^2+(\dot\theta+\dot f)^2\cos^2\beta+\frac{\mu}{r_C^3}(3\cos^2\theta\cos^2\beta-1)\right]-\frac{mT}{m_A(m_B+m_t)} \tag{2.31}$$

式中，T 为系绳张力，作为控制量；Φ_i 为无量纲系数表达式，有

$$\Phi_1=\frac{m_*}{m},\qquad \Phi_2=\frac{m_A(m_B+m_t/2)}{mm_*}$$

$$\Phi_3=\frac{(2m_A-m)m_t}{2m_A(m_B+m_t)},\quad \Phi_4=\frac{m_B+m_t/2}{m_B+m_t}$$

假定系统质心在无扰动的开普勒轨道上运动，那么可以通过引入新的独立方程使系统运动的状态量减少。引入无量纲时间 $\tau=\Omega t$，Ω 是系统质心的轨道角速度，可导出系统的无量纲动力学方程为

$$r_C=\frac{a(1-e^2)}{k} \tag{2.32}$$

$$\Omega=\dot{f}=\sqrt{\frac{\mu}{a^3(1-e^2)^3}}k^2 \tag{2.33}$$

$$\theta''=2(\theta'+1)\left[\frac{e\sin f}{k}+\beta'\tan\beta-\Phi_2\frac{l'}{l}\right]-\frac{3}{k}\sin\theta\cos\theta \tag{2.34}$$

$$\beta''=\frac{2e\sin\beta}{k}\beta'-2\Phi_2\frac{l'}{l}\beta'-[(\theta'+1)^2+\frac{3}{k}\cos^2\theta]\sin\beta\cos\beta \tag{2.35}$$

$$\begin{aligned}l''=&\frac{2e\sin f}{k}l'-\Phi_3\frac{l'^2}{l}+\Phi_4 l[\beta'^2+(\theta'+1)2\cos^2\beta+\\&\frac{1}{k}(3\cos^2\theta\cos^2\beta-1)\Big]-\frac{mTa^3(1-e^2)^3}{m_A(m_B+m_t)\mu k^4}\end{aligned} \tag{2.36}$$

式中，“$'$”表示对变量 τ 求导；e 为轨道的离心率；a 为轨道半长轴；$k=1+e\cos f$。

若进一步针对系绳系统质心运动在开普勒圆轨道上这一特殊情况时，则可简化上述动力学方程为

$$\theta''=2(\theta'+1)\left[\beta'\tan\beta-\Phi_2\frac{l'}{l}\right]-3\sin\theta\cos\theta \tag{2.37}$$

$$\beta''=-2\Phi_2\frac{l'}{l}\beta'-[(\theta'+1)^2+3\cos^2\theta]\sin\beta\cos\beta \tag{2.38}$$

$$l''=-\Phi_3\frac{l'^2}{l}+\Phi_4 l[\beta'^2+(\theta'+1)^2\cos^2\beta+(3\cos^2\theta\cos^2\beta-1)]-\frac{mT}{m_A(m_B+m_t)\Omega^2} \tag{2.39}$$

若主星航天器的质量远大于子星质量和系绳质量，则可采用经典的拉格朗日方法得到系统的动力学方程：

$$\ddot{l}-l[\dot{\beta}^2+(\dot{\theta}+\Omega)^2\cos^2\beta+\Omega^2(3\cos^2\beta\cos^2\theta-1)]=-\frac{Q_l}{\bar{m}} \tag{2.40}$$

$$\ddot{\theta}+2(\dot{\theta}+\Omega)\left(\frac{\dot{l}}{l}-\dot{\beta}\tan\beta\right)+3\Omega^2\sin\theta\cos\theta=-\frac{Q_\theta}{\bar{m}l^2} \tag{2.41}$$

$$\ddot{\beta}+2\frac{\dot{\beta}\dot{l}}{l}+[(\dot{\theta}+\Omega)^2+3\Omega^2\cos^2\theta]\sin\beta\cos\beta=-\frac{Q_\varphi}{\bar{m}l} \tag{2.42}$$

其中，$\bar{m}=m_A m_B/m$；Q_l，Q_θ，Q_φ 为广义力；l 为系绳的长度。

将系统动力学方程式(2.40)～式(2.42)进行无量纲化处理，得到无量纲化动力学方程：

$$l''-l[\beta'^2+(\theta'+1)^2\cos^2\beta+(3\cos^2\beta\cos^2\theta-1)]=-\frac{T}{\bar{m}\Omega^2} \tag{2.43}$$

$$\theta''+2(\theta'+1)\left(\frac{l'}{l}-\beta'\tan\beta\right)+3\sin\theta\cos\theta=0 \tag{2.44}$$

$$\beta''+2\frac{\beta'l'}{l}+[(\theta'+1)^2+3\cos^2\theta]\sin\beta\cos\beta=0 \tag{2.45}$$

仅考虑在开普勒圆轨道上平面运动情况，其运动动力学方程可表示如下：

$$l'' = l[(\theta'+1)^2 - (1-3\cos^2\theta)] - \frac{T}{m\Omega^2} \tag{2.46a}$$

$$\theta'' = -2\frac{l'}{l}(\theta'+1) - \frac{3}{2}\sin 2\theta \tag{2.46b}$$

2.2.2 用牛顿力学方法建立系统数学模型

上述基于拉格朗日方程所建立的数学模型虽然比较简单，且能够一定程度上反映出空间系绳系统的空间运动特性，但是其所建立的模型没有考虑系绳的弹性、系绳展开控制结构的特性以及忽略了母星轨道特性的变化，这导致上述模型并不能较好地刻画出系绳展开的横纵向运动特性，因而为了能更加精确地展现子星在系绳展开的过程中的动态特性，需要进一步研究空间系绳系统的动力学模型。本节考虑展开控制机构的特性、系绳的弹性和质量，采用牛顿力学方法，建立基于地心惯性坐标系下的复杂动力学方程。

地心惯性坐标系下的空间系绳系统如图 2.16 所示，子星、母星及系绳的质量分别为 m_1，m_2 和 m_t。建模时，假设地球是中心引力场；忽略大气阻力及太阳光压等影响；假定系绳既无弯曲刚度亦无扭转刚度；系绳质量均匀分布，其线密度为 ρ。

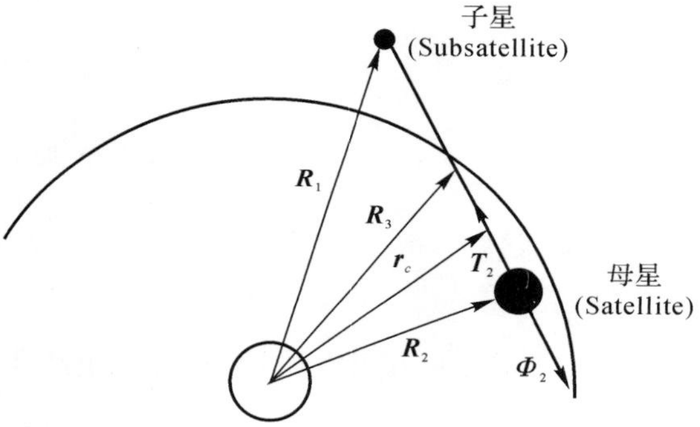

图 2.16　地心惯性坐标系中的空间系绳系统

根据牛顿第二定律，可建立母星及系统质心在惯性坐标系下的动力学微分方程：

$$\left.\begin{aligned} m_2\frac{\mathrm{d}^2\boldsymbol{R}_2}{\mathrm{d}t^2} &= \boldsymbol{G}_2 + \boldsymbol{T}_2 + \boldsymbol{\Phi}_2 \\ M\frac{\mathrm{d}^2\boldsymbol{r}_c}{\mathrm{d}t^2} &= \boldsymbol{G}_1 + \boldsymbol{G}_2 + \boldsymbol{G}_3 \end{aligned}\right\} \tag{2.47}$$

式中，$M=m_1+m_2+m_3$，其中 $m_3=m_t=\rho l$，l 为展开出来的未拉伸系绳长度；$\boldsymbol{G}_1$，$\boldsymbol{G}_2$，$\boldsymbol{G}_3$ 分别为子星、母星及系绳所受到的地心引力；而 $\boldsymbol{T}_2$ 为作用于母星上的系绳张力；$\boldsymbol{\Phi}_2$ 为系绳从母星中释放时对母星所产生的反作用力，如图 2.16 中所示；$\boldsymbol{R}_2$ 和 $\boldsymbol{r}_c$ 分别为母星及系统质心相对地心的矢径。

考虑系绳展开控制机构位于母星上，展开控制机构的动力学方程建立如下：

$$\left.\begin{aligned} \frac{\mathrm{d}l}{\mathrm{d}t} &= V_l \\ m_u\frac{\mathrm{d}V_l}{\mathrm{d}t} &= T_2 - F_c \end{aligned}\right\} \tag{2.48}$$

式中，m_u 为展开控制机构的惯性质量；V_l 为展开速率；T_2 为系绳张力幅值；F_c 为展开控制机构产生的控制力。

根据胡克定律，考虑系绳不可压缩性，系绳张力的计算如下：

$$T_2 = \begin{cases} c\dfrac{D_l}{l}, & \text{当 } D_l > 0 \text{ 时} \\ 0, & \text{当 } D_l \leqslant 0 \text{ 时} \end{cases} \tag{2.49}$$

式中，c 为系绳的刚性系数；$D_l = |\boldsymbol{R}_1 - \boldsymbol{R}_2| - l$ 为系绳的伸长量；$\boldsymbol{R}_1$ 为子星的矢径，其计算公式为

$$\boldsymbol{R}_1 = \frac{M\boldsymbol{r}_c - (m_2 + \dfrac{m_3}{2})\boldsymbol{R}_2}{m_1 + \dfrac{m_3}{2}} \tag{2.50}$$

系绳释放时对母星所产生的反作用力计算表达式如下：

$$\boldsymbol{\Phi}_2 = -\rho V_l \mathbf{V}_l \tag{2.51}$$

式中，$\mathbf{V}_l = V_l \dfrac{\boldsymbol{R}_1 - \boldsymbol{R}_2}{|\boldsymbol{R}_1 - \boldsymbol{R}_2|}$。

由矢量方程组所建立的动力学模型物理意义明确，能够展现出系绳子星释放阶段过程中系统许多状态的变化特性，比如子星的面内及面外运动特性、母星的轨道高度变化、系统质心的轨道参数变化以及系绳的横纵向振动特性。通过分析这些运动特性，能够更加全面地反映系统的运动状态，从而有利于设计出良好的系绳展开控制律，使空间系绳系统能够更加安全和有效地实施各种应用操作。

2.3　基于"珠式模型"的建模方法

本节在研究空间系绳系统珠式模型时，有如下建模假设：

1) 母星和子星都是质点；

2) 不考虑母星和子星的三维天平动以及弹性；

3) 母星质量远远大于子星；

4) 母星运行轨道为圆轨道。

首先建立位于系统质心 C 上的轨道运动坐标系 $Cx_{\mathrm{o}}y_{\mathrm{o}}z_{\mathrm{o}}$，其中 x_{o} 轴垂直于轨道平面，y_{o} 轴指向地心 O_{e}，z_{o} 轴与航天器飞行方向平行。然后以质点 m_{i+1} 为原点建立系绳坐标系 $Ox_{\mathrm{t}}y_{\mathrm{t}}z_{\mathrm{t}}$，其中 y_{t} 的方向由质点 m_{i+1} 指向质点 m_i，Ox_{t} 轴和 Oz_{t} 轴的方向由相对于坐标系 $OX_{\mathrm{o}}Y_{\mathrm{o}}Z_{\mathrm{o}}$ 的角 θ 和 β 决定。Ω 为系绳系统质心的轨道角速度。空间系绳系统珠式模型示意图如图 2.17 所示。

假定系绳被分割成 N 段，每段的长度都相等为 l_{s}，每段系绳的质量集中到一个点上，用 m_i 表示。质点与质点之间由阻尼器和无质量的弹簧相连，其阻尼系数和弹性系数分别为 c 和 k。因此，系绳上相互毗邻的两部分 l_i 和 l_{i+1} 的作用力转换成了质点 m_i 和 m_{i+1} 之间的作用力。每个质点 m_i 上的弹力和阻尼力分别用 T_i，T_{i+1} 和 $H_{\mathrm{D}i}$，$H_{\mathrm{D}i+1}$ 表示。质点与弹簧的连接假定无摩

擦，绳段相对于轨道坐标系的面内摆角和面外摆角分别为 θ,β。对于第一个质点，把其质量集中到子星上，与子星一起构成第一个质点 m_1，后面质点依此类推。对于第 N 个质点，在该质点与母星之间加入一个点 Q，点 Q 也是通过无质量的弹簧与第 N 个质点相连接的，而点 Q 与母星之间是通过无质量的刚性杆相连接的。

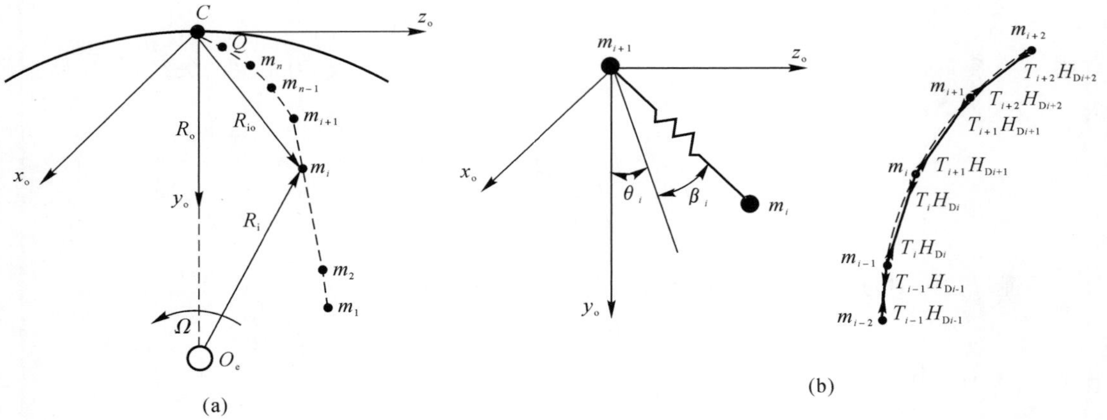

图 2.17　系绳系统珠式模型示意图

2.3.1　质点受力分析

2.3.1.1　质点所受大气阻力分析

当飞行器轨道高度在 100 ～ 1 000 km 时，称其为低地球轨道，而对于处在 500 km 高度以下的飞行器，空间环境中的大气阻力是主要的干扰力。而且轨道高度越低，大气密度就越大，系绳系统受到的大气阻力就越大。因此，为了建立较为精确的空间系绳系统模型，大气阻力的计算与研究是非常必要的。

为了便于大气阻力的计算，本节做了如下假设：

1）只考虑与系绳系统飞行速度方向相反的大气阻力分量；

2）大气密度只与高度有关，而与其他因素无关；

3）大气层与地球一起以相同的角速度旋转。

空间系绳系统相对轨道坐标系的大气阻力可写为

$$\Psi=-\frac{1}{2}C_D\rho Sv^2 \tag{2.52}$$

式中，C_D 为系绳的大气阻力系数，它是描述航天器气动特性的一个无量纲系数，与表面材料、表面温度和外形等因素有关，对大多数航天器来说 C_D 一般取值为 2.2；ρ 为大气密度；S 为系绳迎风面的面积，可按 $S=Dl$（D 代表系绳的直径，l 为系绳的长度）来计算；v 为系绳质心与大气之间的相对速度。大气阻力分量如图 2.18 所示。

1. 大气密度模型

在太空中影响大气物理状态的因素有很多，大气密度不仅与轨道高度、季节以及昼夜等有关,而且还可能受到一些其他随机因素影响。目前常用的大气参考模型有 CIRA 系列、Jacchia 系列、DTM 等。虽然各种模型之间有一定的差别,但是在表示大气密度方面都反映了几个相同的基本特征。本节采用 CIRA 模型,它考虑了温度和高度对大气密度的影响。其表达式为

$$\rho=\rho(h,T) \tag{2.53}$$

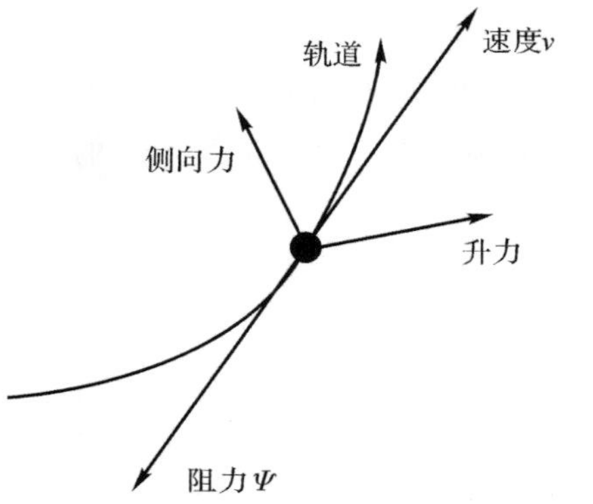

图 2.18　大气阻力分量

考虑到太阳活动的影响,大气密度的变化规律也可以表示成与高度有关的函数:

$$\rho=\rho_0 e^{\frac{h_0-h}{H_a}} \tag{2.54}$$

式中,ρ_0 为高度 h_0 处的大气密度;h 为实际高度;H_a 为大气密度标高。H_a 与大气类型及距离地球表面的高度有关。

2. 微绳段上大气阻力的计算

取系绳上的一小段 l_s 并分析上面的气动力(见图 2.19)。用中间弯曲的圆柱体来表示这部分系绳,假设圆柱体的直径与系绳的直径相等。为了简化运算,认为与 m_i 左右相邻的两个点 m_{i-1} 与 m_{i+1} 的速度方向与该点速度方向平行,同时也假定系绳被划分得相当小以至于每段系绳上的空气动力密度为常数,用 ρ 来表示。

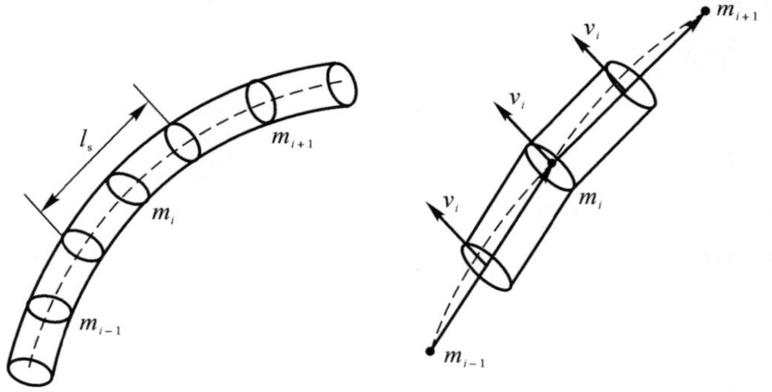

图 2.19　微小绳段的速度

根据前面的假设,系绳系统相对于大气的速度为

$$\boldsymbol{v}=\boldsymbol{v}_t-\boldsymbol{\omega}\times\boldsymbol{R}_0 \tag{2.55}$$

式中,$\boldsymbol{v}_t$ 为系绳质心的轨道速度;$\boldsymbol{\omega}$ 为地球自转角速度;$\boldsymbol{R}_0$ 为系绳质心的轨道矢径。

假设系绳系统轨道倾角为零度,因此

$$\boldsymbol{v}^2=\boldsymbol{v}_t^2-2\boldsymbol{v}_t(\boldsymbol{\omega}\times\boldsymbol{R}_0)+(\boldsymbol{\omega}\times\boldsymbol{R}_0)^2\approx\frac{\mu}{\boldsymbol{R}_0}\left(1-\frac{2\boldsymbol{\omega}\boldsymbol{R}_0}{\Omega}\right)\tag{2.56}$$

综上所述，微绳段受到的大气阻力为

$$\boldsymbol{\Psi}=-\frac{1}{2}C_D\rho l_s D\,|\boldsymbol{v}|\,\boldsymbol{v}\cos\theta\cos\beta\tag{2.57}$$

2.3.1.2　质点所受重力分析

处在地球上空的物体都要受到地球引力的作用，引力大小与其距地球的高度有关。在系绳系统珠式模型中，$\boldsymbol{R}_0$ 和 $\boldsymbol{R}_{i0}$ 分别为系统质心 O 和质点 m_i 的位置矢量，因此，质点 m_i 距地球质心的位置矢量 $\boldsymbol{R}_i$ 可表示为

$$\boldsymbol{R}_i=\boldsymbol{R}_0+\boldsymbol{R}_{i0}\tag{2.58}$$

因此，质点 m_i 所受重力 G_i 为

$$G_i=\frac{\mu m_i}{|\boldsymbol{R}_i|^3}R_i=\frac{\mu m_i}{|\boldsymbol{R}_0+\boldsymbol{R}_{i0}|^3}(R_0+R_{i0})\approx$$
$$m_i\Omega^2\left(R_0+R_{i0}-\frac{3(\boldsymbol{R}_0\cdot\boldsymbol{R}_{i0})\boldsymbol{R}_0}{|\boldsymbol{R}_0|^2}\right)\tag{2.59}$$

式中，μ 为万有引力常量。

2.3.1.3　质点所受弹性力和阻尼力分析

珠式模型中系绳质点之间是通过无质量的弹簧连接的，因此弹性力主要由弹簧来提供。为了确定系绳弹力，采用胡克定律，它指出，当弹簧发生弹性形变时，弹簧的弹性力和弹簧的伸长量成正比。由于系绳不具有抗压性能，所以当系绳长度小于不变形情况下的长度即 $l_i<l_s$ 时，可假定系绳的弹性力为零。据此，质点 $i+1$ 作用到质点 i 上的弹性力 T_i 为

$$T_i=-k(l_i-l_s)\tag{2.60}$$

式中，$k=EA$ 表示系绳的刚度系数，E 为系绳的弹性模量，与系绳材料有关；A 代表系绳的横截面积；l_i 为系绳的即时长度；l_s 代表系绳的标称长度。本节所采用的系绳是均匀的，因此对每个绳段来说，k 的取值保持不变。

对于空间系绳系统系绳阻尼力的模拟，到目前为止还没有统一的意见。本节采用比较常用的 Rayleigh 耗散函数来表示：

$$H_{Di}=cr_i\tag{2.61}$$

式中，c 为阻尼系数，$c=2m_i\omega_n\varepsilon$，其中 $\omega_n=\sqrt{k/m_i}$；ε 为系绳等效黏性阻尼比。

除了上述介绍的力外，还有其他一些扰动力作用在系绳系统上，如太阳辐射产生的压力、行星之间的相互作用力等。但是它们的作用力非常小，对系绳系统的运动没有实质性的影响，因此忽略不计。

2.3.2　空间系绳系统的动力学方程

2.3.2.1　一般质点的动力学方程

对于 N 个由无质量的弹簧连接的质点组成的系统，其运动方程可以写成常微分方程组：

$$m_i\frac{\mathrm{d}R_i}{\mathrm{d}t}=V_i\tag{2.62a}$$

$$m_i \frac{\mathrm{d}V_i}{\mathrm{d}t} = F_i \tag{2.62b}$$

式中，R_i，V_i 表示第 i 个质点的向径、速度；F_i 表示作用在质点 m_i 上的合力。

将系统所受到的大气阻力、重力、弹性力和阻尼力带入式(2.62)可得第 i 个和第 $i+1$ 个质点的动力学方程为

$$\left.\begin{aligned} &\frac{\mathrm{d}R_i}{\mathrm{d}t} = V_i \\ &m_i \frac{\mathrm{d}V_i}{\mathrm{d}t} = G_i + \Psi_i + T_i + T_{i-1} + H_{\mathrm{D}i} + H_{\mathrm{D}i-1} \end{aligned}\right\} \tag{2.63}$$

$$\left.\begin{aligned} &\frac{\mathrm{d}R_{i+1}}{\mathrm{d}t} = V_{i+1} \\ &m_{i+1} \frac{\mathrm{d}V_{i+1}}{\mathrm{d}t} = G_{i+1} + \Psi_{i+1} + T_{i+1} + T_i + H_{\mathrm{D}i+1} + H_{\mathrm{D}i} \end{aligned}\right\} \tag{2.64}$$

化简式(2.63)、式(2.64)得

$$\frac{\mathrm{d}^2 R_i}{\mathrm{d}t^2} = \mu \frac{R_i}{|R_i|^3} + \frac{\Psi_i}{m_i} + \frac{T_i + H_{\mathrm{D}i}}{m_i} + \frac{T_{i-1} + H_{\mathrm{D}i-1}}{m_i} \tag{2.65}$$

$$\frac{\mathrm{d}^2 R_{i+1}}{\mathrm{d}t^2} = \mu \frac{R_{i+1}}{|R_{i+1}|^3} + \frac{\Psi_{i+1}}{m_{i+1}} + \frac{T_{i+1} + H_{\mathrm{D}i+1}}{m_{i+1}} + \frac{T_i + H_{\mathrm{D}i}}{m_{i+1}} \tag{2.66}$$

把式(2.59) 带入式(2.65) 和式(2.66)，两式相减得

$$\begin{aligned} \frac{\mathrm{d}^2 r_i}{\mathrm{d}t^2} = {} & \Omega^2 r_i - \frac{3\Omega^2 (R_0 \cdot r_i) R_0}{|R_0|^2} + \frac{\Psi_i}{m_i} + \frac{T_i + H_{\mathrm{D}i}}{m_i} + \frac{T_{i-1} + H_{\mathrm{D}i-1}}{m_i} - \\ & \frac{\Psi_{i+1}}{m_{i+1}} - \frac{T_{i+1} + H_{\mathrm{D}i+1}}{m_{i+1}} - \frac{T_i + H_{\mathrm{D}i}}{m_{i+1}} \end{aligned} \tag{2.67}$$

上述方程是质点在系绳坐标系下的运动方程，为了获得质点在轨道运动坐标系下的运动方程，把式(2.67) 在 $Cx_{\mathrm{o}}y_{\mathrm{o}}z_{\mathrm{o}}$ 坐标系中展开得

$$\begin{aligned} \frac{\partial^2 r_i}{\partial t^2} = {} & J_i \Omega^2 r_i - \begin{bmatrix} 0 \\ 3 \\ 0 \end{bmatrix} \Omega^2 \cos\theta_i \cos\beta_i + J_i \frac{\Psi_i}{m_i} - J_i \frac{T_i + H_{\mathrm{D}i}}{m_i} + \\ & J_i \frac{T_{i-1} + H_{\mathrm{D}i-1}}{m_i} - J_{i+1} \frac{\Psi_{i+1}}{m_{i+1}} + J_{i+1} \frac{T_{i+1} + H_{\mathrm{D}i+1}}{m_{i+1}} - J_{i+1} \frac{T_i + H_{\mathrm{D}i}}{m_{i+1}} \end{aligned} \tag{2.68}$$

其中 $\boldsymbol{J}_i = \begin{bmatrix} -\sin\beta_i \\ \cos\theta_i \cos\beta_i \\ \sin\theta_i \sin\beta_i \end{bmatrix}$。

带入相关参数，可得一般质点 $m_i(0 \leqslant i < N)$ 的动力学方程：

$$\begin{aligned} x_i = {} & 2 \frac{\mathrm{d}r_i}{\mathrm{d}t} \frac{\mathrm{d}\beta_i}{\mathrm{d}t} \cos\beta_i + r_i \left[\Omega^2 - \left(\frac{\mathrm{d}\beta_i}{\mathrm{d}t}\right)^2\right] \sin\beta_i + \left(\frac{1}{m_i} + \frac{1}{m_{i+1}}\right)(T_i + H_{\mathrm{D}i}) \sin\beta_i - \\ & \frac{T_{i-1} + H_{\mathrm{D}i-1}}{m_i} \sin\beta_{i-1} - \frac{T_{i+1} + H_{\mathrm{D}i+1}}{m_{i+1}} \sin\beta_{i+1} - \frac{\Psi_i}{m_i} \sin\beta_{i-1} + \frac{\Psi_{i+1}}{m_{i+1}} \sin\beta_{i+1} \end{aligned} \tag{2.69a}$$

$$\begin{aligned} y_i = {} & 2 \frac{\mathrm{d}r_i}{\mathrm{d}t} \frac{\mathrm{d}\beta_i}{\mathrm{d}t} \sin\beta_i + r_i \left[\left(\Omega^2 + \frac{\mathrm{d}\theta_i}{\mathrm{d}t}\right)^2 + 2\Omega^2 + \left(\frac{\mathrm{d}\beta_i}{\mathrm{d}t}\right)^2\right] \cos\theta_i \cos\beta_i + \\ & 2 \frac{\mathrm{d}r_i}{\mathrm{d}t} \left(\Omega + \frac{\mathrm{d}\theta_i}{\mathrm{d}t}\right) \sin\theta_i \cos\beta_i - r_i \left(\Omega + \frac{\mathrm{d}\theta_i}{\mathrm{d}t}\right) \frac{\mathrm{d}\beta_i}{\mathrm{d}t} \sin\theta_i \sin\beta_i - \end{aligned}$$

$$\left(\frac{1}{m_i}+\frac{1}{m_{i+1}}\right)(T_i+H_{\mathrm{D}i})\cos\theta_i\cos\beta_i+\frac{(T_{i-1}+H_{\mathrm{D}i-1})\cos\theta_{i-1}\cos\beta_{i-1}}{m_i}+$$
$$\frac{(T_{i+1}+H_{\mathrm{D}i+1})\cos\theta_{i+1}\cos\beta_{i+1}}{m_{i+1}}+\frac{\Psi_i}{m_i}\cos\theta_i\cos\beta_i-\frac{\Psi_{i+1}}{m_{i+1}}\cos\theta_{i+1}\cos\beta_{i+1} \tag{2.69b}$$

$$z_i=2\frac{\mathrm{d}r_i}{\mathrm{d}t}\frac{\mathrm{d}\beta_i}{\mathrm{d}t}\sin\theta_i\sin\beta_i+r_i\left[\left(\Omega^2+\frac{\mathrm{d}\theta_i}{\mathrm{d}t}\right)^2-\Omega^2+\left(\frac{\mathrm{d}\beta_i}{\mathrm{d}t}\right)^2\right]\sin\theta_i\cos\beta_i-$$
$$2\frac{\mathrm{d}r_i}{\mathrm{d}t}\left(\Omega+\frac{\mathrm{d}\theta_i}{\mathrm{d}t}\right)\cos\theta_i\cos\beta_i+r_i\left(\Omega+\frac{\mathrm{d}\theta_i}{\mathrm{d}t}\right)\frac{\mathrm{d}\beta_i}{\mathrm{d}t}\cos\theta_i\sin\beta_i-$$
$$\left(\frac{1}{m_i}+\frac{1}{m_{i+1}}\right)(T_i+H_{\mathrm{D}i})\sin\theta_i\cos\beta_i+\frac{(T_{i-1}+H_{\mathrm{D}i-1})}{m_i}\sin\theta_{i-1}\cos\beta_{i-1}+$$
$$\frac{(T_{i+1}+H_{\mathrm{D}i+1})}{m_{i+1}}\sin\theta_{i+1}\cos\beta_{i+1}+\frac{\Psi_i}{m_i}\sin\theta_i\cos\beta_i-\frac{\Psi_{i+1}}{m_{i+1}}\sin\theta_{i+1}\cos\beta_{i+1} \tag{2.69c}$$

2.3.2.2 质点 N 的动力学方程

对空间系绳系统展开过程进行仿真时，必须将能够考虑系绳长度变化的算法补充到上面描述的运动方程上。这是因为系绳长度变化时，位于航天器外部的系绳的质量也在发生变化。本节中的点 Q 主要是为了模拟系绳系统的控制力，系绳长度是随着系绳的释放而不断变化的，当从控制机构离开的系绳未伸展长度增量大于系绳微元段长度 $l_s(b>l_s)$ 时，就要补充一个质点，如图 2.20 所示。

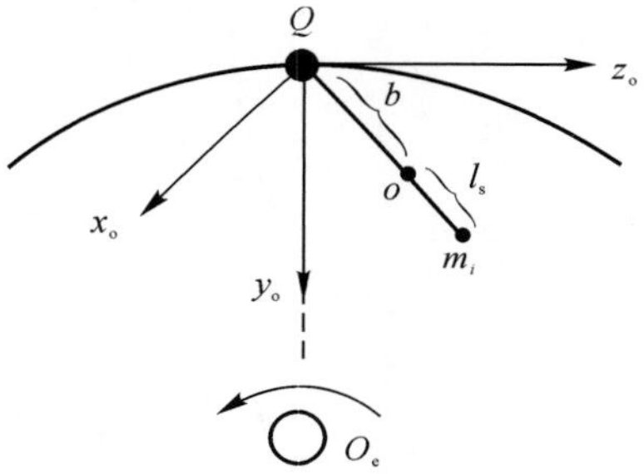

图 2.20　点 Q 和系绳第 i 个质点间的结构图

点 Q 与母星之间是通过无质量的刚性杆连接的，因此该段存在应力，用 T_Q 表示。分析质点 N 的受力情况，根据 2.3.2.1 节所述，得质点 N 的动力学方程为

$$x_N=2\frac{\mathrm{d}r_N}{\mathrm{d}t}\frac{\mathrm{d}\beta_N}{\mathrm{d}t}\cos\beta_N+r_N\left[\Omega^2-\left(\frac{\mathrm{d}\beta_N}{\mathrm{d}t}\right)^2\right]\sin\beta_N+\left(\frac{1}{m_N}+\frac{1}{m_o}\right)\times$$
$$(T_N+H_{\mathrm{D}N})\sin\beta_N-\frac{T_{N-1}+H_{\mathrm{D}N-1}}{m_N}\sin\beta_{N-1}-\frac{T_0\sin\beta_o}{m_o}-\frac{\Psi_N}{m_N}\sin\beta_{N-1} \tag{2.70a}$$

$$y_N=2\frac{\mathrm{d}r_N}{\mathrm{d}t}\frac{\mathrm{d}\beta_N}{\mathrm{d}t}\sin\beta_N+r_N\left[\left(\Omega^2+\frac{\mathrm{d}\theta_N}{\mathrm{d}t}\right)^2+2\Omega^2+\left(\frac{\mathrm{d}\theta_N}{\mathrm{d}t}\right)^2\right]\cos\theta_N\cos\beta_N+$$
$$2\frac{\mathrm{d}r_N}{\mathrm{d}t}\left(\Omega+\frac{\mathrm{d}\theta_N}{\mathrm{d}t}\right)\sin\theta_N\cos\beta_N-r_N\left(\Omega+\frac{\mathrm{d}\theta_N}{\mathrm{d}t}\right)\frac{\mathrm{d}\beta_N}{\mathrm{d}t}\sin\theta_N\sin\beta_N-$$
$$\left(\frac{1}{m_N}+\frac{1}{m_o}\right)(T_N+H_{\mathrm{D}N})\cos\theta_N\cos\beta_N+\frac{T_o\cos\theta_o\cos\beta_o}{m_o}+$$

$$\frac{(T_{N-1}+H_{\mathrm{D}N-1})\cos\theta_{N-1}\cos\beta_{N-1}}{m_N}+\frac{\Psi_N}{m_N}\cos\theta_N\cos\beta_N \tag{2.70b}$$

$$\begin{aligned}z_N=&2\frac{\mathrm{d}r_N}{\mathrm{d}t}\frac{\mathrm{d}\beta_N}{\mathrm{d}t}\sin\theta_N\sin\beta_N+r_N\left[\left(\Omega^2+\frac{\mathrm{d}\theta_N}{\mathrm{d}t}\right)^2-\Omega^2+\left(\frac{\mathrm{d}\beta_N}{\mathrm{d}t}\right)^2\right]\sin\theta_N\cos\beta_N-\\&2\frac{\mathrm{d}r_N}{\mathrm{d}t}\left(\Omega+\frac{\mathrm{d}\theta_N}{\mathrm{d}t}\right)\cos\theta_N\cos\beta_N+r_N\left(\Omega+\frac{\mathrm{d}\theta_N}{\mathrm{d}t}\right)\frac{\mathrm{d}\beta_N}{\mathrm{d}t}\cos\theta_N\sin\beta_N-\\&\left(\frac{1}{m_N}+\frac{1}{m_\mathrm{o}}\right)(T_N+H_{\mathrm{D}N})\sin\theta_N\cos\beta_N+\frac{T_\mathrm{o}}{m_\mathrm{o}}\sin\theta_\mathrm{o}\cos\beta_\mathrm{o}+\\&\frac{(T_{N-1}+H_{\mathrm{D}N-1})}{m_N}\sin\theta_{N-1}\cos\beta_{N-1}+\frac{\Psi_N}{m_N}\sin\theta_N\cos\beta_N\end{aligned} \tag{2.70c}$$

下面基于“珠式模型”不考虑大气阻力等干扰，考虑系绳质量和弹性建立空间系绳系统动力学模型。综上所述，空间系绳系统的动力学方程由式(2.69)和式(2.70)组成。

由于系绳质量 m_t 和载荷质量 m 远小于基站航天器质量，因此航天器的轨道变化可以忽略且认为航天器的运动是给定的，在此情况下，只需要在地心轨道坐标系 $OXYZ$(参见图 2.2)下分别计算“系绳-载荷点”系统的动能和势能：

$$\left.\begin{aligned}T_\mathrm{E}&=\frac{1}{2}\sum_{j=0}^{N}m_j(\dot{x}_j^2+\dot{y}_j^2+\dot{z}_j^2)\\V&=\frac{1}{2}\mu\sum_{j=0}^{N}\frac{m_j}{r_j}\end{aligned}\right\} \tag{2.71}$$

式中，$m_0=m$ 为载荷质量；m_j 是第 j 点的质量；(x_j, y_j, z_j) 为第 j 点在地心轨道坐标系 $OXYZ$ 上的坐标；μ 为地心引力常数；r_j 为第 j 点到地球质心的距离。根据地心轨道坐标系 $OXYZ$ 和轨道运动坐标系 $Cx_oy_oz_o$(参见图 2.2)的关系，有下列表达式：

$$\left.\begin{aligned}x_j&=x_{Cj}\cos\varphi-y_{Cj}\sin\varphi\\y_j&=y_{Cj}\cos\varphi+x_{Cj}\sin\varphi\\z_j&=z_{Cj}\end{aligned}\right\} \tag{2.72}$$

式中，(x_{Cj}, y_{Cj}, z_{Cj}) 为第 j 点在轨道运动坐标系 $Cx_oy_oz_o$ 上的坐标。根据轨道运动坐标系 $Cx_oy_oz_o$ 和系绳坐标系 $Cx_ty_tz_t$(参见图 2.3)的关系，有

$$\left.\begin{aligned}x_{Cj}&=r-l_j\cos\theta\cos\beta\\y_{Cj}&=l_j\sin\theta\\z_{Cj}&=l_j\cos\theta\sin\beta\end{aligned}\right\} \tag{2.73}$$

式中，l_j 为第 j 点到基站航天器的距离；$l_0=l_k$ 为总的绳长，这样就把系绳坐标系 $Cx_ty_tz_t$ 投影到了地心轨道坐标系 $OXYZ$ 上。为了导出 m_j 的运动方程，采用经典的拉格朗日法：

$$\frac{\mathrm{d}}{\mathrm{d}t}\left(\frac{\partial T_\mathrm{E}}{\partial\dot{q}_i}\right)-\frac{\partial T_\mathrm{E}}{\partial q_i}=\boldsymbol{Q}_i \tag{2.74}$$

式中，T_E 表示系统动能；q_i，$\dot{q}_i$ 和 $\boldsymbol{Q}_i$ $(i=1,2,3)$ 分别表示广义坐标、广义速度和广义力；$q_1=l$，$q_2=\theta$，$q_3=\beta$。

假设：$\dfrac{l_j}{r}\ll 1$，将式(2.71)～式(2.73)代入式(2.74)中，则第 j 点的运动方程为

$$
\left.\begin{aligned}
m_j\ddot{l} &= m_j l_j\begin{pmatrix}\dot{\theta}^2+2\dot{\theta}\Omega\cos\beta-\Omega^2\cos^2\theta\sin^2\beta+\dot{\beta}^2\cos^2\theta+\\ \Omega\dot{\beta}\sin\beta\sin 2\theta+3\Omega^2\cos^2\theta\cos^2\beta\end{pmatrix}+Q_{l_j}\\
m_j l_j^2\ddot{\theta} &= 2m_j l_j\dot{l}(\dot{\theta}+\Omega\cos\beta)+m_j l_j^2\begin{bmatrix}\Omega^2\sin\theta\cos\theta\sin^2\beta-\\ \dot{\beta}^2\sin\theta\cos\theta+2\Omega\dot{\beta}\cos^2\theta\sin\beta-\\ 3\Omega^2\sin\theta\cos\theta\cos^2\beta\end{bmatrix}+Q_{\theta_j}\\
m_j l_j^2\cos^2\theta\ddot{\beta} &= -m_j l_j\dot{l}(2\dot{\beta}\cos^2\theta+\Omega\sin 2\theta\sin\beta)+m_j l_j^2\begin{bmatrix}\dot{\theta}\dot{\beta}\sin 2\theta-\\ 2\Omega\dot{\theta}\cos^2\theta\sin\beta-\\ 2\Omega^2\cos^2\theta\sin 2\beta\end{bmatrix}+Q_{\beta_j}
\end{aligned}\right\}\tag{2.75}
$$

式中，$m_j=\rho_t l_k/j\,(j=1,2,\cdots,N)$ 和 $m_0=m$；ρ_t 为系绳的线密度，即单位长度系绳的质量。

对 N 个质点的方程求和：

$$
\left.\begin{aligned}
&(m+\rho_t l)\ddot{l}=\left(m+\rho_t l\frac{1}{N^2}\sum_{j=1}^{N}j\right)(\dot{\theta}^2+2\dot{\theta}\Omega^2\cos^2\theta\sin^2\beta+\dot{\beta}^2\cos^2\theta+\Omega\dot{\beta}\sin\beta\sin 2\theta+\\
&\qquad 3\Omega^2\cos^2\theta\cos^2\beta+Q_l\\
&\left(m+\rho_t l\frac{1}{N^3}\sum_{j=1}^{N}j^2\right)l^2\ddot{\theta}=-2\left(m+\rho_t l\frac{1}{N^2}\sum_{j=1}^{N}j\right)l\dot{l}(\dot{\theta}+\Omega\cos\beta)+\left(m+\rho_t l\frac{1}{N^3}\sum_{j=1}^{N}j^2\right)l^2\times\\
&\qquad\begin{pmatrix}\Omega^2\sin\theta\cos\theta\sin^2\beta-\dot{\beta}^2\sin\theta\cos\theta+2\Omega\dot{\beta}\cos^2\theta\sin\beta-\\ 3\Omega^2\sin\theta\cos\theta\cos^2\beta\end{pmatrix}+Q_\theta\\
&\left(m+\rho_t l\frac{1}{N^3}\sum_{j=1}^{N}j^2\right)l^2\cos^2\theta\ddot{\beta}=-\left(m+\rho_t l\frac{1}{N^2}\sum_{j=1}^{N}j\right)l\dot{l}(2\dot{\beta}\cos^2\theta+\Omega\sin 2\theta\sin\beta)+\\
&\qquad\left(m+\rho_t l\frac{1}{N^3}\sum_{j=1}^{N}j^2\right)l^2\begin{pmatrix}\dot{\theta}\dot{\beta}\sin 2\theta-2\Omega\dot{\theta}\cos^2\theta\sin\beta-\\ 2\Omega^2\cos^2\theta\sin 2\beta\end{pmatrix}+Q_\beta
\end{aligned}\right\}\tag{2.76}
$$

由于 $\lim\limits_{N\to\infty}\frac{1}{N^2}\sum\limits_{j=1}^{N}j=\frac{1}{2}$，$\lim\limits_{N\to\infty}\frac{1}{N^3}\sum\limits_{j=1}^{N}j^2=\frac{1}{3}$，那么基于“珠式模型”考虑系绳质量的空间系绳系统运动方程为

$$
\left.\begin{aligned}
&(m+\rho_t l)\ddot{l}=(m+\rho_t l/2)\,l\begin{pmatrix}\dot{\theta}^2+2\dot{\theta}\Omega\cos\beta-\Omega^2\cos^2\theta\sin^2\beta+\dot{\beta}^2\cos^2\theta+\Omega\dot{\beta}\sin\beta\sin 2\theta\\ +3\Omega^2\cos^2\theta\cos^2\beta-T-\rho_t\dot{l}^2\end{pmatrix}+Q_l\\
&(m+\rho_t l/3)\,l^2\ddot{\theta}=-2(m+\rho_t l/2)\,l\dot{l}(\dot{\theta}+\Omega\cos\beta)+(m+\rho_t l/3)\,l^2\begin{bmatrix}\Omega^2\sin\theta\cos\theta\sin^2\beta-\\ \dot{\beta}^2\sin\theta\cos\theta+2\Omega\dot{\beta}\cos^2\theta\sin\beta\\ -3\Omega^2\sin\theta\cos\theta\cos^2\beta\end{bmatrix}+Q_\theta\\
&(m+\rho_t l/3)\,l^2\cos^2\theta\ddot{\beta}=-(m+\rho_t l/2)\,l\dot{l}(2\dot{\beta}\cos^2\theta+\Omega\sin 2\theta\sin\beta)+(m+\rho_t l\rho l/3)\,l^2\times\\
&\qquad(\dot{\theta}\dot{\beta}\sin 2\theta-2\Omega\dot{\theta}\cos^2\theta\sin\beta-2\Omega^2\cos^2\theta\sin 2\beta)+Q_\beta
\end{aligned}\right\}\tag{2.77}
$$

若只考虑空间系绳系统作平面运动的情况，不考虑面外运动，即 $\beta=\dot{\beta}=0$，式(2.77) 可简化为

$$
\left.\begin{aligned}
\ddot{l}&=\frac{m+\rho_t l/2}{m+\rho_t l}l\left[(\dot{\theta}+\Omega)^2-\Omega^2(1-3\cos^2\theta)\right]-\frac{T+\rho_t\dot{l}^2}{m+\rho_t l}\\
\ddot{\theta}&=-2\,\frac{m+\rho_t l/2}{m+\rho_t l/3}\,\frac{\dot{l}}{l}(\dot{\theta}+\Omega)-\frac{3}{2}\Omega^2\sin 2\theta
\end{aligned}\right\}\tag{2.78}
$$

式(2.78) 给出的动力学模型是在圆轨道并考虑系绳质量的情况下建立的，式中 T 为系绳张

力。另外，在椭圆轨道下的空间系绳系统运动学模型为

$$\left.\begin{aligned}\ddot{l}&=\frac{m+\frac{1}{2}\rho_t l}{m+\rho_t l}l\left[(\dot{\alpha}+\dot{\theta})^2+\frac{\mu}{r^3}(3\cos^2\theta-1)\right]-\frac{T}{m+\rho_t l}\\\ddot{\theta}&=2\frac{e\dot{\alpha}^2\sin\alpha}{1+e\cos\alpha}-\frac{3\mu}{r^3}\sin\theta\cos\theta-2\frac{m+\frac{1}{2}\rho_t l}{m+\frac{1}{3}\rho_t l}\left(\frac{\dot{l}}{l}\right)(\dot{\alpha}+\dot{\theta})\end{aligned}\right\}\tag{2.79}$$

式中，r 为基站质心距地心的距离；α 为真近点角；e 为椭圆轨道偏心率。

根据椭圆轨道特性有

$$\left.\begin{aligned}\dot{r}&=e\sqrt{\mu}\sin\alpha/\sqrt{a(1-e^2)}\\\dot{\alpha}&=\frac{(1+e\cos\alpha)^2}{[a(1-e^2)]^{\frac{3}{2}}}\\\ddot{\alpha}&=\frac{-2e\dot{\alpha}(1+e\cos\alpha)\sin\alpha}{[a(1-e^2)]^{\frac{3}{2}}}\end{aligned}\right\}\tag{2.80}$$

式中，a 为椭圆轨道半长轴。

第3章　空间系绳系统标称展开轨迹设计

在空间系绳展开过程中的控制方法中，目前应用比较广泛的是张力控制和距离速率控制。近年来，由于张力控制方法形式简单，控制效果好，故已经成为最主流的控制方法。张力控制是通过控制系绳张力的变化来控制系绳的展开的，优点在于可以有效限制系绳承受的张力，有较高的精确性。本章使用的控制方法就是简单张力控制策略，研究静态展开过程和动态展开过程的标称轨迹。

3.1　静态展开过程标称轨迹设计

静态展开过程指系绳展开结束时刻系绳的展开速度为零，长度达到期望值，与地垂线夹角为零，相对角速度为零。基于张力控制律的要求，在系绳展开的过程中，系绳承受的张力和系绳展开的速度都必须要非负。在系绳展开的过程中要求系绳的展开速度 $V_l \geqslant 0$，并且满足边值条件 $V_l(t_f)=0, l(t_f)=l_k, \dot{\theta}(t_f)=0, \theta(t_f)=0$

3.1.1　经典的系绳张力控制律

静态展开过程经典的简单张力控制律形式如下：

$$T = m\Omega^2\left(al^0 + b\frac{V_l^0}{\Omega} - cl_k\right) \tag{3.1}$$

式中，T 为柔性系绳的张力；m 为载荷质量；l^0 为系绳实时长度；l_k 为系绳期望展开长度；V_l^0 为系绳实时展开速度；Ω 为圆轨道上的航天器运动角速度；a,b,c 为待定参数。选取指标函数

$$J = c_1\theta_f^2 + c_2\dot{\theta}_f^2 + c_3(l-l_k)^2 + c_4V_f^2 \tag{3.2}$$

式中，c_1,c_2,c_3,c_4 为加权系数；θ_f 为展开结束时系绳与地垂线的夹角；$\dot{\theta}_f$ 为展开结束时系绳与地垂线的相对角速度；V_f 为展开结束时刻的展开速度。利用下山单纯形法、遗传算法、粒子群等优化算法使指标函数最小可以确定 a,b,c 的值，得到控制律的形式。

算例1：载荷质量 m 为 20 kg，圆轨道高度为 300 km，目标绳长 3 km。利用优化算法求得一组参数值 $a=4.6, b=3.5, c=1.6$，仿真结果如图 3.1 至图 3.6 所示。

空间系绳展开轨迹设计中参数 a,b,c 虽然可以通过优化算法精确求解，但是在实际设计标称轨迹的时候，第一步工作是获得一个大致的展开轨迹，在此基础上仿真出展开过程中系绳的展开速度、控制张力等关键数据，比较是否能够满足总体的设计要求和硬件限制。如果满足，则采用此优化参数，获得最优的标称展开轨迹，否则重新规划新轨迹。在此基础上，研究 a,b,c 三个参数之间的变化对于展开轨迹的影响就变得非常有意义。下面给出几个具体的仿真实例来说明这个问题，首先固定 a 和 c 的值，只改变 b 的取值，获得的仿真结果如图 3.7 至图 3.9 所示。

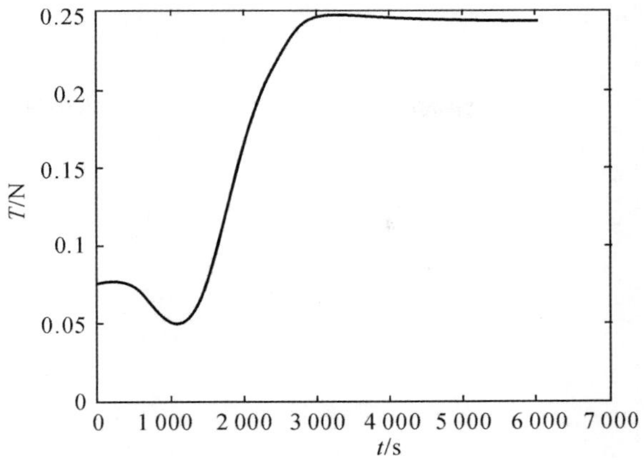

图 3.1　系绳张力变化

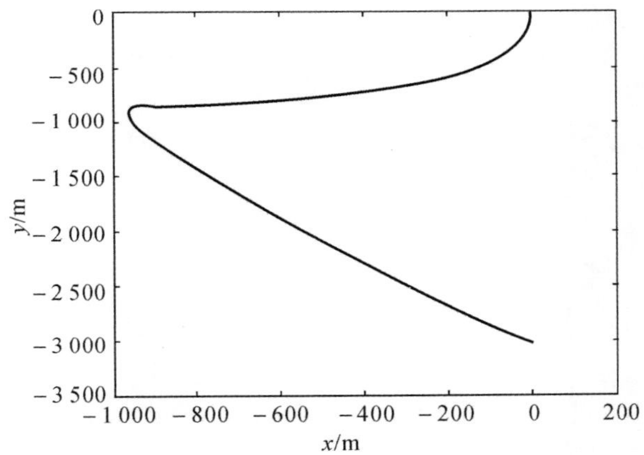

图 3.2　系绳展开轨迹

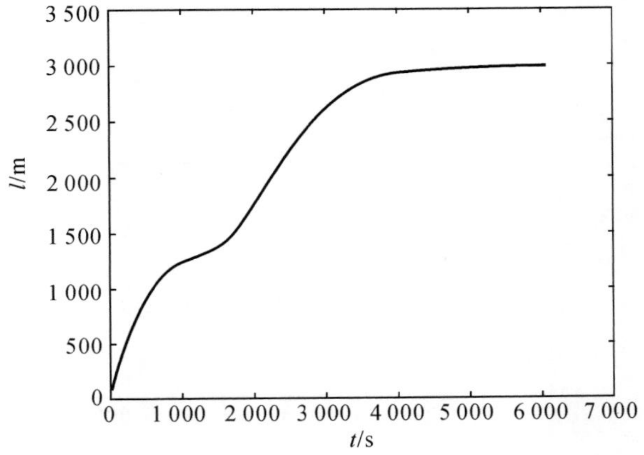

图 3.3　系绳绳长变化

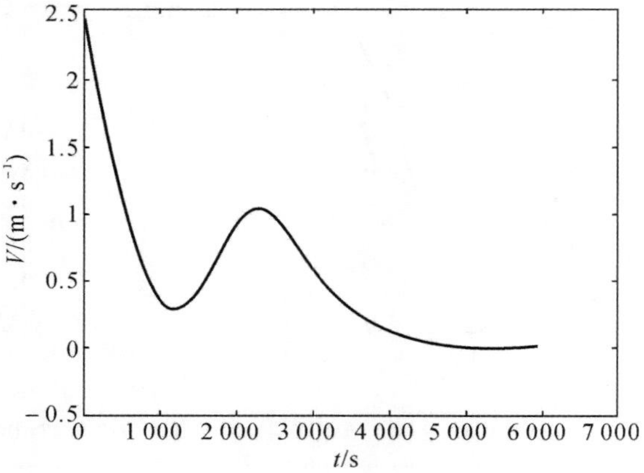

图 3.4　系绳展开速度变化

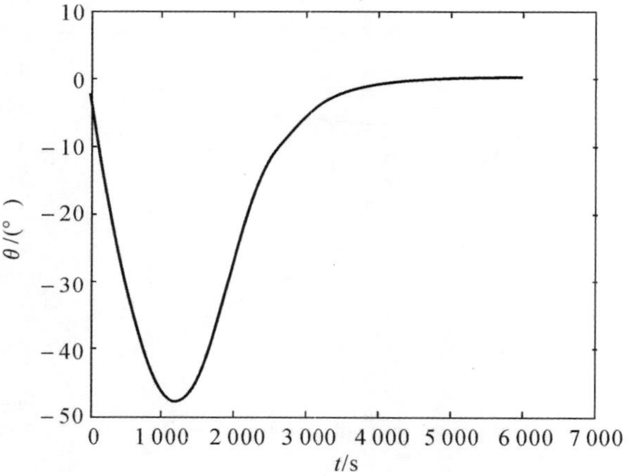

图 3.5　系绳偏离角变化

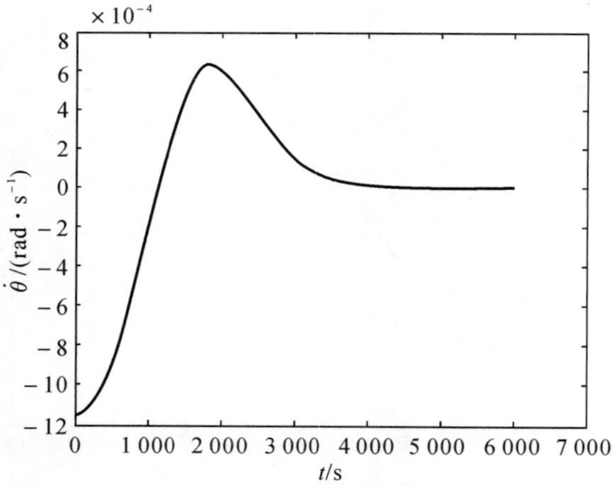

图 3.6　系绳偏离角速度变化

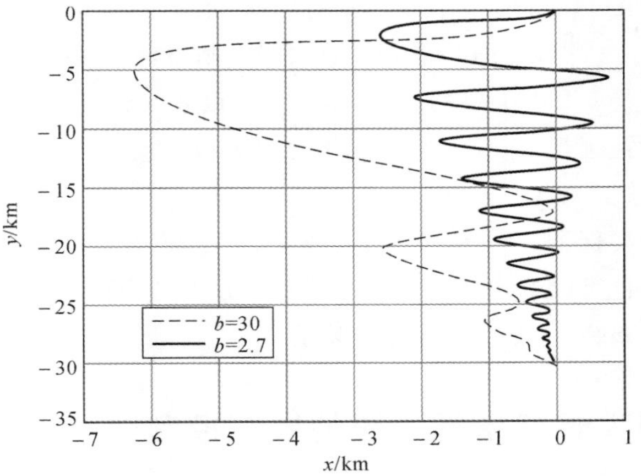

图 3.7　不同 b 取值下的轨迹

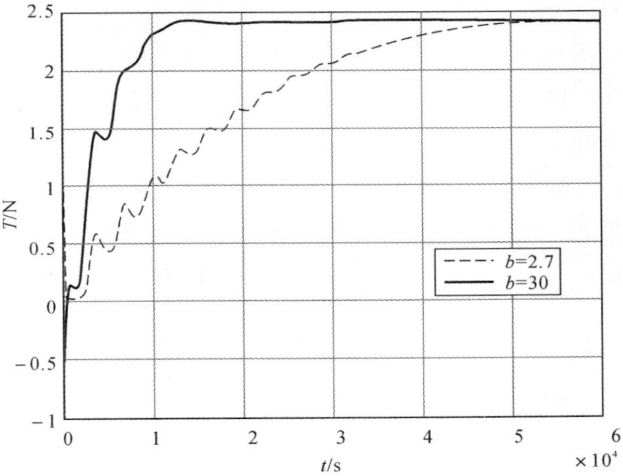

图 3.8　不同 b 取值下的控制张力

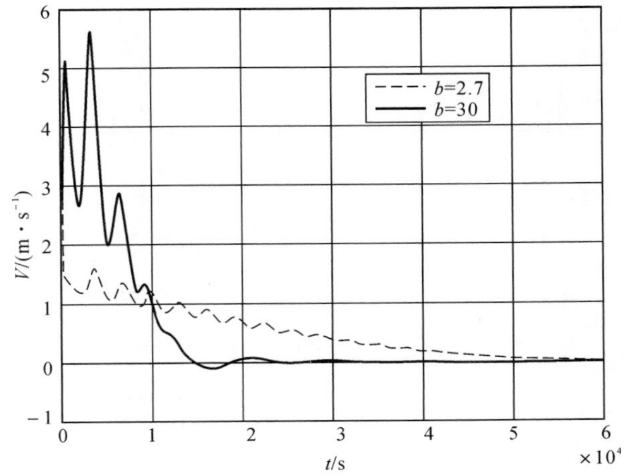

图 3.9　不同 b 取值下的展开速度

从上面的仿真结果可以看出，b 取的值相对大时，展开的轨迹振荡比较厉害，表现为围绕着基站-地心连线呈螺旋式摆动，同时也需要更大的控制力，会对控制机构提出更高的要求，同时速度变化也很大，但是 b 取大一些的好处是，收敛速度相应也变快了。b 取小一些，展开轨迹较为平缓，相应所需的控制张力变小，速度变化更加缓和，缺点就是收敛速度过慢，消耗了大量的时间成本。

根据经验公式，只要保证 $a-c=3$，使用公式(3.1)所设计的轨迹，总能保证最终摆回地垂线位置，这点从公式上也可以看出来。a，c 两个参数分别是当前展开长度与目标展开长度的系数，只要保证它们之差为 3，轨迹即可获得保证。

3.1.2 空间大长度系绳系统的展开控制律

不同的空间实验对于系绳长度的需求也各异，对于某些特殊的空间实验项目要求系绳展开比较长的长度，如使用带大气探测器的系绳系统来探测高度为 120 km 的近地空间就需要释放较长的系绳才能使探测器成功进入，如果按照航天器的轨道高度大概在 300 km，那么系绳要展开大约 200 km 的长度才能对大气层进行探测。此时就需要对经典的张力控制律进行改进以适应空间大长度系绳系统的展开过程。

3.1.2.1 考虑系绳质量的张力控制律

将大长度系绳系统展开到地垂线位置时，系绳质量就不能忽略，设计张力控制律时就必须考虑系绳的质量。在式(3.1)中加入系绳质量的修正项，得到针对大长度系绳系统的张力控制律：

$$T=\left(m+\frac{\rho l}{2}\right)\Omega^2\left(al+b\frac{V_l}{\Omega}-cl_{\mathrm{k}}\right) \tag{3.3}$$

式中，ρ 为系绳线密度。

算例 2：轨道高度为 1 000 km，小卫星质量 $m=20$ kg，目标绳长 $l_{\mathrm{k}}=500$ km，系绳线密度 $\rho=0.2\ \mathrm{kg\cdot km^{-1}}$，通过优化得到式(3.3)中控制律参数为 $a=4$，$b=3.7$，$c=1$，系统的初始状态为 $(\theta,\dot{\theta},l,\dot{l},\beta,\dot{\beta})=(0°,-1\ \mathrm{rad\cdot s^{-1}},0\ \mathrm{m},2.5\ \mathrm{m\cdot s^{-1}},0.1°,0\ \mathrm{rad\cdot s^{-1}})$，仿真结果如图 3.10 至图 3.16 所示。

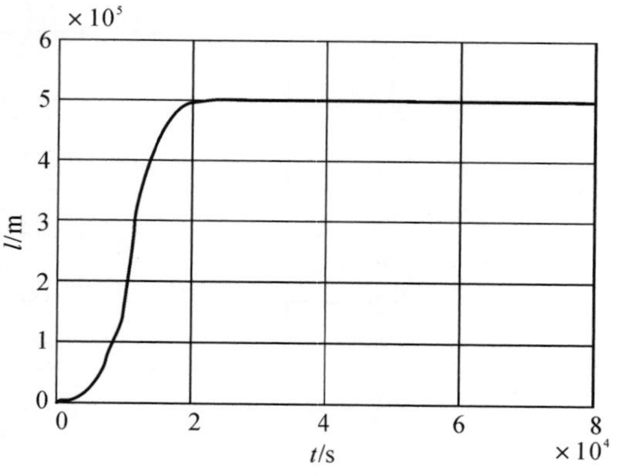

图 3.10 系绳长度变化曲线

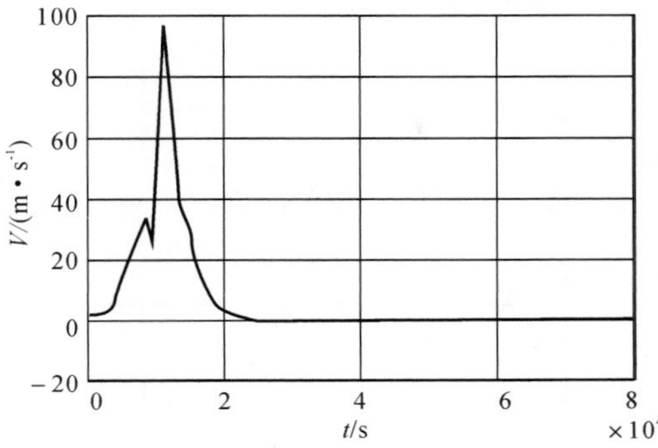

图 3.11　系绳展开速度变化曲线

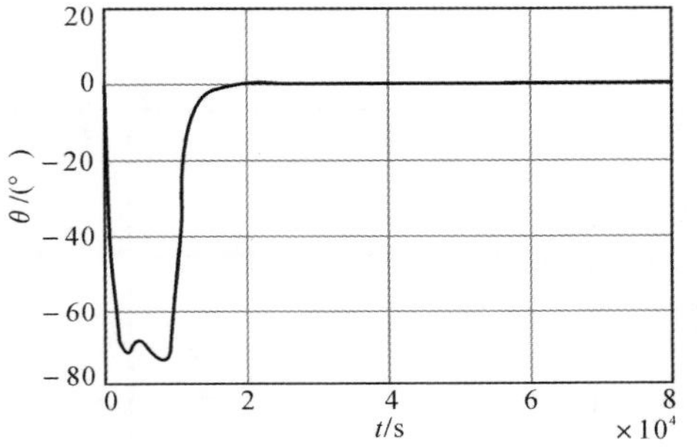

图 3.12　面内角变化曲线

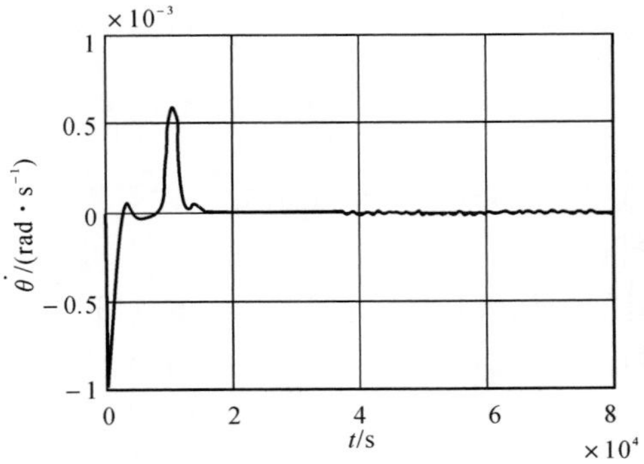

图 3.13　面内角速度变化曲线

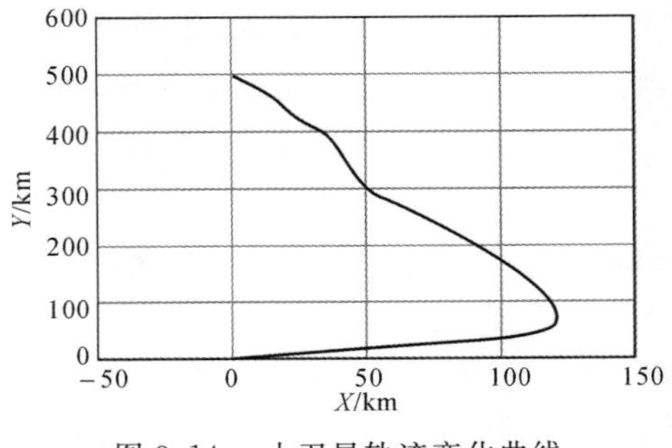

图 3.14　小卫星轨迹变化曲线

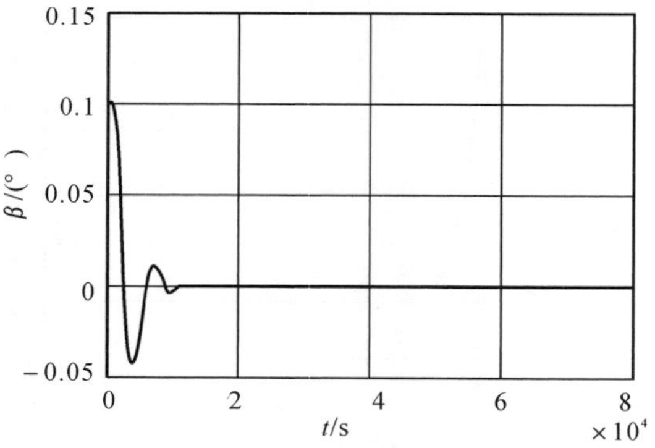

图 3.15　面外角变化曲线

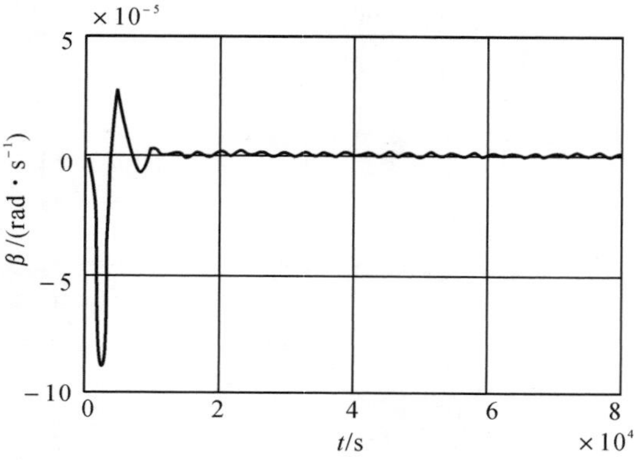

图 3.16　面外角速度变化曲线

从图 3.10 到图 3.16 可以看出，改进后的张力控制律可以将长系绳展开到预定长度，面内角和初始的面外角扰动也迅速降为零，因此该控制律可以将系绳展开到指定的平衡位置。然而，从图 3.11 可以看出系绳展开最大速度达到 $V_{\max}=96.446$ m/s，展开速度过大，对系统的安全性产生巨大的隐患，同时从仿真图可以看出系统达到最大值后又迅速制动速度减小为零，这对系统的制动机构也提出了巨大的要求，实际应用价值不大。

3.1.2.2　多段展开控制律

从上节内容可知，对于长系绳系统，系绳目标长度大，运用控制律式(3.3) 展开，l_k 过大，展开开始时张力 T 太小，最终导致系绳最大速度过大，不利于系绳展开。针对此问题，提出将系绳分 N 阶段展开的思想，将控制律式(3.3) 重复运用 N 次，其中 $l(t_k)=l_1,l_1,\cdots,l_N$ 为每个阶段系绳展开的目标长度。这样系绳在每个阶段都有加速和制动两个过程，可以有效地将系绳释放的最大速度限制在一定的范围内。

在上述控制律形式的基础上，为使系统展开到终端状态同时展开时间最短，需要对 $l_1,l_1,\cdots,l_N$ 进行优化，可选取如下的性能指标函数：

$$J=q_1\theta(t_k)^2+q_2\dot{\theta}(t_k)^2+q_3(l(t_k)-l_k)^2+q_4V_p(t_k)^2+q_5t_k^2+f \tag{3.4}$$

式中，q_1,q_2,q_3,q_4,q_5 为加权系数。在性能指标中，由于系绳长度的数量级远大于其他指标，故取加权系数为 $q_1=q_2=q_3=q_4=q_5=1$，$q_3=0.001$，同时为防止系绳松弛，速度 V 的下限要

稍大于零，故加入惩罚函数 f，其值为

$$f=\begin{cases}10^6 & V<0 \\ 0 & \text{其他}\end{cases} \tag{3.5}$$

在满足约束 $T>0$ 和 $V<V_{\max}$ 的条件下，利用遗传算法进行优化，可得 $l_1, l_1, \cdots, l_N$ 参数值。

对于算例 2，通过优化得每阶段的目标展开长度为 $(l_1, l_2, \cdots, l_9)=$(15 km，50 km，90 km，140 km，200 km，270 km，350 km，450 km，500 km)，取最大速度约束为 $V_{\max}=25$ m/s，运用一阶段展开控制律与多阶段展开控制律对算例 2 仿真分析，仿真结果如图 3.17 至图 3.24 所示。

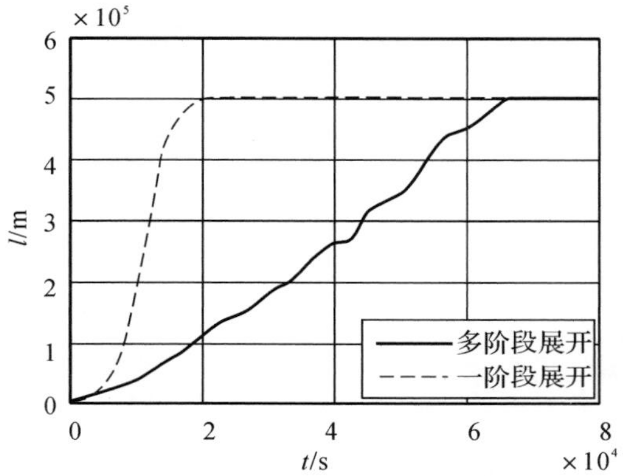

图 3.17　系绳长度变化曲线

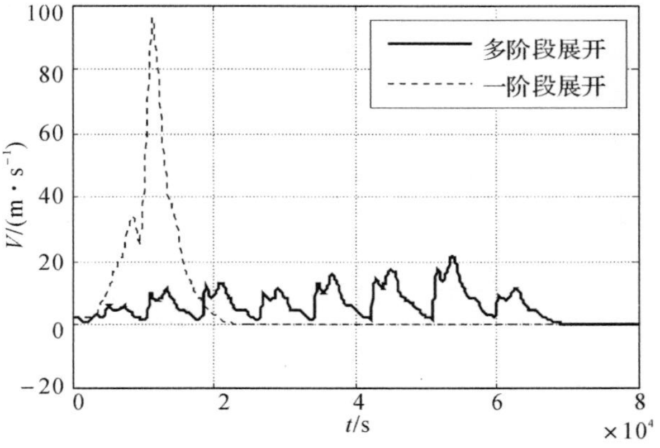

图 3.18　系绳展开速度变化曲线

从图 3.17 到图 3.24 可以看出：一次展开控制律和多次展开控制律均可以将小卫星展开到指定的平衡位置，初始的面外扰动也都迅速降为零。然而从小卫星的运动轨迹图 3.24 可以看出多次展开控制律的展开过程明显优于一次展开控制律。从系绳展开速度曲线图 3.18 可以看出多次展开控制律的最大速度为 $V_{\max}=22.05\ \mathrm{m\cdot s^{-1}}$，远小于一次展开控制律的最大速度，并且在设计的速度限制内，有效地解决了展开速度过大的问题。同时，从系绳张力的曲线图 3.23 可以看出，张力缓缓增加到最终制动，制动过程平缓，系统的可靠性提高，也便于物理实现。

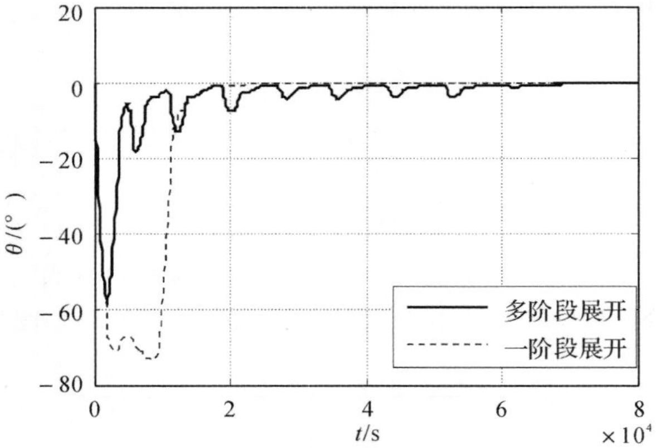

图 3.19 面内角变化曲线

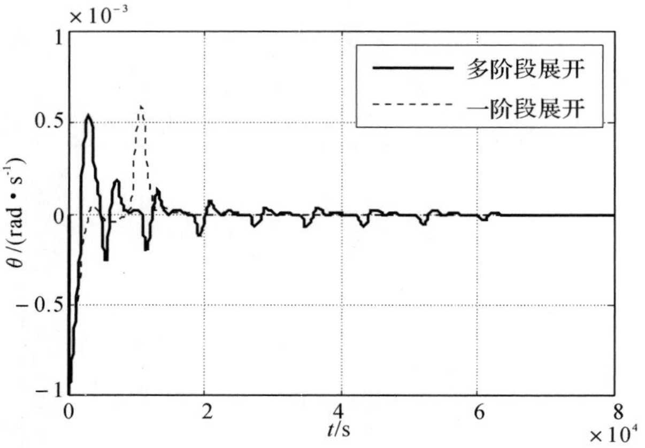

图 3.20 面内角速度变化曲线

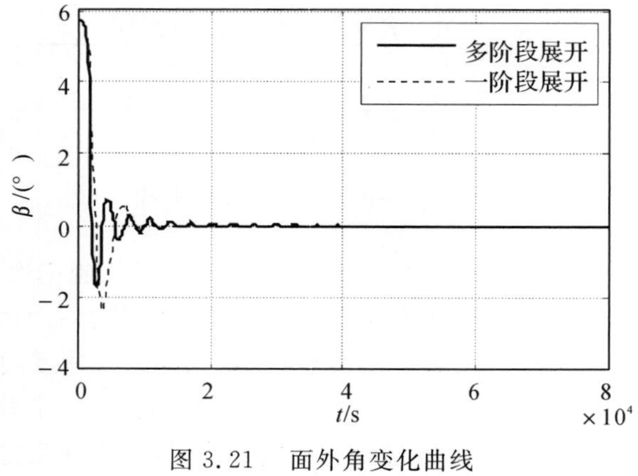

图 3.21 面外角变化曲线

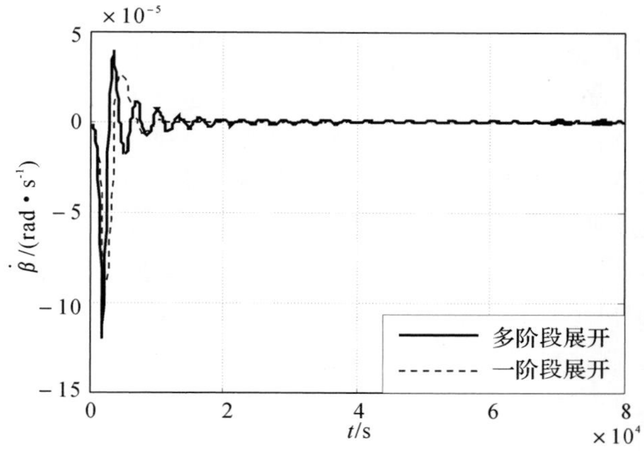

图 3.22　面外角速度变化曲线

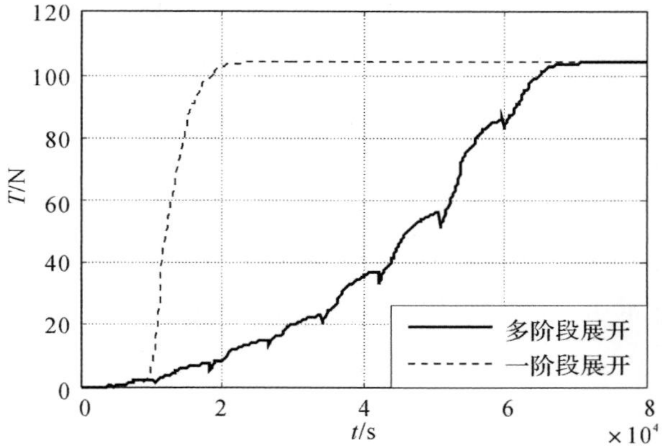

图 3.23　系绳张力变化曲线

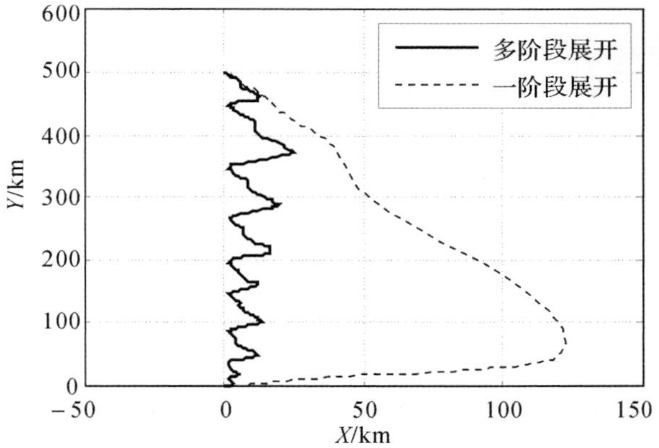

图 3.24　小卫星轨迹变化曲线

3.1.2.3 加速-定速-制动展开控制律

多段展开控制律可以将小卫星展开到指定的平衡位置,同时也克服了一次展开速度过大的问题,提高了系统的可靠性。然而,从速度的仿真曲线图 3.18 可以看出,系绳的速度一直处于增大、减小的振荡状态,每次振荡都将速度减小到接近零,然后又增加,这样虽然可以保持速度不会过大,但是导致系绳的展开时间增大,对于算例 2 展开时间为 $t_k=76\ 670$ s。针对此问题,我们想到开始时系绳展开速度增加到适当值,中间保持该速度快速展开,到达预定长度时,制动使速度减小为零,这样既克服了一次展开速度过大的问题,又避免了多次展开时间长的问题。基于该思想我们提出了长系绳的加速-定速-制动展开控制律。

系绳的加速-定速-制动展开分为三个阶段:加速段、定速段、制动段。如果张力取最小可能值,系绳就能以最大可能速度释放,那么加速段的控制律取 $T=T_{\min}$;如果系绳张力根据方程式(2.78)在满足条件 $\ddot{l}=0$ 下确定,那么系绳能够保证定速展开;当在最后一段采用带给定的系绳最终长度 l_K 的控制律式(3.3)时,系绳就可以平滑制动。据此,这种空间系绳系统展开控制律可写成下面的形式:

$$T=\begin{cases}T_{\min}, & \text{当 } \dot{l}\leqslant V_{\max}\text{ 时}\\ T_{\text{const}}, & \text{当 } l\leqslant l_n \text{ 时}\\ T(l_K), & \text{当 } l>l_n \text{ 时}\end{cases} \tag{3.6}$$

式中,$T_{\text{const}}=\left(m+\frac{\rho l}{2}\right)l[(\dot{\theta}+\Omega)^2+\Omega^2(3\cos^2\theta-1)]-\rho\dot{l}^2$;$l_n$ 为制动转折段的系绳长度。

对于算例 2,给定 $T_{\min}=0$,最大展开速度限制为 $V_{\max}=10\ \text{m}\cdot\text{s}^{-1}$,制动转折段的系绳长度 $l_n=450$ km,运用加速-定速-制动(图中简写为定速)展开控制律的仿真结果如图 3.25 到图 3.30 所示。

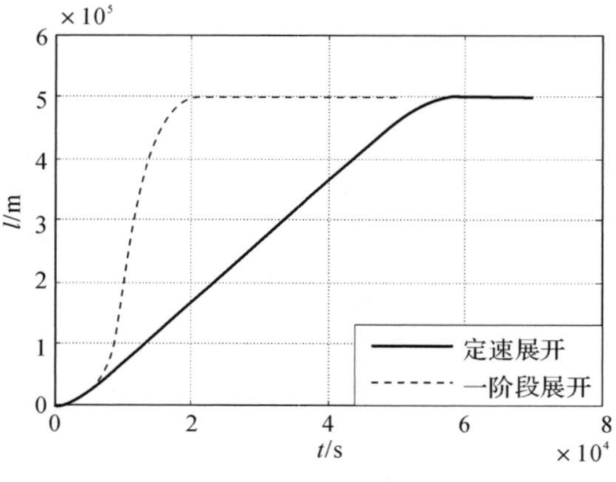

图 3.25 系绳长度变化曲线

从图 3.25 到图 3.30 可以看出:系绳的展开速度先增加到 10 m·s^{-1},保持定速展开,到制动段时减速展开最终稳定到指定的平衡位置,初始的面外扰动也迅速降为零。系绳的展开时间为 $t_k=50\ 780$ s,相比多次展开控制律 $t_k=76\ 670$ s,展开时间明显减少,同时,在系统可靠性允许的范围内,可以预先任意设置系绳定速展开速度,系统的展开时间可人为控制,从而增加了系绳系统的可控性与应用价值。

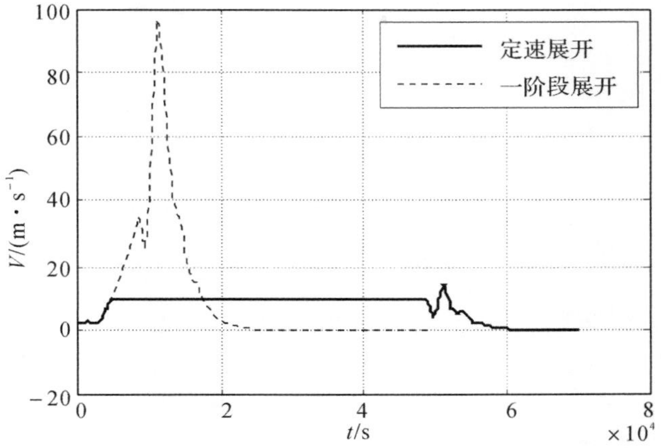

图 3.26 系绳展开速度变化曲线

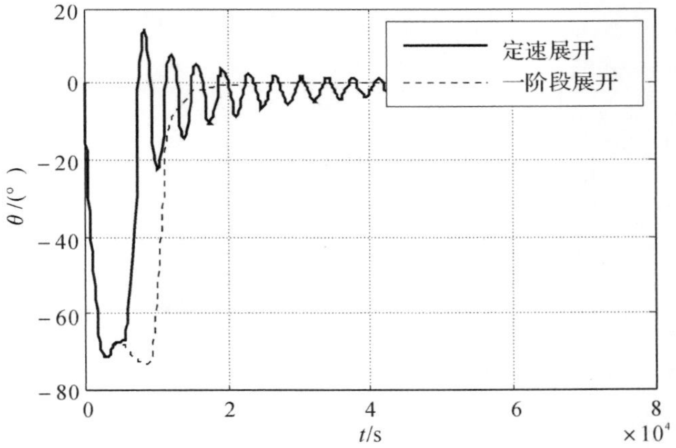

图 3.27 面内角变化曲线

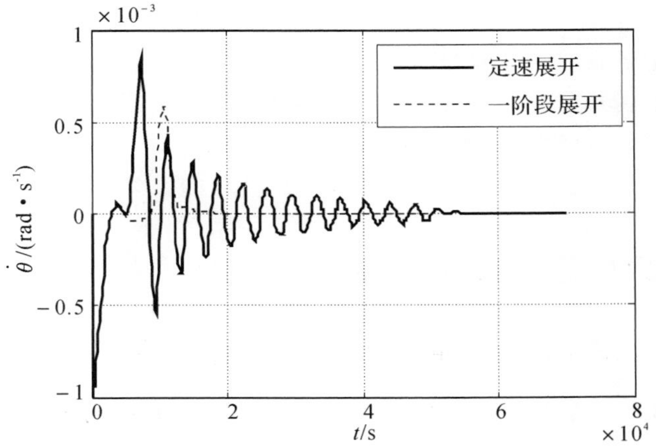

图 3.28 面内角速度变化曲线

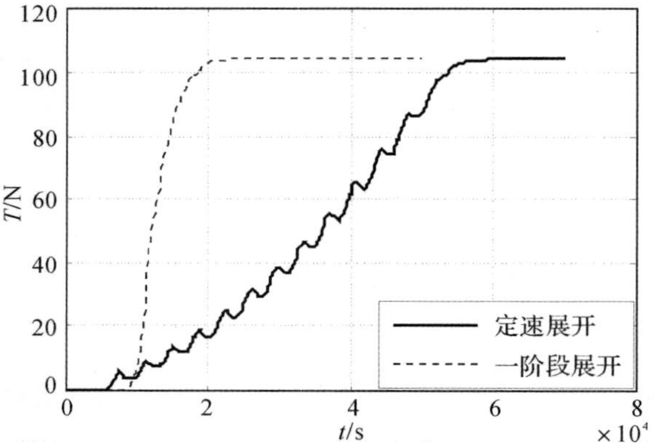

图 3.29　系绳张力变化曲线

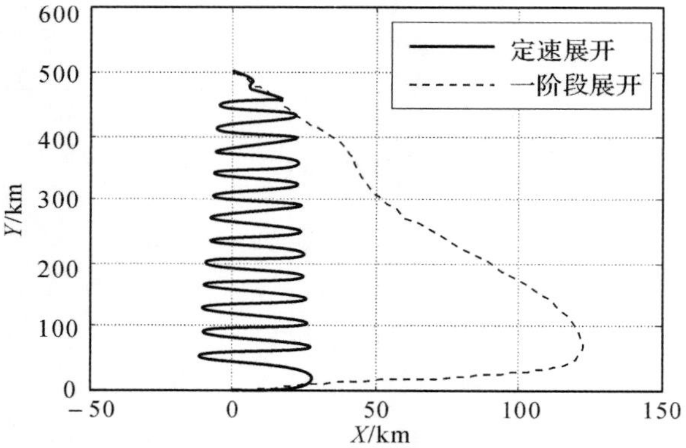

图 3.30　小卫星轨迹变化曲线

3.2　动态展开过程标称轨迹设计

动态展开过程指将系绳系统展开到与地垂线有一定偏离角的位置的过程。动态展开过程展开结束时刻系绳的展开速度为零，长度达到期望值，与地垂线夹角达到给定角度，相对角速度为零，即在展开末端尽量满足边值条件

$$V_l(t_f)=0,\quad l(t_f)=l_k,\quad \dot{\theta}(t_f)=0,\quad \theta(t_f)=\theta_k$$

3.2.1　庞德里亚金极大值方法

为使展开过程时间最优，用庞德里亚金极大值原理进行控制律的设计。在系绳的运动方程式(2.46)中，控制力 T 是系统的控制输入。令 $u=\dfrac{T}{m\Omega^2}$，系统的运动方程改写为

$$\left.\begin{aligned} l'' &= l[(\theta'+1)^2-(1-3\cos^2\theta)]-u \\ \theta'' &= -2\frac{l'}{l}(\theta'+1)-\frac{3}{2}\sin 2\theta \end{aligned}\right\} \tag{3.7}$$

系统的状态方程可以表示成如下基本形式：

$$\dot{x}(t)=f[x(t),\ u(t),\ t] \tag{3.8}$$

式中，$x(t)\in\mathbf{R}^n$，$u(t)\in\Omega\in\mathbf{R}$，$m\leqslant n$，$\Omega$ 为一个有界的闭集。

如果一个容许的控制输入 u 作用于系统，满足初始状态，最终可以获得连续或者分段连续光滑的轨迹 $x(t)$ 并且使得性能指标

$$J=\int_{t_0}^{t_f}F(t,\boldsymbol{x},u)\mathrm{d}t \tag{3.9}$$

达到最小，这个控制量 u 就是期望的控制输入。系统的初始状态 $x(t_0)=x_0$，这里，构造哈密尔顿函数

$$H(t,\boldsymbol{x},u,\boldsymbol{\lambda})=F(t,\boldsymbol{x},u)+\boldsymbol{\lambda}^{\mathrm{T}}f(t,x,u) \tag{3.10}$$

式中，$\boldsymbol{\lambda}$ 为协状态向量。控制输入 u 使得性能 J 最小时，由庞德里亚金极大值原理可知哈密尔顿函数 H 此时得到最大值。因此控制问题转化为寻找一个控制输入 u^* 使构造的哈密尔顿函数达到最大值。

$$H(t,x^*,u^*,\boldsymbol{\lambda})=\max_{u\in\Omega}H(t,x^*,u,\boldsymbol{\lambda}) \tag{3.11}$$

协状态向量 $\boldsymbol{\lambda}$ 满足

$$\dot{\boldsymbol{\lambda}}=-\frac{\partial H}{\partial \boldsymbol{x}} \tag{3.12}$$

并且满足结束时刻 $\boldsymbol{\lambda}(t_f)=0$。

在系绳系统中状态变量 $\boldsymbol{x}=[l\quad \dot{l}\quad \theta\quad \dot{\theta}]^{\mathrm{T}}$，控制输入 $u\in[u_{\min},\ u_{\max}]$。为了使系统控制的时间最短，可以选取性能指标为

$$J=\int_{t_0}^{t_f}\mathrm{d}t \tag{3.13}$$

并且满足 $\dot{l}\geqslant 0$。构造哈密尔顿函数

$$\begin{aligned} H(t,\boldsymbol{x},u,\boldsymbol{\lambda}) &= 1+\boldsymbol{\lambda}^{\mathrm{T}}f(t,\boldsymbol{x},u)= \\ & 1+\lambda_1\dot{l}+\lambda_2(\dot{\theta}^2+2\dot{\theta}+3\cos\theta-u)+ \\ & \lambda_3\dot{\theta}-\lambda_4\left[2\frac{\dot{l}}{l}(\dot{\theta}+1)-\frac{3}{2}\sin 2\theta\right] \end{aligned} \tag{3.14}$$

式中，λ_i 为对应状态的拉格朗日系数，而且只有 λ_2 影响控制输入 u，根据庞德里亚金极大值原理可以得到最优的控制输入 $u^*(t)$ 为

$$u^*(t)=\arg\max_{u}H(\boldsymbol{x},\boldsymbol{\lambda},u)=\begin{cases} u_{\min}, & \lambda_2>0 \\ u_{\max}, & \lambda_2<0 \\ \text{未定义}, & \lambda_2=0 \end{cases} \tag{3.15}$$

式中，$\lambda_2(t)$ 也是时间的函数，而且在切换点 t_i 处 $\lambda_2(t_i)=0$。考虑系绳展开控制机构的设计问题，在此考虑系绳在展开过程中只发生一次切换。这时最优的控制输入 $u^*(t)$ 为

$$u^*(t) = arg\ \underset{u}{max}(\boldsymbol{x}, \boldsymbol{\lambda}, u) = \begin{cases} u_{min}, & t < t_p \\ u_{max}, & t \geq t_p \end{cases} \tag{3.16}$$

因此，最优张力控制律可以写成如下形式：

$$T = \begin{cases} T_{min}, & l < l_n \\ T_{max}, & l \geq l_n \end{cases} \tag{3.17}$$

考虑控制机构特性，系绳只能展开不能回收的基础上，系绳长度变化随时间单调递增。那么对于固定绳长的切换，可以转换为固定时间的切换。

$$T = \begin{cases} T_{min}, & t < t_p \\ T_{max}, & t \geq t_p \end{cases} \tag{3.18}$$

确定切换时间 t_p，最小张力 T_{min} 和最大张力 T_{max}，就可以得到展开的张力控制规律。

算例3：给定的系绳长度为 $l_k = 30\ 000$ m，基站航天器圆轨道高度 $H = 300$ km，小航天器的质量 $m = 20$ kg，状态变量初值 $\theta(t_0) = 0$ rad，$\dot{\theta}(t_0) = 0$ rad·s^{-1}，$l(t_0) = 0$ m，$V(t_0) = 0$ m·s^{-1}，切换时间 $t_p = 1\ 500$ s，最小张力 $T_{min} = 0.02$ N 和最大张力 $T_{max} = 2.0$ N，仿真结果如图 3.31 至图 3.33 所示。

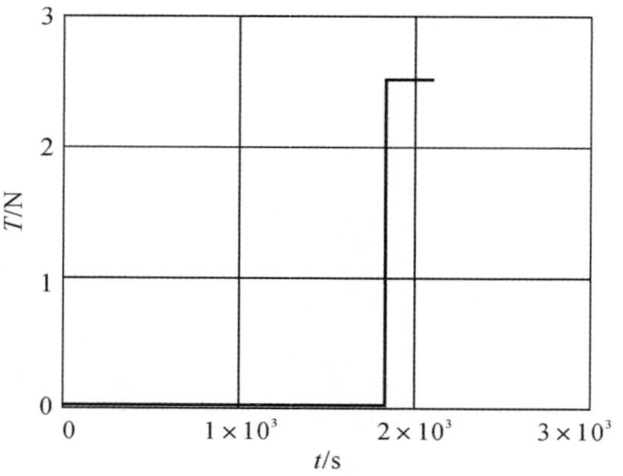

图 3.31　系绳张力变化曲线

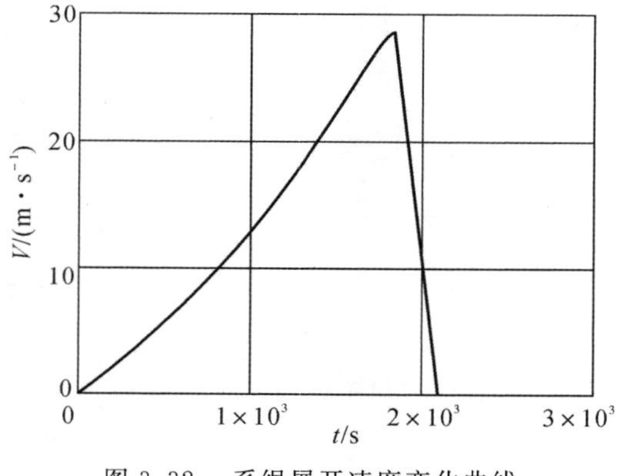

图 3.32　系绳展开速度变化曲线

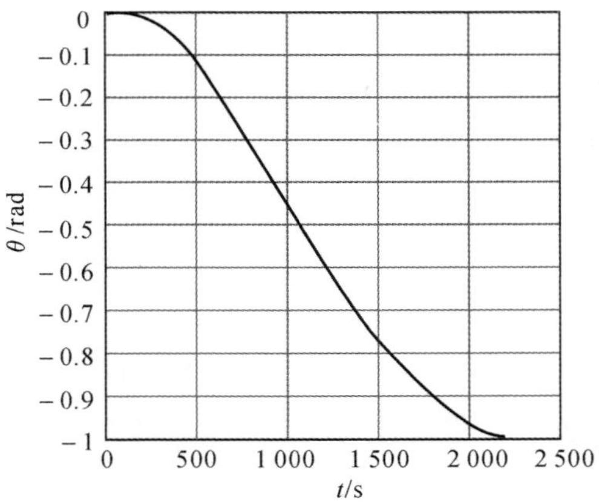

图 3.33　系绳展开偏离角变化曲线

3.2.2　平滑张力控制律

在式(3.18)中系绳张力从最小值 $T_{\min}$ 到最大值 $T_{\max}$ 的变化是进行继电切换。从控制系统工作的角度看，继电切换可能会产生较大的抖动或者增大控制误差并导致控制机构工作在临界状态下，而这些情况是不希望出现的，因此需要对控制律式(3.18)进行改进，以消除系统的抖动控制误差。为保证系绳张力从最小值向最大值的平滑过渡，可以采用下面的控制律：

$$T=\begin{cases}T_{\min}+(T_{\max}-T_{\min})T_{\min}, & t<t_1\\ \sin^2[k_p(t-t_1)], & t_1\leqslant t\leqslant t_2\\ T_{\max}, & t>t_2\end{cases}\tag{3.19}$$

式中，$t_{1,2}=t_p\mp\pi/4k_p$，t_p，k_p，$T_{\min}$，$T_{\max}$ 为控制律参数。系绳张力的切换根据时间(t_p 为切换时间)进行，而参数 k_p 确定切换的平滑性，从而使控制律式(3.18)平滑，对系绳最终偏离角 $|\theta_k|$ 影响比较小。

求解含有参数 t_p，k_p，$T_{\min}$，$T_{\max}$，t_k 的 5 个边值参数问题：

$$V_l^0(t_k)=V_{lk}=0,\quad l^0=l_k,\dot{\theta}(t_k)=0,\quad \theta(t_k)=\theta_k\tag{3.20}$$

边值问题通过极小化下面的函数求得：

$$J=c_1(\theta-\theta_k)^2+c_2\dot{\theta}^2+c_3(l^0-l_k)^2+c_4V_{lk}^2\tag{3.21}$$

这里 c_1，c_2，c_3，c_4 为加权系数。

对于算例 3，利用控制律(3.19)，解为 $t_p=1\ 836.5$ s，$T_{\max}=2.107\ 5$ N，$t_k=2\ 200$ s，$T_{\min}=0.020\ 3$ N，$k=0.002\ 027\ 4$，仿真曲线如图 3.34 和图 3.35 所示。

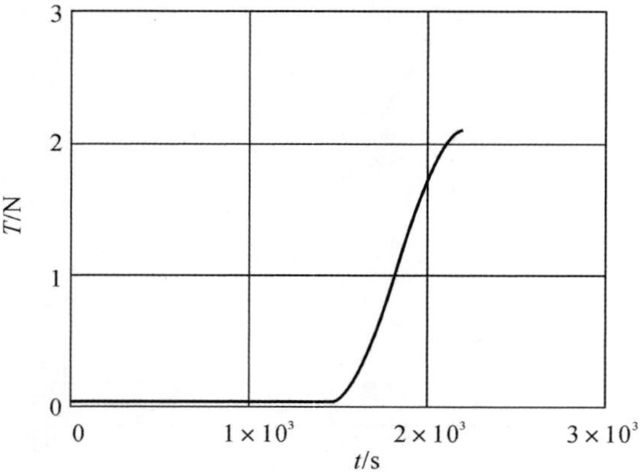

图 3.34　系绳张力变化曲线

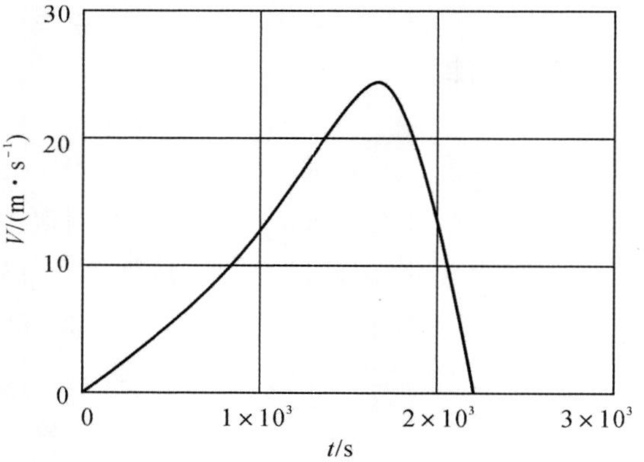

图 3.35　系绳速度变化曲线

第 4 章　空间系绳系统舱体辅助返回的展开过程计算及仿真

空间系绳系统提出以来，在返回系统中的应用得到了很大的关注。返回舱从空间站返回地面时，使用系绳技术不会因推进器而消耗能源，且与传统的返回操作相比具有安全性更好、着陆精度更高等优势，因此，系绳系统辅助返回向传统靠推进器离轨返回的方式提出了挑战，将有利于缓解今后从空间站频繁返回的压力。

4.1　空间系绳系统辅助返回方案及原理

空间系绳辅助返回系统主要包括系绳、返回舱、初始释放机构、系绳释放控制机构、系绳切断装置。

1. 系绳

空间系绳一般由多种材料复合而成。到目前为止，空间实验中采用过的系绳材料主要有 Kevlar 系列材料、Spectra 系列材料和 Dyneema 材料，空间系绳的选择主要考虑系绳的强度、耐热、抗紫外线辐射、抗原子氧侵蚀、抗切割等特性，以及系绳线密度小的特性。

2. 返回舱

出于安全方面的考虑，通常采用充气式返回舱。

3. 初始释放机构

在系统释放的初始时刻，应给予一个初始状态保证带系绳的返回舱从基站分离，这样的分离方式可以采用传统点火推进分离技术，但是在空间站采用此方式分离极不安全，也体现不出系绳系统的能源战略优势，因此 Vavouliotisl 等人提出了一种弹簧弹射分离技术[87]，如图 4.1 所示，通过电磁装置控制压缩弹簧实现返回舱的安全初始分离，其输出的弹射分离速度在 0～10 m/s范围内，能够很好地实现系绳系统安全分离。

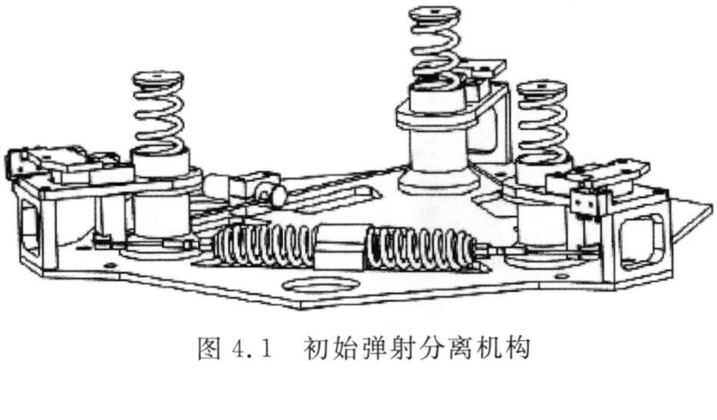

图 4.1　初始弹射分离机构

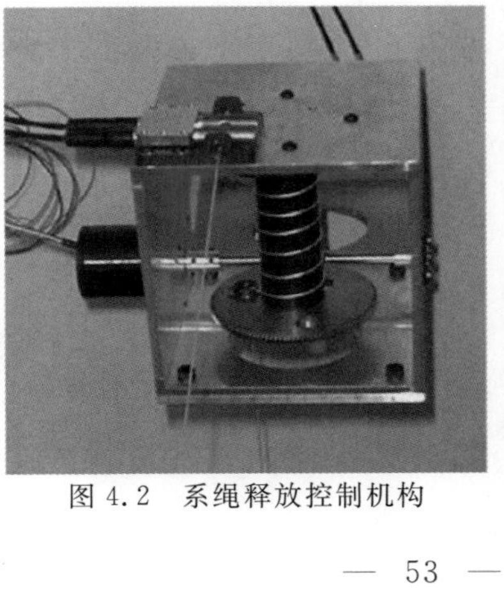

图 4.2　系绳释放控制机构

4．系绳释放控制机构

控制系统保证带返回舱的系绳根据给定的标称规律从基站中释放，系绳系统的释放控制机构是控制系统的主要元件。图 4.2 所示为系绳释放控制机构。系绳从线轴上几乎无阻力地下滑，这需要特殊的缠绕方式来保证。之后系绳通过控制圆盘上的小孔沿装置轴下滑并穿过固定在装置侧壁的另一个圆盘的小孔。控制圆盘是展开机构的主要元件。控制圆盘转动，减少或增加系绳在轴上的缠绕圈数，从而改变系绳与轴的相互摩擦力，调节空间系绳系统的释放过程。

5．系绳切断装置

在目前的切断方式中，主要有火光切断和热熔切断两种技术。火光切断采用爆炸的方式，热熔切断采用熔化的方式。通常，热熔切断比火光切断更好，能够减小成本和风险，减小火光切断时可能带来的振动。根据系绳切断位置，可在基站或返回舱切断系绳。

4.1.1 空间系绳系统辅助返回方案选择

4.1.1.1 *两种返回方案介绍*

根据系统展开的终端条件不同，系绳系统辅助返回有静态返回和动态返回两种方案，如图 4.3 所示。

静态返回方案：将返回舱沿当地垂线释放到指定位置，展开摆角为零，在预定时刻切断系绳，返回舱进入再入过渡轨道。

动态返回方案：经过快速展开、制动减速过程将返回舱沿预定轨迹释放到最大偏离角位置，展开阶段结束，随后返回舱在固定绳长情况下作自由回摆运动，当返回舱到达当地垂线位置处时，切断系绳，返回舱进入再入过渡轨道。

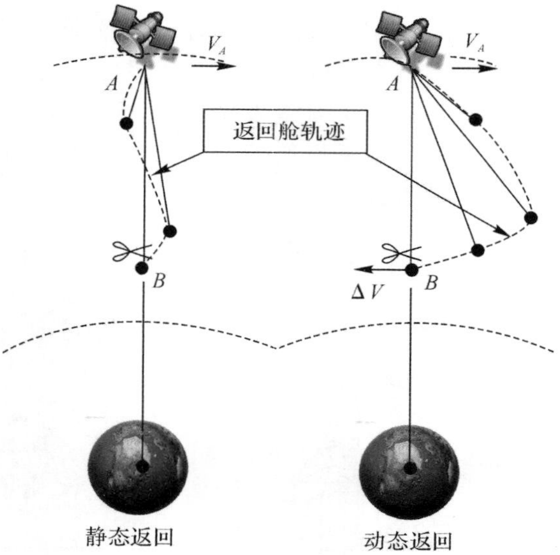

图 4.3 空间系绳系统辅助返回两种方案

4.1.1.2　静态返回与动态返回效率对比

静态返回是一种单纯的动量交换式离轨方案，而动态返回由于回摆运动会产生一定的有效制动冲量，其值根据在给定高度上的圆周速度和返回舱穿过地垂线时的速度之间的差来确定。图 4.4 所示为在 300 km 轨道高度上，绳长为 30 km 时最大偏离角绝对值与有效制动冲量的关系曲线。

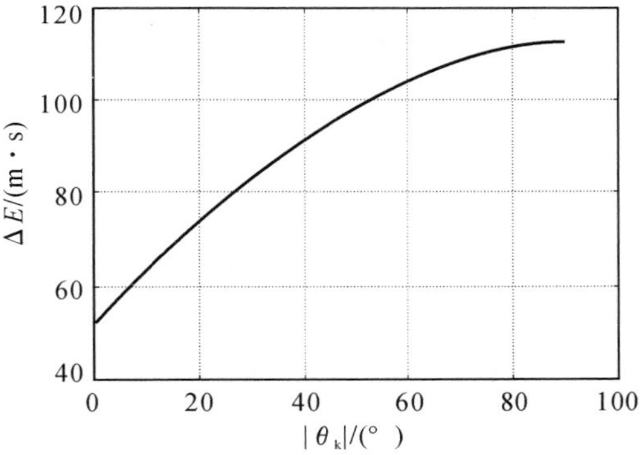

图 4.4　冲量与系绳最大偏离角 θ_k 的关系曲线

图 4.4 给出了动态返回方案下，系统最大摆角与返回舱回摆到当地垂线位置处产生的有效制动冲量关系曲线。从图中可以看出，与 $|\theta_k|=0°$ 时相比，最大偏离角 $|\theta_k|\approx 60°$ 时有效冲量加倍，随着角度 $|\theta_k|$ 进一步增加，曲线变化很明显地不合理，这是因为：第一，冲量没有实质增加；第二，返回舱落入到重力摆的不稳定平衡区域（$|\theta_k|=90°$），影响实验的进行。

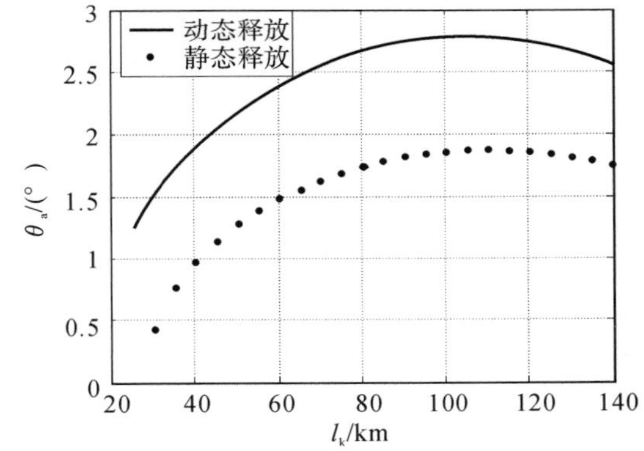

图 4.5　切断系绳后返回舱进入大气层时再入角 θ_a 与系绳最终长度 l_k 的关系曲线

图 4.5 给出了静态返回、最大偏离角为 −56° 的动态返回方案下，切断系绳之后，返回舱再入大气层时再入角与系绳长度的关系曲线。图 4.5 表明，为了满足再入角为 1.5° 的情况，静态返回方案下大约需要 60 km 绳长，而动态辅助离轨只需大约 30 km 绳长，因此，动态返回在离轨效率上有着显著的优势。同时 Kruijff 总结了静态返回和动态返回的离轨效率分别为[87]

静态返回：
$$r_p = r - 7l_k$$

动态返回：
$$r_p = r - (7 + 4\sqrt{3}\sin\theta_k)l_k$$

式中，r_p，r 分别为切断系绳后返回舱的近地点和系统质心距地心的距离；l_k 为系绳最终长度；

θ_k 为动态返回中最大偏离角。由上式可知，静态返回方案下，返回舱近地点比质心轨道低 7 倍绳长高度；最大偏离角绝对值为 60° 动态返回方案下，近地点下降 13 倍系绳长度。在满足再入角为 1.5° 的情况下，两种方案所需系绳长度大致成两倍关系。因此，本节采用动态返回方案。

4.1.2　空间系绳系统辅助返回原理

本节采用的动态返回方案主要包括四个阶段：第一阶段，安全释放阶段，利用弹射装置将带系绳的返回舱从基站沿着地垂线方向弹出，并缓慢展开到地垂线位置；第二阶段，快速释放与制动阶段，使系绳达到设定的长度 l_k 和最大偏离角 θ_k 位置；第三阶段，回摆阶段，返回舱以基站航天器为中心、以角速度 $\Omega=\dot{\theta}$ 作重力摆运动；第四阶段，在当地垂线位置采用熔断技术切断系绳，返回舱进入过渡轨道，在过渡椭圆轨道上向着大气层运动，在大气层边界处以合适的再入角 θ_a 和再入速度 V_a 从再入点进入大气层，如图 4.6 所示。

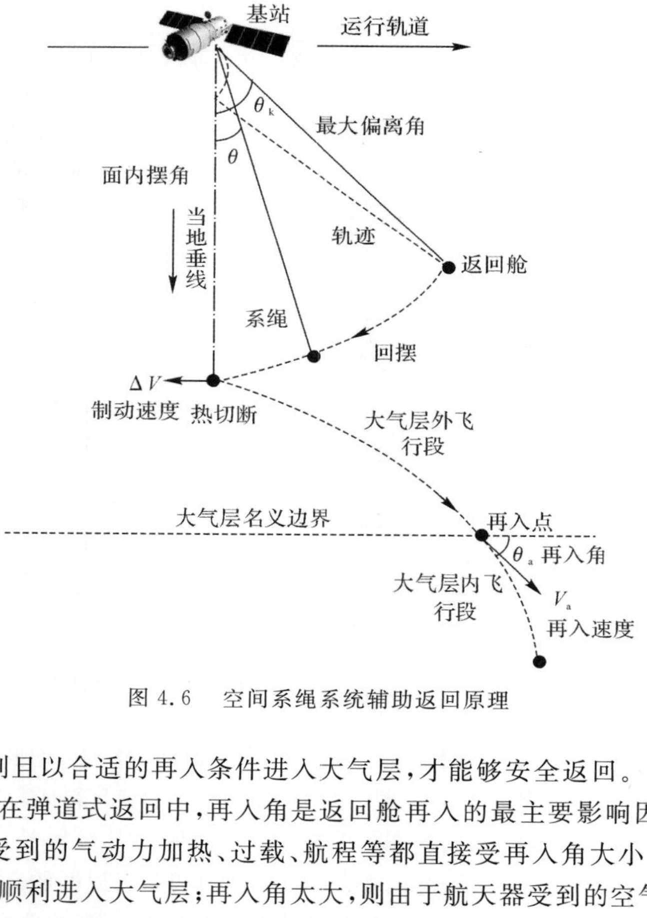

图 4.6　空间系绳系统辅助返回原理

返回舱只有顺利且以合适的再入条件进入大气层，才能够安全返回。再入条件主要包括再入角和再入速度，在弹道式返回中，再入角是返回舱再入的最主要影响因素。返回过程中，航天器在大气层中受到的气动力加热、过载、航程等都直接受再入角大小的影响。再入角过小，航天器可能无法顺利进入大气层；再入角太大，则由于航天器受到的空气阻力过大，有超过允许过载的可能，与此同时还可能产生过大的气动力加热，不利于返回舱安全返回。总之，再入角过小或太大都不利于返回舱顺利返回。根据经验，系绳系统辅助返回中再入角通常在 1.3° ～ 1.8° 范围内选取。

4.2　空间系绳系统辅助返回再入条件计算

4.2.1　返回舱回摆阶段运动模型

基站航天器释放返回舱结束之后，基站到返回舱的矢径与当地垂线的夹角为最大偏离角，此后，绳长固定不变。返回舱在地球引力和系绳拉力的作用下向当地垂线回摆，此时有 $\ddot{l}=\dot{l}=0$，$l=\mathrm{const}$，由系统方程式(2.78)可得

$$\ddot{\theta}=-\frac{3}{2}\Omega^2\sin 2\theta \tag{4.1}$$

式(4.1)即为返回舱做回摆运动的运动学模型。

4.2.2　返回舱再入初始条件计算

将式(4.1)化成二阶导数方程：

$$\frac{\mathrm{d}^2\theta}{\mathrm{d}t^2}+\frac{3}{2}\Omega^2\sin 2\theta=0 \tag{4.2}$$

对方程式(4.2)进行能量积分得

$$\dot{\theta}^2-\frac{3}{2}\Omega^2\cos 2\theta=C \tag{4.3}$$

式中，C 为任意常数。快速展开完成后的最终状态为返回舱做回摆运动的初始状态 $[l_k,\dot{l}_k,\theta_k,\dot{\theta}_k]$，$l_k$ 为释放的最终绳长，$\dot{l}_k$ 为绳长的释放速度；θ_k 为绳子展开完之后返回舱与垂线之间的偏离角，即最大偏离角 $\theta_k=\theta_{max}$，$\dot{\theta}_k$ 为绳子展开完成之后返回舱相对于当地垂线的角速度。将该时刻状态带入式(4.3)，且由仿真结果可知，$\dot{\theta}_k$ 数量级为 10^{-4}，可以忽略不计，因此，得任意常数 $C=-3/2\Omega^2\cos 2\theta_k$，从而根据式(4.3)，得到返回舱做回摆运动时夹角 θ 相对于当地垂线的角速度：

$$\dot{\theta}=\Omega\sqrt{\frac{3}{2}(\cos 2\theta-\cos 2\theta_k)} \tag{4.4}$$

则返回舱相对于基站轨道坐标系的速度(相对速度)为

$$\boldsymbol{V}_r=\dot{\boldsymbol{\theta}}l_k \tag{4.5}$$

$$\boldsymbol{V}_r=\Omega l_k\sqrt{\frac{3}{2}(\cos 2\theta-\cos 2\theta_k)} \tag{4.6}$$

除了相对速度外，由于返回舱与空间系绳系统一起相对引力中心以角速度 $\boldsymbol{\Omega}$ 转动，因此返回舱还具有牵连速度：

$$\boldsymbol{V}_e=\boldsymbol{\Omega}\boldsymbol{R}_0 \tag{4.7}$$

式中，$\boldsymbol{R}_0$ 为返回舱质心相对于引力中心的矢径。如图 4.7 所示，根据余弦定理可得：$R_0=$

$\sqrt{l_k^2+r^2-2l_k r\cos\theta}$，$r$ 为基站到地心的矢径模量。

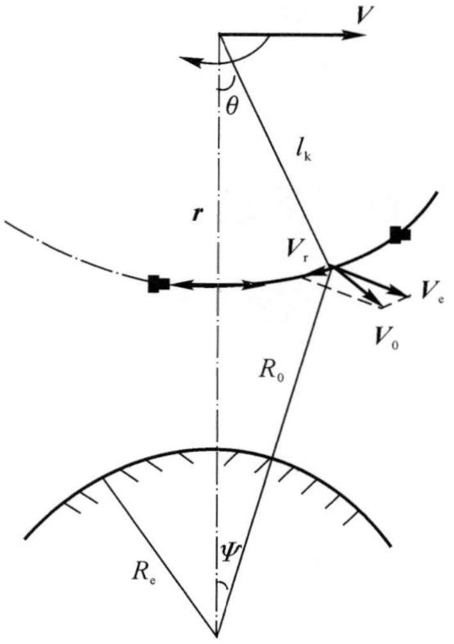

图 4.7　返回舱速度合成图

根据返回舱速度合成图 4.7，返回舱的绝对速度即再入初始速度可根据速度合成公式确定：

$$\boldsymbol{V}_0=\boldsymbol{V}_e+\boldsymbol{V}_r \tag{4.8}$$

初始速度模量 V_0 和与当地水平线的夹角(航迹仰角)θ_0 可表示为

$$V_0=\sqrt{V_e^2+V_r^2-2V_eV_r\cos(\theta_q+\Psi)} \tag{4.9}$$

$$\theta_0=\arctan\left(\frac{V_r\sin(\theta_q+\Psi)}{V_r\sin(\theta_q+\Psi)-V_e}\right) \tag{4.10}$$

式中，Ψ 为地心到返回舱的矢径与当地垂线的夹角，$\Psi=\arcsin(l_k/R_0\sin\theta)$；$\theta_q$ 为切断系绳时返回舱和基站矢径与当地垂线的夹角，即切断角。

有效制动冲量：

$$\Delta E=\sqrt{\frac{\mu}{r-l_k}}-V_0=\sqrt{\frac{\mu}{r-l_k}}-(V_e-V_r) \tag{4.11}$$

4.2.3　返回舱再入条件计算

在当地垂线处切断系绳之后，返回舱进入过渡椭圆轨道，如图 4.8 所示。切断点 1 处为过渡椭圆轨道远地点，到地心的距离为 $r_0=r-l_k$，近地点未知。从 1 点到 2 点的椭圆轨道飞行称为大气层外飞行段，因距离地面高度是不断下降的，也称为大气层外自由下降段。假设大气层从半径为 r_a 的虚线圆处开始，由于该段时间较短，返回舱表面积较小，因此忽略该段运动的气动力作用。进入大气边界层以后，从再入点 2 处进入大气层内运动。

在 1 点，由速度矢量三角形，根据余弦定理，有

$$V_0^2=V_h^2+\Delta V^2-2\Delta V_h\Delta V\cos\Delta\alpha \tag{4.12}$$

式中，制动角 $\Delta\alpha=\theta+\Psi$ 为制动量 ΔV 与当地水平线的夹角；V_h 为切断点处轨道 r_0 上的轨道

速度。

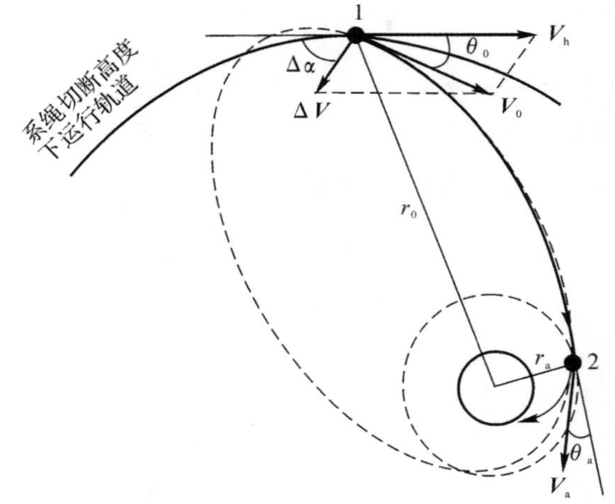

图 4.8　大气层外飞行段

若将 V_0 和 ΔV 向 V_h 投影，还有

$$V_h = V_0\cos\theta_0 + \Delta V\cos\Delta\alpha \tag{4.13}$$

从 1 点到 2 点为轨道飞行，由能量守恒和动量矩方程式，有

$$\left.\begin{aligned} V_0^2 - \frac{2\mu}{r_0} &= V_a^2 - \frac{2\mu}{r_a} \\ r_0 V_0\cos\theta_0 &= r_a V_a\cos\theta_a \end{aligned}\right\} \tag{4.14}$$

式中，μ 为地球引力常数；θ_0 为离轨时刻返回舱的航迹仰角；V_a 为再入速度；θ_a 为再入角；r_0 为系绳切断处返回舱到地心的距离；$r_a = R_e + H_A$ 为再入点到地心的距离；R_e 为地球平均半径；H_A 为大气层名义边界高度。

4.3　空间系绳系统辅助返回控制律设计

本节采用两阶段展开方案，第一阶段静态展开，采用张力控制策略，通过引入最优振荡阻尼的思想，采用最优振荡阻尼张力控制律；第二阶段动态展开，在庞德里亚金极大值原理的基础上，提出等时分张力控制律，只需采用合适的优化方法，即可获得每一阶段上系绳标称展开控制力。

空间系绳系统辅助返回的标称轨迹设计在第一阶段主要采用单纯形法获得控制律参数，在第二阶段中采用庞德里亚金极大值原理获得最大最小张力。庞德里亚金极大值法是典型的间接法，间接法的缺点是对协态变量的初值十分敏感，难以求得最优控制量的精确解，因此将采用单纯形法、遗传优化算法和粒子群优化算法等优化算法。

4.3.1 空间系绳系统辅助返回控制律

4.3.1.1 第一阶段静态展开控制律

第一阶段展开中采用第 3 章的控制律式(3.1)，即末端体载荷运动轨迹为圆圈的控制律，将返回舱缓慢安全地展开到当地垂线位置，将控制律式(3.1) 再次写出为

$$T = m\Omega^2\left[al(t) + b\frac{V(t)}{\Omega} - cl_{k1}\right] \tag{4.15}$$

式中，Ω 为基站角速度；l_{k1} 为第一阶段系绳展开长度；$l(t)$ 为实时绳长；$V(t)$ 为实时展开速度；a,b,c 为控制参数。

4.3.1.2 第二阶段动态展开控制律

第二阶段主要任务是将返回舱展开到与地垂线偏离一定角度的位置，本节在第 3 章的控制律式(3.18) 基础上，结合打靶法的思想，将控制力在时间上进行离散，为了降低优化难度，等分为 12 段，这样的结果显然会比单纯的极大极小在现实控制机制中更容易控制，等分时张力控制律为

$$\boldsymbol{T} = [T_1 \quad T_2 \quad \cdots \quad T_{12}] \tag{4.16}$$

每一段张力的时间为$\dfrac{t_{f2}}{12}$，t_{f2} 为第二阶段总的释放时间。

4.3.2 空间系绳系统辅助返回优化算法

空间系绳系统作为一个总体系统，同时辅助返回作为工程应用型问题，在对其设计时，不言而喻会涉及系统优化的问题，空间系绳系统辅助返回设计优化领域涉及展开轨迹优化、返回舱结构设计优化、返回舱外形设计优化等多学科设计优化问题。

本节主要考虑系绳系统辅助返回问题，未涉及返回舱的结构设计、气动外形等，重点研究空间系绳系统辅助返回过程中展开轨迹的优化。基于空间系绳系统辅助返回的展开轨迹优化在空间系绳系统优化中占据主要部分，对返回舱的再入技术及其他应用的开展有着至关重要的作用。

在过去的研究中，主要通过边值问题将系统展开轨迹的优化问题转化为基于庞德里亚金极大值原理求解轨迹最优化问题的方法。但是采用极大值法得到的控制张力的继电特性，会产生很大的纵向抖动，且以庞德里亚金极大值原理为代表的间接法的缺点是对协态变量的初值十分敏感，因此难以求得最优控制量的精确解，求解边值问题时的收敛域很小，致使初值估计精度要求高。因此，本节主要研究下山单纯形法、粒子群优化算法、遗传算法在空间系绳系统参数优化方面的应用。

4.3.2.1 单纯形法

单纯形法(Nelder - Mead)是一种传统的直接寻优方法，是解决线性规划问题的主导方法。

单纯形法的基本思想：对于 n 维问题，采用 $n+1$ 个初始点组成初始单纯形，对该单纯形的目标函数进行计算比较，将目标函数值大的点抛弃，用新点代替，构成新的单纯形，这样，通过

不断循环迭代改良单纯形，进行搜索并逐步逼近最优值。新点的产生主要有五个基本操作：反射、扩张、外压缩、内压缩、整体收缩。寻优设计流程如图 4.9 所示。

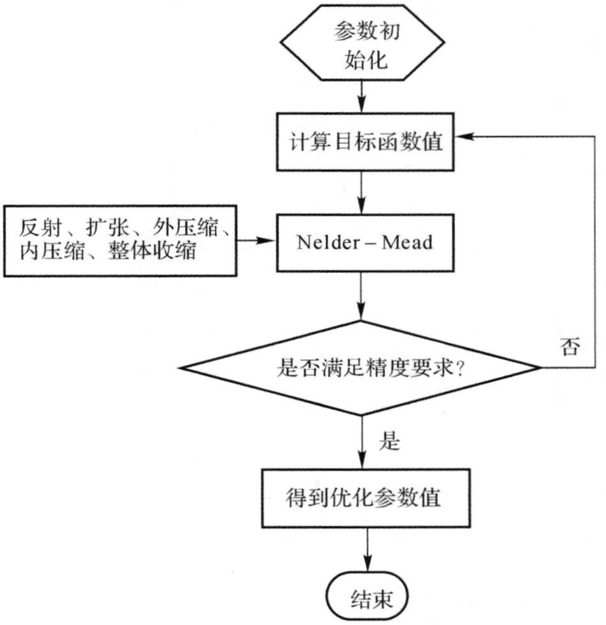

图 4.9　单纯形法寻优设计流程

4.3.2.2　*粒子群算法*

粒子群算法(Particle Swarm Optimization，PSO)是一种很好的直接优化算法。

PSO 中，将每个优化问题的潜在解视为搜索域中的一只鸟，即“粒子”，所有的粒子都有一个由被优化的函数决定的适应度值(fitness value)，通过计算适应度值并进行比较，然后经过反复迭代运算找到问题空间的最优解。迭代运算中，粒子的更新通过跟踪个体极值和全局极值来完成。

在一个 D 维的目标搜索域中，每个粒子是一个 D 维向量，每个群落里有 N 个粒子，则第 i 个粒子的 D 维向量为

$$\boldsymbol{X}_i = [x_{i1} \quad x_{i2} \quad \cdots \quad x_{iD}],\ i=1,2,\cdots,N \tag{4.17}$$

第 i 个粒子的飞行速度为

$$\boldsymbol{V}_i = [v_{i1} \quad v_{i2} \quad \cdots \quad v_{iD}],\ i=1,2,\cdots,N \tag{4.18}$$

第 i 个粒子搜索到的最优位置即个体极值为

$$\boldsymbol{P}_{\text{best}} = [p_{i1} \quad p_{i2} \quad \cdots \quad p_{iD}],\ i=1,2,\cdots,N \tag{4.19}$$

整个粒子群搜索到的最优位置即全局极值为

$$\boldsymbol{g}_{\text{best}} = [p_{g1} \quad p_{g2} \quad \cdots \quad p_{gN}],\ i=1,2,\cdots,N \tag{4.20}$$

粒子根据如下公式来更新自己的速度和位置：

$$\left.\begin{aligned} v_{id}^{k+1} &= \omega \times v_{id}^{k} + c_1 r_1 (p_{id}^{k} - x_{id}^{k}) + c_2 r_2 (p_{gd}^{k} - x_{id}^{k}) \\ x_{id}^{k+1} &= x_{id}^{k} + v_{id}^{k} \end{aligned}\right\} \tag{4.21}$$

式中，ω 为惯性权值；c_1 和 c_2 为学习因子；r_1 和 r_2 为[0,1]范围内的均匀随机数；v_{id} 是粒子的速

度，$v_{id} \in [-v_{\max}, v_{\max}]$，$v_{\max}$ 表示粒子速度的最大值。式(4.21) 右边第一部分为"惯性"部分，代表粒子维持自己先前速度趋势的运动习惯；第二部分为"认知"部分，代表粒子有向自身历史最佳位置逼近的记忆；第三部分为"社会"部分，代表粒子有向群体或邻域历史最佳位置逼近的社会协调合作属性。通常取 $c_1 = c_2 = 2, i = 1,2,\cdots,D$。算法流程如图 4.10 所示。

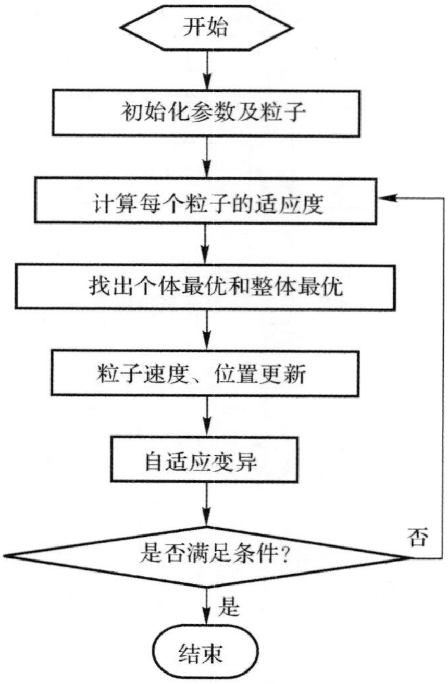

图 4.10　PSO 算法流程

4.3.2.3　遗传算法

遗传算法(Genetic Algorithm，GA) 是一种模拟自然选择和遗传机制的不依靠梯度信息的智能全局优化算法，由于其操作简单，优化不受限制性条件的约束，且具有较强的鲁棒性，对初值不敏感，对于一些大型、复杂非线性系统的全局优化问题表现出良好的性能。因此，遗传算法越来越广泛地应用于飞行器轨迹优化中。

遗传算法根据模拟自然界中生物适者生存、优胜劣汰的遗传法则，通过选择、交叉、变异以及倒位等一系列遗传操作将适应度高的优良个体遗传给下一代，产生新的个体，具体操作如下。

1. 编码

通过编码将决策变量表示成二进制串结构数据，该数据串是目标问题与遗传算法染色体位串结构之间的联系。通常根据搜索精度 p、决策变量上界 U 和下界 V 来确定各个二进制字符(0,1) 串的长度。

为了改善遗传算法局部搜索能力，本节采用格雷码编码技术，格雷码编码是二进制编码的一种变形，与二进制编码的精度相同。假设有二进制编码为 $B = b_m b_{m-1} \cdots b_2 b_1$，其对应的格雷码为 $G = g_m g_{m-1} \cdots g_2 g_1$，转化公式为

$$\left.\begin{aligned} & g_m = b_m \\ & g_i = b_{i+1} \oplus b_i,\ i = m-1, m-2, \cdots, 1 \end{aligned}\right\} \tag{4.22}$$

2．解码

决策变量经过编码之后，首先要进行解码才能计算出各种群中各个体的适应度值。假设种群中个体数目为 n，x_t^i 表示第 t 代的第 i 个个体，$i \in \{1,2,\cdots,n\}$。将所有个体用 l 位二进制形式表示，这样个体 $\boldsymbol{x}_t^i$ 可用 ml 维行向量

$$\boldsymbol{x}_t^i = [x_t^{i(1)} \quad \cdots \quad x_t^{i(l)} \quad x_t^{i(l+1)} \quad \cdots \quad x_t^{i(2l)} \quad \cdots \quad x_t^{i((m-1)l+1)} \quad \cdots \quad x_t^{i(ml)}]$$

表示，第 t 代种群 $\boldsymbol{x}_t = [x_t^1 \quad x_t^2 \quad \cdots \quad x_t^n]$。这样长度为 l 的第 k 个二进制个体 $\boldsymbol{x}_t^i$ 的解码函数 Γ 可以用下述公式求解：

$$\Gamma(x_t^i, k) = v_k + \frac{u_k - v_k}{2^l - 1}\left(\sum_{j=1}^{l} x_t^{i(kl+j)} \times 2^{j-1}\right) \tag{4.23}$$

式中，u_k，v_k 分别表示第 k 个实数的上、下限。

3．计算适应度函数

遗传算法中，个体的生存环境是由适应度函数构成的。根据个体的适应度值，就可以决定个体在此环境下的生存能力，适应度函数值越大，该个体越适合该环境，被选择的概率越大。在问题域中，目标函数值是衡量解空间的标准，因此，必须要建立适应度函数与目标函数的映射关系，本节中目标函数为最小值问题，而遗传算法中适应值越大个体越优，因此取

$$\mathrm{Fit}(f(x)) = -f(x) \tag{4.24}$$

4．选择算子

根据计算的各个体的适应度函数值的大小，从中选出适应度高的个体以生成交配池的过程。本节采用轮盘赌选择算子，轮盘赌选择法既能保证最佳个体的适应度值不会减小，最佳个体不会被交叉变异操作破坏，也能不断提高该种群的平均适应度值。

轮盘赌选择法又称比例选择算子，是最常用的一种选择方法，轮盘赌选择法使得各个体被选中的概率与其适应度函数值大小成正比。设群体大小为 N，个体 x_i 的适应度函数值为 $f(x_i)$，则个体 x_i 的选择概率为

$$p(x_i) = \frac{f(x_i)}{\sum_{j=1}^{N} f(x_i)} \tag{4.25}$$

轮盘赌选择法具体实现过程：

a) 在[0,1]内产生一个均匀分布的随机数 r。

b) 若 $r \leqslant q_1$，则染色体 x_1 被选中。

c) 若 $q_{k-1} \leqslant r \leqslant q_k (2 \leqslant k \leqslant N)$，则染色体 x_k 被选中。

其中 q_i 为染色体 $x_i(1,2,\cdots,N)$ 的积累概率，其计算公式为

$$q_i = \sum_{j=1}^{i} p(x_j) \tag{4.26}$$

因此，选择算子的实现步骤为：

a) 计算群体中所有个体的适应度值。

b) 计算每个个体的选择概率。

c) 计算积累概率。

d) 采用轮盘赌选择操作。

5．交叉算子

交叉算子是模拟自然界的基因重组过程，将原有的优良基因遗传给下一代，产生两个新的

个体。本节采用的一致交叉方法，相比常用的一点交叉算法增加了交叉的信息量，且优于多点交叉。具体交叉过程如下：

随机生成一个与个体编码串长度L相同的屏蔽字$W=w_1w_2\cdots w_L$，由屏蔽字决定父代个体A，B对新代个体A'，B'的交叉遗传机制，具体规则如下：

a) 若$w_i=0$，则父代A将第i个基因座上的基因遗传给子代A'，父代B将第i个基因座上的基因遗传给子代B'；

b) 若$w_i=1$，则父代B将第i个基因座上的基因遗传给子代A'，父代A将第i个基因座上的基因遗传给子代B'。

6. 变异算子

变异操作是模拟自然界生物进化中染色体上某位基因发生突变的现象，从而改变染色体的结构和物理性状，跳出局部最优。将每一个基因位产生的均匀随机概率x_i与变异概率p_m比较，反转符合突变的等位基因上的二进制字符值。位串$s=a_1a_2\cdots a_L$的变异操作生成新的个体$s'=a'_1a'_2\cdots a'_L$。

$$O(p_m,x):a'_i=\begin{cases}1-a_i, & \text{当 } x_i\leqslant p_m \text{ 时}\\ a_i, & \text{当 } x_i\geqslant p_m \text{ 时}\end{cases},\quad i\in\{1,2,\cdots,L\} \tag{4.27}$$

7. 倒位算子

根据自然遗传学中存在的倒位现象，在染色体中有两个倒位点，在这两点间的基因位置倒换，使那些在父代中离得很远的基因位在后代中紧靠在一起。在遗传算法中相当于重新定义基因块使染色体位串上的重要基因更加紧凑，更不容易被交叉算子所分裂。倒位操作首先在个体位串随机地选择两个点，位串染色体被这两个点分成三段，将中间段的左右顺序转过来与另两段相连，形成新的个体串。

最后，遗传算法基本流程如图 4.11 所示。

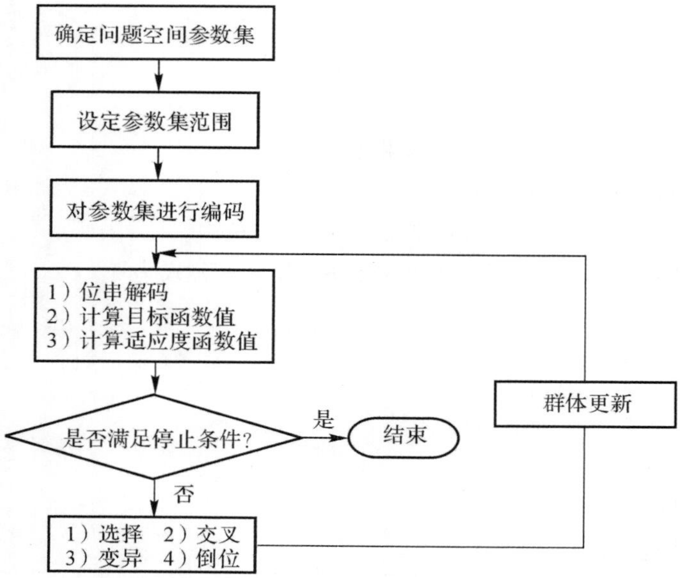

图 4.11 遗传算法流程框图

4.3.3 展开阶段约束条件和性能指标函数

4.3.3.1 第一阶段约束条件和性能指标函数

给出第一阶段展开初始条件为

$$\left.\begin{aligned} &l(0)=0.1\ \mathrm{km}\\ &V(0)=2.5\ \mathrm{m/s}\\ &\theta(0)=0^\circ\\ &\dot{\theta}(0)=0\ \mathrm{rad\cdot s^{-1}} \end{aligned}\right\} \tag{4.28}$$

根据第一阶段展开要求，得到终端条件为

$$\left.\begin{aligned} &l(t_{\mathrm{f1}})=l_{\mathrm{k1}}\\ &V(t_{\mathrm{f1}})=0\ \mathrm{m/s}\\ &\theta(t_{\mathrm{f1}})=0^\circ\\ &\dot{\theta}(t_{\mathrm{f1}})=0\ \mathrm{rad\cdot s^{-1}} \end{aligned}\right\} \tag{4.29}$$

控制律式(4.15)可以作为独立的参数控制律来研究[76]，根据上述条件，采用优化算法即可求出合适的 a,b,c 参数值。根据第一阶段终端条件，采用终端二次性能指标函数：

$$J_1=c_1\theta_{t_{\mathrm{f1}}}^2+c_2\dot{\theta}_{t_{\mathrm{f1}}}^2+c_3(l_{t_{\mathrm{f1}}}-l_{k1})^2+c_4V_{t_{\mathrm{f1}}}^2+c_5t_{\mathrm{f1}}^2 \tag{4.30}$$

式中，c_1,c_2,c_3,c_4,c_5 为加权系数，在进行目标函数设计时，必须合理选择，否则影响优化结果，l_{k1} 为第一阶段系绳设定展开长度，本节中取 $l_{\mathrm{k1}}=3$ km。

4.3.3.2 第二阶段约束条件和性能指标函数

本节采用的两阶段展开控制律中，第二阶段为动态展开过程，将返回舱从第一阶段结束的当地垂线位置释放到预定偏离角位置处，因此，第二阶段展开起始条件为第一阶段终端条件，终端约束条件为

$$\left.\begin{aligned} &l(f_{\mathrm{f2}})=30\ \mathrm{km}\\ &V(t_{\mathrm{f2}})=0\ \mathrm{m/s}\\ &\theta(t_{\mathrm{f2}})=\theta_{\mathrm{k}}{}^\circ\\ &\dot{\theta}(t_{\mathrm{f2}})=0\ \mathrm{rad\cdot s^{-1}} \end{aligned}\right\} \tag{4.31}$$

同理，利用上述边值问题，采用一定的优化算法，即可优化出第二阶段的控制律参数，总的释放时间 T_{f2} 和系绳张力 $\boldsymbol{T}=[T_1\quad T_2\quad \cdots\quad T_{12}]$。

根据第二阶段终端条件，采用的终端二次性能指标函数为

$$J_2=c_1(\theta_{t_{\mathrm{f2}}}-\theta_{\mathrm{k}})^2+c_2\dot{\theta}_{t_{\mathrm{f2}}}^2+c_3(l_{t_{\mathrm{f2}}}-l_{\mathrm{k}})^2+c_4V_{t_{\mathrm{f2}}}^2+c_5t_{\mathrm{f2}}^2 \tag{4.32}$$

式中，θ_{k} 为第二阶段设定最大偏离角；l_{k} 为设定系绳展开长度。

另外，由于系绳张力始终不会存在被压缩的情况，且为了防止系绳展开过程中出现系绳缠绕航天器的现象，因此，展开速度始终不能小于零。在展开过程中必须满足以下不等式约束条件：

$$\left.\begin{aligned} &T(t)>0\\ &V(t)>0 \end{aligned}\right\} \tag{4.33}$$

4.3.4 仿真分析

地球引力常数 $\mu=398\ 602\ km^3/s^2$，地球平均半径 $R_e=6\ 371.02\ km$，基站高度 $H=300\ km$，返回所需绳长 $l_k=30\ km$，安全释放阶段绳长为 3 km，基站质量 $M=6\ 000\ kg$，返回舱质量 $m=100\ kg$，系绳线密度 $\rho=0.2\ kg/km$。

遗传算法(GA)参数设置为：种群规模 pspsize=100，种群代数 eranum=30，交叉概率 $p_{cross}=0.8$，变异概率 $p_{mutation}=0.05$，倒位概率 $p_{inversion}=0.15$。

粒子群算法(PSO)参数设置为：种群规模 popsize=100，种群代数 eranum=30，惯性权值 $\omega=0.5$。

单纯形法(Nelder－Mead)精度设置为：precision=1×10^{-5}。

空间系绳系统第一阶段展开的参数优化结果见表 4－1。

表 4－1 第一阶段参数优化结果

	GA	Nelder－Mead	PSO
a	4.9	4.62	4.718
b	3.97	3.495	3.298
c	1.91	1.605	1.662
t_{f1}	4 768	5 962	4 514

从图 4.12 至图 4.17 和图 4.18 至图 4.23 可以看出，三种优化算法的优化结果很相近，状态曲线基本重合，并从表 4－2、表 4－3 可以看出，三种优化算法得到的结果和期望结果的误差都很小，优化得到的终端状态量与设定终端量都很接近。但是单纯形法优化出的最大系绳张力较大，且相对于期望绳长的误差相比于遗传算法优化出的结果误差大，粒子群优化算法虽然也能得到不错的优化结果，但在终端状态精度及最大展开速度的控制上比遗传算法和单纯形法都差一些。因此，通过对比可以看出，遗传算法相对于其他两种优化算法更适合用于空间系绳系统辅助返回轨迹的优化。

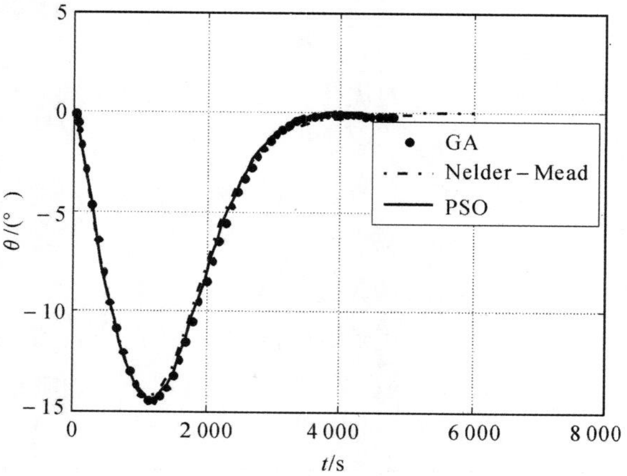

图 4.12 第一阶段展开面内角随时间的变化曲线

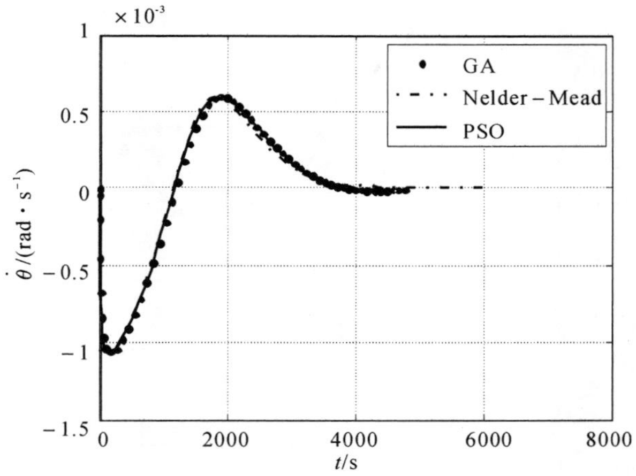

图 4.13　第一阶段展开面内角速度随时间的变化曲线

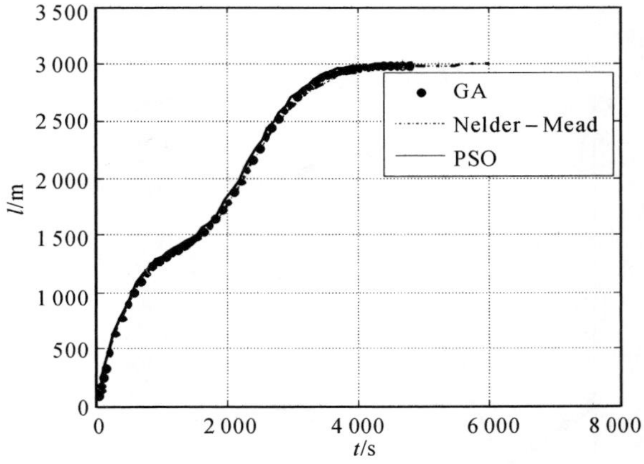

图 4.14　第一阶段展开绳长随时间的变化曲线

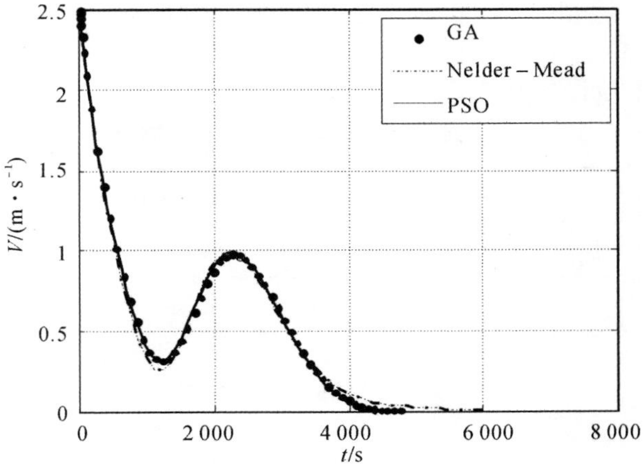

图 4.15　第一阶段展开速度随时间的变化曲线

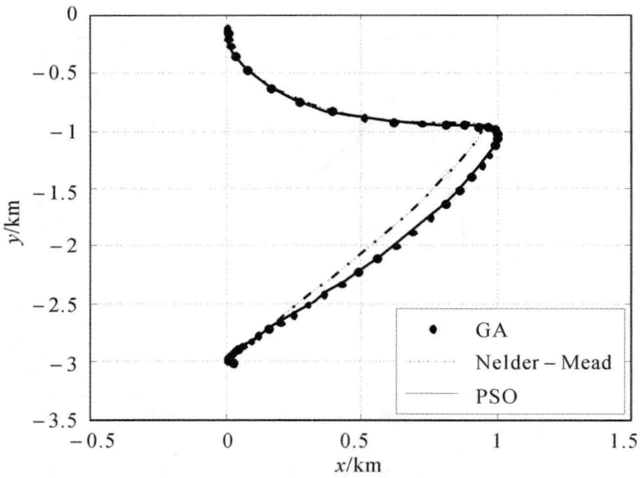

图 4.16　第一阶段展开返回舱轨迹

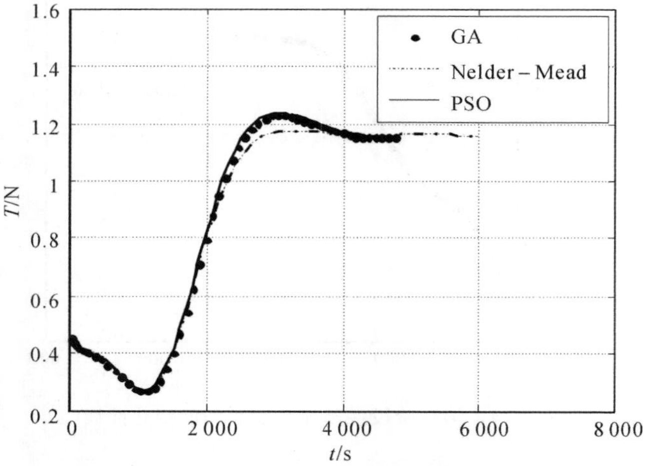

图 4.17　第一阶段展开张力随时间的变化曲线

三种优化算法第一阶段展开效果对比见表 4－2。

表 4－2　三种优化算法第一阶段展开效果对比

	GA	Nelder－Mead	PSO
t_{f1}/s	4 768	5 962	4 514
$\theta_{t_{f1}}$/(°)	−0.268 8	−0.292	−0.561
$\dot{\theta}_{t_{f1}}$/(rad·s^{-1})	0	0	0
$l_{t_{f1}}$/m	3 000.115 7	2 999.754 0	2 999.108 3
$V_{t_{f1}}$/(m·s^{-1})	0.003 6	0.001 1	0.002 9

第二阶段的参数优化结果：

下山单纯形法(Nelder - Mead)：

$$\boldsymbol{T}=\begin{bmatrix}0.009\,87 & 0.010\,04 & 0.009\,889 & 0.010\,67 & 0.010\,65 & 0.009\,624\\ 0.494\,4 & 0.682\,7 & 1.769 & 3.867 & 6.578\,1 & 10.11\end{bmatrix},\quad t_{f2}=2\,317$$

遗传算法(GA)：

$$\boldsymbol{T}=\begin{bmatrix}0.016\,97 & 0.034\,29 & 0.083\,94 & 0.067\,1 & 0.074\,35 & 0.466\,3\\ 0.444\,1 & 0.154\,4 & 2.571 & 4.576 & 7.442 & 7.76\end{bmatrix},\quad t_{f2}=2\,300$$

粒子群算法(PSO)：

$$\boldsymbol{T}=\begin{bmatrix}0.234\,7 & 0.253\,7 & 0.267\,6 & 0.026\,49 & 0.294\,1 & 0.5\\ 0.400\,5 & 0.001 & 1 & 6.49 & 8.254 & 6.676\end{bmatrix},\quad t_{f2}=2\,498$$

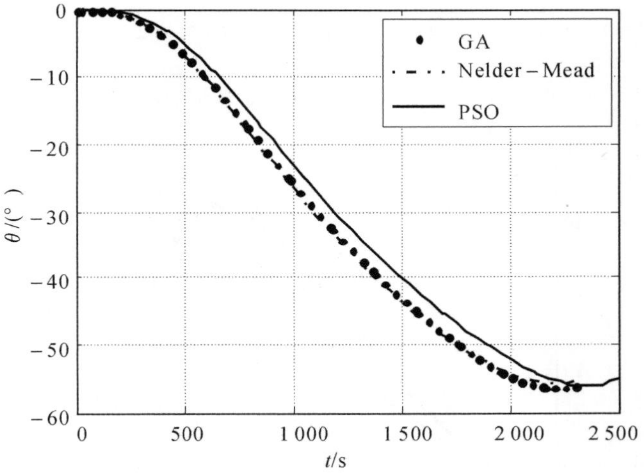

图 4.18　第二阶段展开面内角随时间的变化曲线

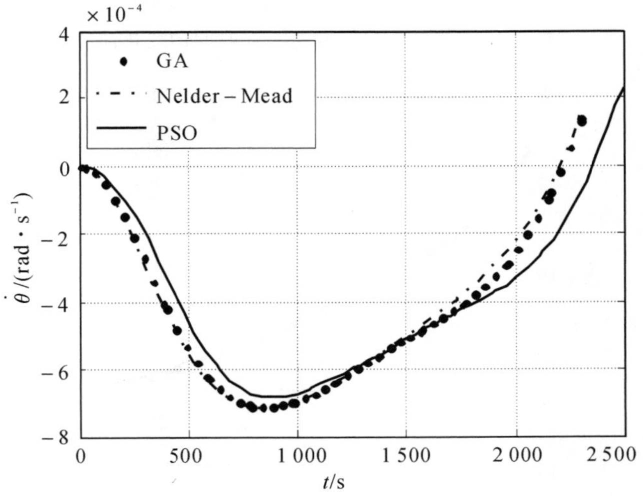

图 4.19　第二阶段展开面内角角速度随时间的变化曲线

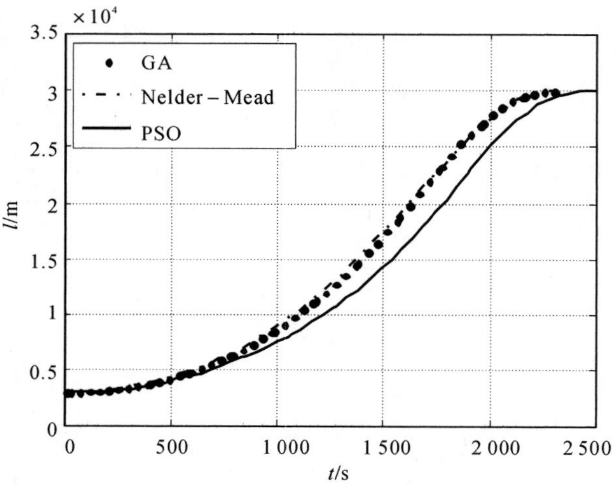

图 4.20　第二阶段展开绳长随时间的变化曲线

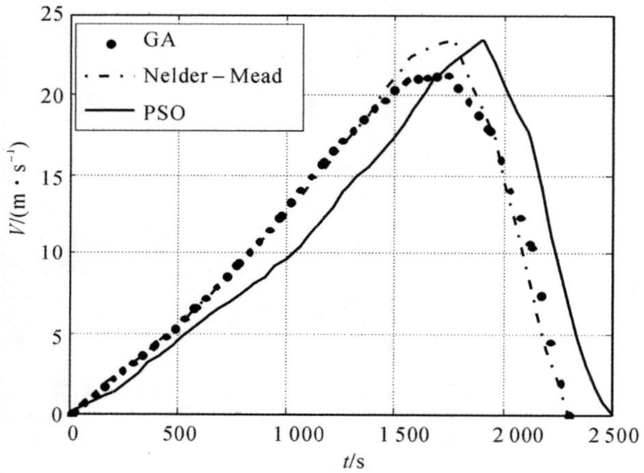

图 4.21　第二阶段展开速度随时间的变化曲线

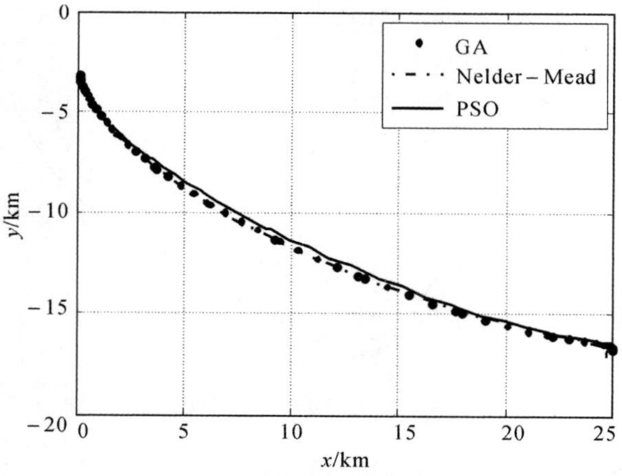

图 4.22　第二阶段展开返回舱轨迹

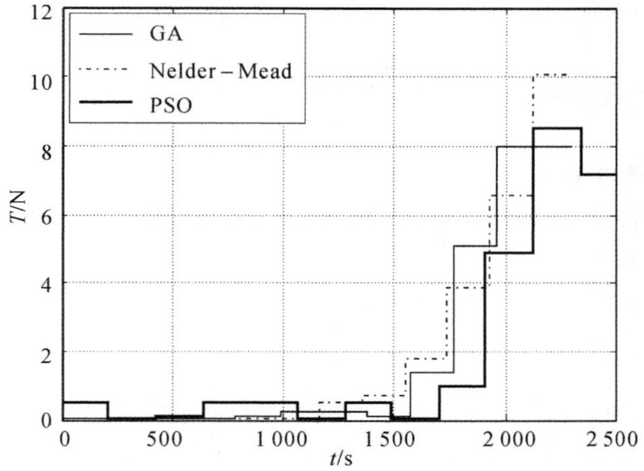

图 4.23　第二阶段展开张力随时间的变化曲线

三种优化算法第二阶段展开效果对比见表 4－3。

表 4－3　三种优化算法第二阶段优化效果对比

	GA	Nelder－Mead	PSO
t_{f2}/s	2 300	2 317	2 498
$\theta_{t_{f2}}$/(°)	－56.061 3	－55.480 6	－55.293 6
$\dot{\theta}_{t_{f2}}$/(rad·s^{-1})	0.000 1	0.000 1	0.000 2
$l_{t_{f2}}$/m	30 008.520 9	30 010.139 0	29 991.159 9
$V_{t_{f2}}$/(m·s^{-1})	0.002 0	0.007 3	0.034 22
V_{max}/(m·s^{-1})	21.354 9	23.519 2	23.480 5
T_{max}/N	8.029	10.11	8.555

4.4　空间系绳系统辅助返回的再入条件影响因素分析

上一节主要研究了空间系绳系统辅助返回的展开优化算法，并且对三种优化算法进行了比较，本节选择最适合空间系绳系统的遗传优化算法得到的结果作为进一步分析的基础。

由于空间系绳系统所处的复杂太空环境，受到如大气摄动、地球扁率摄动、星体摄动等外在摄动力的影响，以高度为 300 km 的空间站作为基站，展开 30 km 绳长，则所需展开时间大约为 2 h，在这段时间内，大气摄动、地球扁率摄动的影响不断累积，必然造成实际展开状态与标称展开状态的误差。本节首先给出大气摄动和地球扁率摄动模型，分析其对系绳辅助返回展开终端状态的影响；再次，在圆轨道下分析各终端状态如绳长、最大偏离角、轨道高度、切断角等对再入条件的影响，在椭圆轨道下分析偏心率、真近点角等因素对再入条件的影响。

4.4.1 空间系绳系统环境摄动

4.4.1.1 大气阻力摄动

由于基站的轨道自稳定系统可以用来调节因外力干扰所引起的轨道误差，因此，本节只考虑返回舱和系绳所受到的大气阻力。

在大气中运动的航天器受到的空气阻力为

$$f_D = -\frac{1}{2} C_D \rho_a v^2 S \tag{4.34}$$

式中，C_D 为阻力系数，通常取 $C_D \approx 2.2$；ρ_a 为大气密度；v 为航天器相对于大气的运行速度；S 为垂直于相对速度方向的投影面积。本节分别考虑作用在返回舱和系绳上受到的大气阻力。

1）作用于返回舱上的大气阻力

$$F_k = f_p \frac{\delta r_p}{\delta q_k} = -\frac{1}{2} v C_{Dp} \rho_D S_p \left(V \frac{\delta r_p}{\delta q_k}\right) \quad (k=\theta,\beta,l) \tag{4.35}$$

其中，$V \dfrac{\delta r_p}{\delta q_k}$ 的表达式为

$$\left.\begin{aligned} V \frac{\delta r_p}{\delta L} &= A_1/(1+K) \\ V \frac{\delta r_p}{\delta \theta} &= A_2 l/(1+K) \\ V \frac{\delta r_p}{\delta \beta} &= A_3 l/(1+K) \end{aligned}\right\} \tag{4.36}$$

式中

$$\begin{cases} A_1 = [\dot{r}\cos\theta + r(\dot{\phi} - w_e \cos i)\sin\theta]\cos\beta - r w_e \sin i \cos\phi \sin\beta \\ A_2 = [-\dot{r}\sin\theta + r(\dot{\phi} - w_e \cos i)\cos\theta]\cos\beta \\ A_3 = -[\dot{r}\cos\theta + r(\dot{\phi} - w_e \cos i)\sin\theta]\sin\beta - r w_e \sin i \cos\phi \cos\beta \\ K = \dfrac{m + m_t/2}{M + m_t/2} \\ V = [\dot{r}^2 + r^2(\dot{\phi} - w_e \cos i)^2 + r^2 w_e^2 \cos^2\phi \sin^2 i]^{1/2} \\ \rho = \rho_0 \exp[-(h - h_0)/H] \end{cases}$$

式中，r 为基站到地心的距离；i 为轨道倾角；ϕ 为系统质心的地球纬度幅角；w_e 为地球旋转速度；M 为基站质量；ρ_0 为高度 h_0 处的大气密度；H 为标高。

$$\left.\begin{aligned} F_l &= -\frac{1}{2} v C_{D,p} \rho S_p \frac{[\dot{r}\cos\theta + r(\dot{\phi} - w_e \cos i)\sin\theta]\cos\beta - r w_e \sin i \cos\phi \sin\beta}{1 + \dfrac{m + m_t/2}{M + m_t/2}} \\ F_\theta &= -\frac{1}{2} v C_{D,p} \rho S_p \frac{l[-\dot{r}\sin\theta + r(\dot{\phi} - w_e \cos i)\cos\theta]\cos\beta}{1 + \dfrac{m + m_t/2}{M + m_t/2}} \\ F_\beta &= -\frac{1}{2} v C_{D,p} \rho S_p \frac{l[-\dot{r}\cos\theta + r(\dot{\phi} - w_e \cos i)\sin\theta]\sin\beta - r w_e \sin i \cos\phi \cos\beta}{1 + \dfrac{m + m_t/2}{M + m_t/2}} \end{aligned}\right\} \tag{4.37}$$

令面外角 $\beta=0$，轨道倾角 $i=0$，质心纬度幅角 $\phi=0$，则可化简为

$$\left.\begin{aligned}F_{\theta}&=-\frac{1}{2}vC_{D}\rho_{D}S_{p}\frac{l(-\dot{r}\sin\theta-rw_{e}\cos\theta)}{1+\dfrac{m+m_{t}/2}{M+m_{t}/2}}\\F_{l}&=-\frac{1}{2}vC_{D}\rho_{D}S_{p}\frac{\dot{r}\cos\theta-rw_{e}\sin\theta}{1+\dfrac{m+m_{t}/2}{M+m_{t}/2}}\end{aligned}\right\}\tag{4.38}$$

式中，$m_t=\rho_t l$ 为系绳质量；ρ_t 为系绳线密度；M 为基站质量；$w_e=7.292\ 115\times10^{-5}$ rad/s 为地球旋转速度；m 为返回舱质量；广义力 F_θ，F_l 的量纲为 N。

2）作用于系绳上的大气阻力

$$Q_{k,t}=\int\frac{\delta r_t}{\delta q_k}\mathrm{d}F_t=-\frac{1}{2}vC_{D,t}D\mid\cos\beta\mid\int\rho_t\left(V\frac{\delta r_t}{\delta q_k}\right)\mathrm{d}l_t\quad k=\theta,\beta,l\tag{4.39}$$

式中，$C_{D,t}$ 为系绳阻力系数；D 为系绳截面积；ρ_t 是在位置 r_t 处的大气密度；l_t 是系绳元与系统质心的距离，有

$$\begin{aligned}r_t&=r[1+(l_t/r)^2+2(l_t/r)\cos\beta\cos\theta]^{1/2}\\r_t&\approx r+l_t\cos\beta\cos\theta\end{aligned}\tag{4.40}$$

因为有 $l_t\ll r$，则

$$\begin{aligned}r_t&\approx r+l_t\cos\beta\cos\theta\\h&=r_t-R\approx h_c+l_t\cos\beta\cos\theta\end{aligned}$$

式中，h_c 为系统质心高度；ρ_t 为该处大气密度，则通过积分 $\int\rho_t\left(V\frac{\delta r_t}{\delta q_i}\right)\mathrm{d}l_t$ 不难求得

$$\left.\begin{aligned}\int\rho_t\left(V\frac{\delta r_t}{\delta L}\right)\mathrm{d}l_t&=\rho A_1I/l\\\int\rho_t\left(V\frac{\delta r_t}{\delta\theta}\right)\mathrm{d}l_t&=\rho A_2I\\\int\rho_t\left(V\frac{\delta r_t}{\delta\beta}\right)\mathrm{d}l_t&=\rho A_3I\end{aligned}\right\}\tag{4.41}$$

$$I=\int l_t\exp[(-l_t\cos\beta\cos\theta)/H]\mathrm{d}l=[(1-B_1)\exp B_1-(1-B_2)\exp B_2][H/(\cos\beta\cos\theta)]^2\tag{4.42}$$

令面外角 $\beta=0$，轨道倾角 $i=0$，质心纬度幅角 $\phi=0$，则

$$\left.\begin{aligned}A_1&=\dot{r}\cos\theta-rw_e\sin\theta\\A_2&=-\dot{r}\sin\theta-rw_e\cos\theta\\A_3&=0\end{aligned}\right\}\tag{4.43}$$

$$\left.\begin{aligned}B_1&=Kl\cos\theta/[(1+K)H]\\B_2&=-l\cos\theta/[(1+K)H]\end{aligned}\right\}\tag{4.44}$$

$$I_2 = [(1 - B_1)\exp B_1 - (1 - B_2)\exp B_2][H/\cos\theta] \tag{4.45}$$

$$Q_\theta = -\frac{1}{2}VC_{D,t}D \mid \cos\theta \mid \rho(-\dot{r}\sin\theta - rw_e\cos\theta)\{[(1 - B_1)\exp B_1 - (1 - B_2)\exp B_2][H/\cos\theta]\}$$

$$Q_L = -\frac{1}{2}VC_{D,t}D \mid \cos\theta \mid \rho(\dot{r}\cos\theta - rw_e\sin\theta)\{[(1 - B_1)\exp B_1 - (1 - B_2)\exp B_2][H/\cos\theta]\}/l \tag{4.46}$$

式中，$\begin{cases} B_1 = Kl\cos\theta/[(1+K)H] \\ B_2 = -l\cos\theta/[(1+K)H] \end{cases}$；$K = \dfrac{m + m_t/2}{M + m_t/}$；广义力 Q_θ，Q_L 的量纲为 N。

本节采用科学联合会国际委员会 CIRA—72 大气模型，该模型考虑了温度和高度对大气密度的影响：

$$\rho = \rho(T, h) \tag{4.47}$$

把大气密度表示成高度 h 和描述太阳活动程度参数 $F_{10.7}$ 的函数：$\rho = \rho(h, F_{10.7})$。大气密度的变化规律最终表示为高度的函数：

$$\rho = \rho_0 e^{-\frac{h-h_0}{H}} \tag{4.48}$$

式中，ρ_0 为参考高度 h_0 处大气的密度，根据本节所取基站轨道高度，取大气类型为 2，$h_0 = 300$ km，此时 $\rho_0 = 8 \times 10^{-12}$ kg · m^{-3}，$H = 50$ km。

4.4.1.2 大气阻力摄动仿真分析

以上一节中遗传算法的优化结果作为标称状态，在此基础上加入大气摄动项进行仿真，第一阶段展开过程的仿真结果如图 4.24 和图 4.25 所示，第二阶段展开过程的仿真结果如图 4.26 和图 4.27 所示，返回舱轨迹如图 4.28 所示。

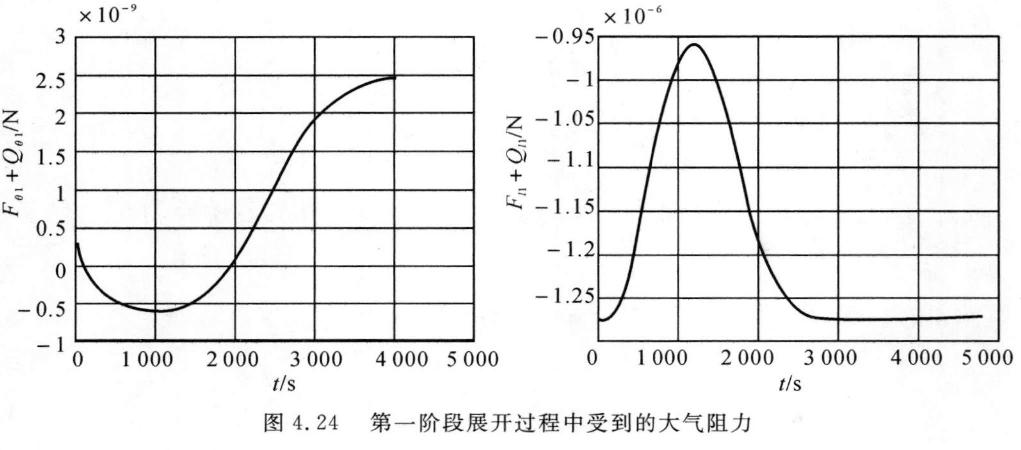

图 4.24 第一阶段展开过程中受到的大气阻力

大气阻力摄动作用下第一阶段展开误差如图 4.25 所示。

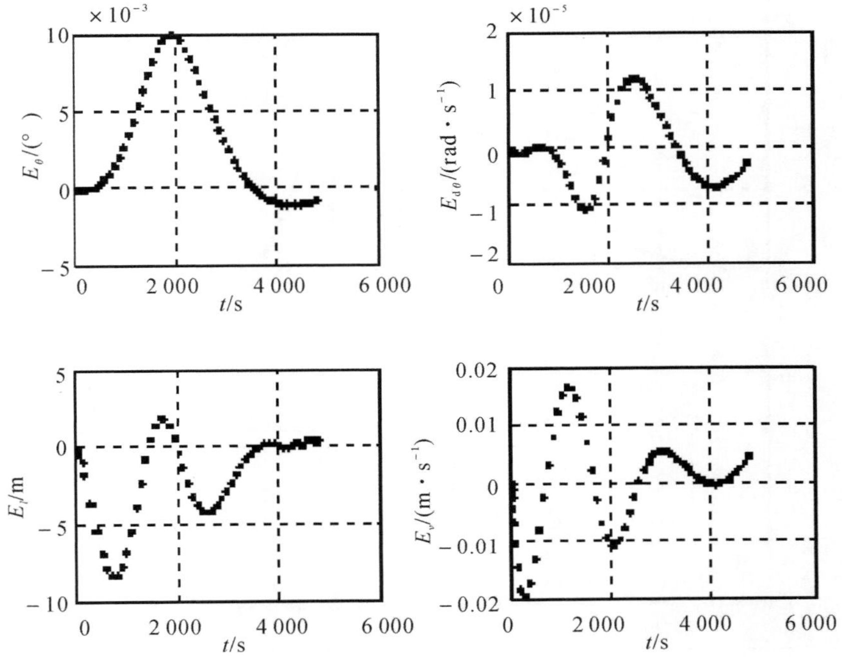

图 4.25　第一阶段状态误差曲线

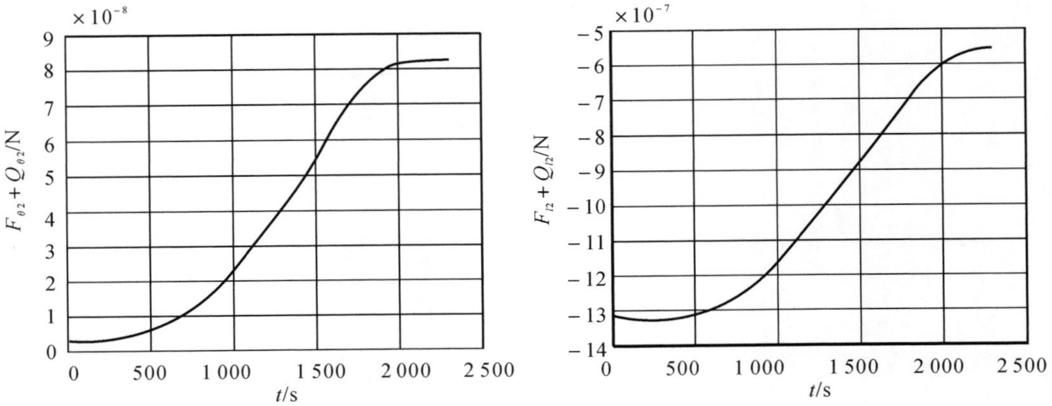

图 4.26　第二阶段展开过程中受到的大气阻力

大气阻力摄动作用下第二阶段展开误差如图 4.27 所示。

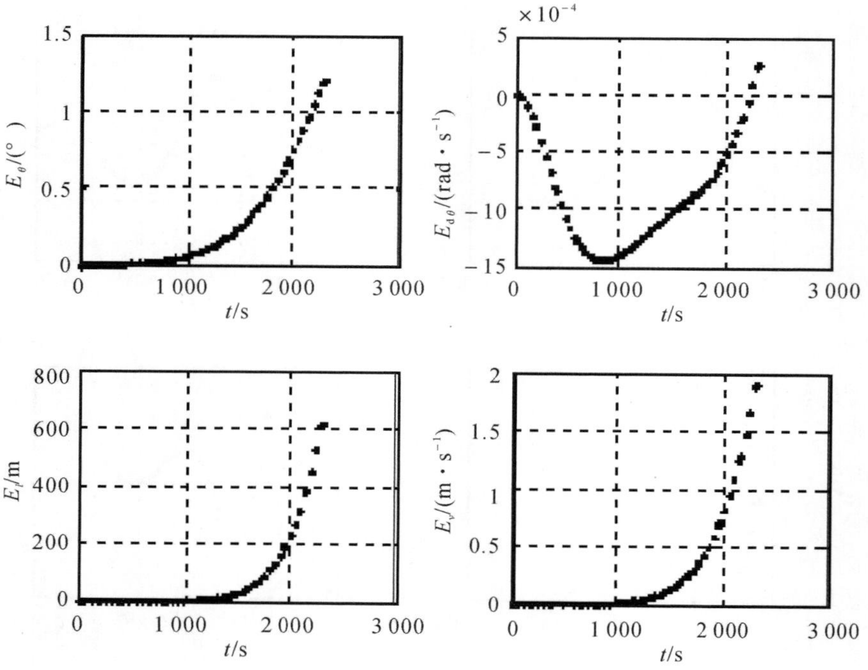

图 4.27　第二阶段状态误差曲线

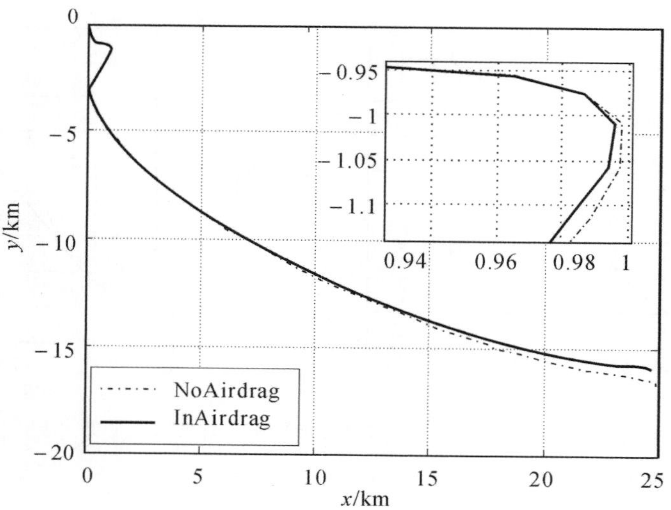

图 4.28　返回舱轨迹

大气阻力摄动作用对返回舱两阶段终端状态的影响结果见表 4－4。

表 4－4　大气阻力摄动作用对返回舱两阶段终端状态的影响

	第一阶段		第二阶段	
	无大气摄动	加入大气阻力	无大气摄动	加入大气阻力
$\theta_{t_{f1}}$/(°)	－0.268 8	－0.267 6	－56.061 3	－57.255 4
$\dot{\theta}_{t_{f1}}$/(rad·s^{-1})	0	0	0.000 1	－0.000 1
$l_{t_{f1}}$/m	3 000.115 7	2 999.656 1	30 008.520 9	29 393.062 2
$V_{t_{f1}}$/(m·s^{-1})	0.003 6	0.003 5	0.002 0	－1.904 3

由于第一阶段采用的是轨迹为圆圈的控制律，在整个过程中受到的大气阻力比较复杂，由图 4.24 可知，$F_\theta+Q_\theta$ 经历了先正后负再正的过程，F_l+Q_l 始终为负值。从图 4.25 和表4－4 可以看出，在返回舱从基站弹出到远离地垂线到最大位置过程中，面内角绝对值比标称值小，但误差趋近于零，在远离当地垂线向轨迹最大拐角处附近靠近，再继续向当地垂线靠近的过程中，大气阻力大小、方向改变，面内角误差经历了由小到大，再由大到小的过程，但是整个过程中，大气阻力对面内角的影响很小，误差量级为 10^{-3}；第一阶段中绳长误差变化比较复杂，但终端绳长误差只有 0.459 6 m，可以忽略不计。由图 4.25 所示误差曲线可见，大气阻力方向的改变对第一阶段展开过程积累的误差有一定的消除作用。

第二阶段系绳展开过程中，由图 4.26 可知，大气阻力 $F_\theta+Q_\theta$ 始终为正值，F_l+Q_l 始终为负值，方向不变，最大为 $-1.321\,5\times10^{-6}$ N。从图 4.27 和表 4－4 可以看出，在两者共同作用下，绳长不断受到抑制而不能展开到标称长度，而面内角不断增大，各状态量误差不断累积，展开结束时，面内角绝对值比标称绝对值大 1.194 1°，绳长误差达到 615.459 7 m，展开速度出现负值，这种情况对系绳展开极为不利，容易导致系绳缠绕返回舱的危险，必须予以避免，特别是在长系绳展开过程中，系绳展开长度越长，误差积累会越大，缠绕的可能性更大。因此，在系绳辅助返回过程中，必须考虑大气摄动的影响。图 4.28 给出了大气阻力摄动下返回舱的运动轨迹。

4.4.1.3　J_2 摄动仿真分析

由于地球并非标准的球体，其实际为一两极略扁的回转椭球体，因此产生了地球扁率 J_2 摄动项。

J_2 在系绳系统中模型：

$$\left.\begin{aligned}F_l&=1.5(1-3\sin^2\phi)J_2R_e^2\Omega^2[\cos\beta\cos\theta+l(3\cos^2\beta\cos^2\theta-1)/r]/r\\F_\theta&=-1.5\Omega^2\sin\theta\cos\beta(1-3\sin\phi)J_2R_e^2(1+3l/r\cos\beta\cos\theta)/(rl)\\F_\beta&=-1.5\Omega^2\cos\theta\sin\beta(1-3\sin^2\phi)J_2R_e^2(1+3l/r\cos\beta\cos\theta)/(rl)\end{aligned}\right\}\tag{4.49}$$

本节不考虑面外运动，化简得

$$\left.\begin{aligned}F_l&=1.5(1-3\sin^2\phi)J_2R_e^2\Omega^2[\cos\theta+l(3\cos^2\theta-1)/r]/r\\F_\theta&=-1.5\Omega^2\sin\theta(1-3\sin^2\phi)J_2R_e^2(1+3l/r\cos\theta)/(rl)\end{aligned}\right\}\tag{4.50}$$

式中，ϕ 为地球纬度；$J_2=-1.082\,64\times10^{-3}$；$R_e$ 为地球平均半径。根据近心点角矩 ω、真近点角 α、轨道倾斜角 i 与地球纬度 ϕ 的关系，有

$$\sin\phi=\sin i\sin(\omega+\alpha) \tag{4.51}$$

可以看出，J_2 摄动主要与轨道倾角和真近点角有关。这里考虑轨道为圆轨道的情况，近心点与升交点重合，此时近心点角矩 $\omega=0°$，$\sin\phi=\sin i\sin\alpha$，且 α 视为从零子午线起航天器扫过角度，有

$$\phi=\arcsin(\sin i\sin\alpha)=\arcsin(\sin i\sin(\Omega t)) \tag{4.52}$$

式中，$a=\Omega t$，Ω 为轨道运动角速度。

假设航天器运动从零度子午线开始，即 $\phi(t_0)=0°$，在轨道倾角和展开时间一定的情况下，航天器经过的地球纬度范围一定，因此，J_2 摄动影响主要体现在轨道倾角上。

在遗传算法优化出的标称状态下加入 J_2 摄动。通过仿真得到在轨道高度 $H=300$ km 下，轨道倾角 $i\in[0,\pi/2]$ 范围内，J_2 摄动对系绳辅助返回终端状态的影响见表 4-5。

表 4-5　J_2 摄动对返回舱两阶段终端状态的影响

第一阶段			第二阶段		
状态量	无 J_2 摄动	加入 J_2 项 ($0\leqslant i\leqslant\pi/2$)	状态量	无 J_2 摄动	加入 J_2 项 ($0\leqslant i\leqslant\pi/2$)
$\theta_{t_{f1}}/(°)$	−0.268 8	[−0.245 8, −0.376 9]	$\theta_{t_{f2}}/(°)$	−56.061 3	[−56.073 3, −55.994 2]
$\dot\theta_{t_{f1}}/(\mathrm{rad\cdot s^{-1}})$	0	0	$\dot\theta_{t_{f2}}/(\mathrm{rad\cdot s^{-1}})$	0	0
$l_{t_{f1}}/\mathrm{m}$	3 000.115 7	[2 992.040 9, 3 004.911 2]	$l_{t_{f2}}/\mathrm{m}$	30 008.520 9	[29 879.027 5, 30 100.269 7]
$V_{t_{f1}}/(\mathrm{m\cdot s^{-1}})$	0.003 6	[0.001 8, 0.004 0]	$V_{t_{f2}}/(\mathrm{m\cdot s^{-1}})$	0.002 0	[0.001 8, 0.004 0]

从表 4-5 可以看出，在轨道高度 $H=300$ km 的情况下，J_2 摄动对系绳第一阶段展开状态的影响比大气阻力在该阶段的影响更大，对面内角的误差最大为 0.108 1°，对绳长的最大误差为 8.074 8 m；第二阶段对绳长的最大影响误差为 129.499 4 m，对面内角的最大误差为 0.077 1°，可见 J_2 摄动对系绳展开的影响比大气阻力作用的影响小。J_2 摄动下面内角、面内角速度、绳长和展开速度随轨道倾角变化的关系曲线如图 4.29 和图 4.30 所示。

从图 4.29 和图 4.30 可以看出，各个终端状态量在轨道倾角 $i\in[0,\pi/2]$ 范围内，都会和标称状态直线有交点，但各交点对应的轨道倾角不同，越远离交点，各状态量与标准状态的误差越大。由于展开的终端条件不同，第一阶段展开到当地垂线位置，当轨道倾角小于 20° 时，面内角绝对值小于标称状态绝对值，第二阶段展开到最大偏离角位置，当轨道倾角小于 20° 时，面内角绝对值大于标称状态绝对值；J_2 摄动对两阶段展开绳长影响规律一致，轨道倾角小于 50° 时，比标称绳长短，最大误差分别为 8.074 8 m 和 129.499 4 m，大于 50° 时，比标称绳长长，最大误差分别为 4.875 5 m 和 91.744 8 m，而 J_2 摄动对系绳展开面内角影响较小。在整个过程中，最大摄动力为 $-1.899\,6\times10^{-5}$ N。

总的来说，在再入返回精确计算时，应当考虑 J_2 摄动的作用。图 4-31 给出了轨道高度 $H=300$ km，轨道倾角分别为 $i=0°,\pi/2$ 时，返回舱的标称轨迹和 J_2 摄动下的运动轨迹。

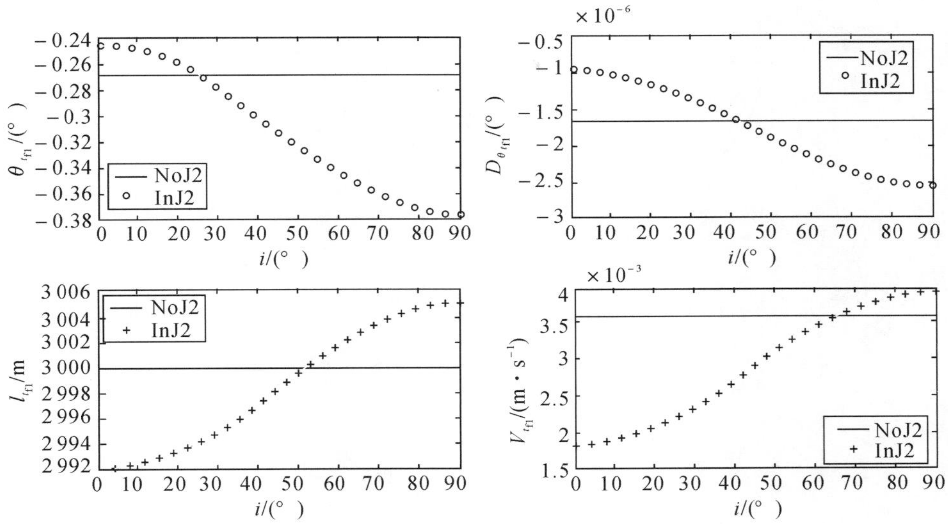

图 4.29　轨道倾角与第一阶段状态量的关系

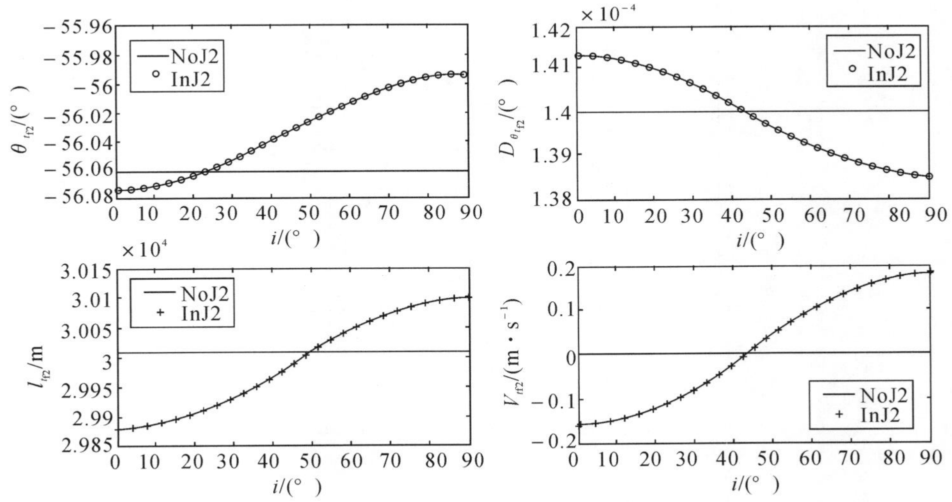

图 4.30　轨道倾角与第二阶段状态量的关系

4.4.2　圆轨道下再入条件的仿真分析

基站航天器位于圆轨道下，仿真参数选择：地球引力常数 $\mu=398\ 602\ \mathrm{km^3/s^2}$，地球平均半径 $R_e=6\ 371.02$ km，系绳线密度 $\rho=0.2$ kg/km，大气层名义边界值 $H_A=110$ km。

4.4.2.1　在不同基站轨道高度下绳长对再入条件的影响

在取绳长为 20 ～ 140 km，基站轨道高度为 250 km，300 km，350 km，400 km，450 km，500 km，最大偏离角为$-56°$的条件下分析轨道高度对再入条件的影响，仿真结果如图 4.32 和图 4.33 所示。

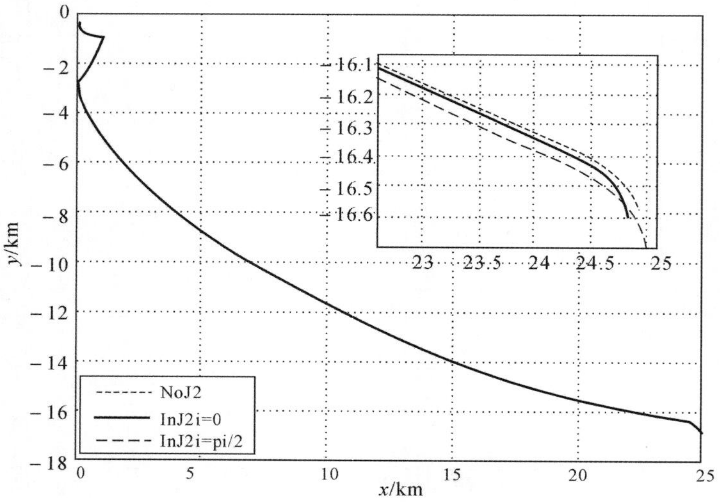

图 4.31　返回舱轨迹

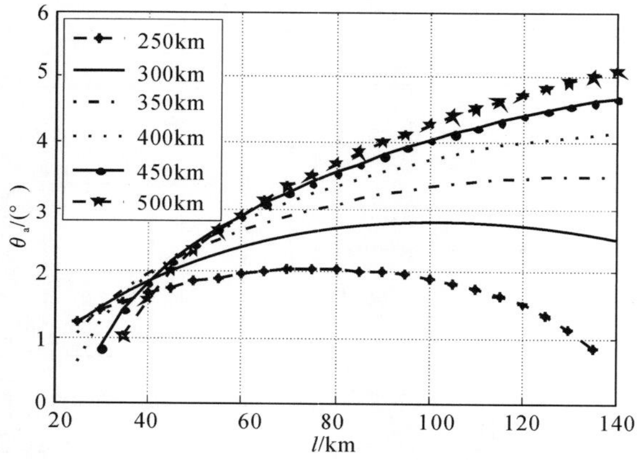

图 4.32　在不同基站轨道高度下绳长对再入角的影响

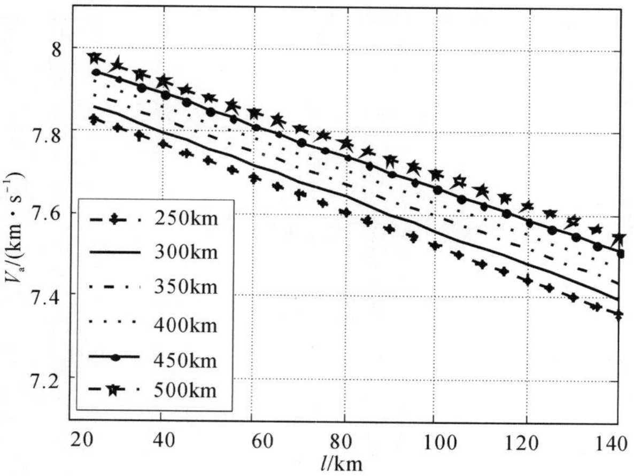

图 4.33　在不同基站轨道高度下绳长对再入速度的影响

由图 4.32 可以看出，在绳长为 35 km 左右的时候，出现了曲线相交的情况，此时各轨迹高度下的再入角大约为 1.8°，因此可以把这个交点视作不同轨道高度下满足再入条件的共同绳长点；当绳长小于共同绳长点时，轨道高度越高，随着绳长的逐渐减小，得到的再入角减小趋势越大并比轨道高度低的减小速度更快，例如轨道高度为 500 km 时，绳长为 32 km，再入角就趋近于零，当轨道高度为 250 km 时，绳长为 11 km，再入角趋近于零，此时返回舱无法进入大气层。在 250 km 和 350 km 的轨道范围内，随着绳长的增加，会出现绳长与再入角的极值点，绳长大于极值点之后，再入角减小，同样会趋近于零；当轨道高度大于 350 km 时，随着绳长的增加，再入角大小单调递增。

图 4.33 给出了在不同基站轨道高度下，绳长对再入速度的影响。从图中可以看出，在不同基站轨道高度下，绳长与再入速度成线性负相关，即随着绳长的增加，再入速度一致减小。因此，可以写出再入速度与轨道高度和绳长的线性关系式：$V_A = k_1 H + k_2 l + k_3$，利用单纯形法求最优解，得 $k_1 = 0.000\,7$，$k_2 = -0.004$，$k_3 = 7.754\,1$，则

$$V_A = 0.00\,7H - 0.004l + 7.754\,1 \tag{4.53}$$

4.4.2.2　在不同基站轨道高度下绳长对最大偏离角的影响

要考虑最大偏离角对再入条件的影响，必须先知道最大偏离角的取值范围。下文分别分析了在不同轨道高度和绳长的影响下，最大偏离角的变化情况，如图 4.34 所示。

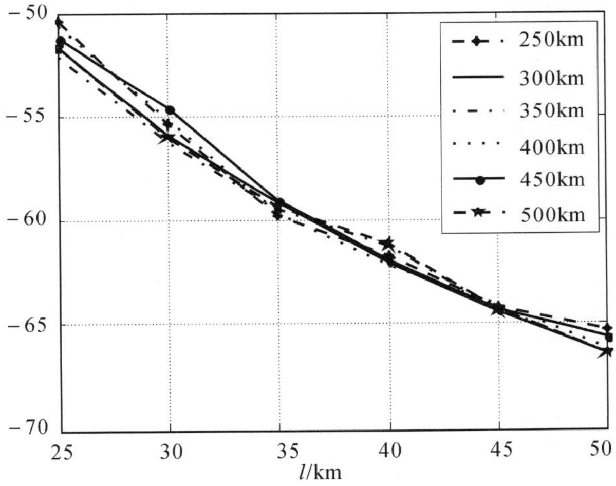

图 4.34　在不同基站轨道高度和绳长下最大偏离角的变化范围

图 4.34 所示为在不同基站轨道高度和绳长下最大偏离角的变化情况。从图 4.32 可以看出，在满足再入角为 1.3° ～ 1.8° 的范围内，绳长最大范围在 25 ～ 50 km 范围内，因此，图 4.34 是在满足再入角的条件下得到的仿真结果。从图中可以看出，随着系绳长度的增加，最大偏离角在 −50° ～ −66° 的范围内成近似二次非线性规律，且高度对最大偏离角的影响很小。因此，可以考虑最大偏离角只与绳长有关，通过最小二乘法拟合得到关系式：

$$\theta_k = 0.012\,7l^2 - 1.539\,4l - 20.718\,6 \tag{4.54}$$

拟合关系曲线如图 4.35 所示。

4.4.2.3　在不同绳长下最大偏离角对再入条件的影响

从图 4.34 可知，轨道高度对最大偏离角的影响很小，因此只考虑系绳长度对最大偏离角

的影响。当考虑最大偏离角对再入条件的影响时，只分析不同绳长下最大偏离角对再入条件的影响。

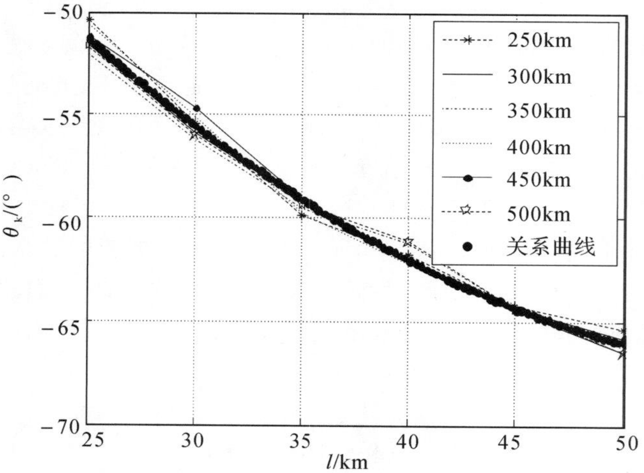

图 4.35　绳长与最大偏离角的关系曲线

根据图 4.34，取最大偏离角的范围为 $-53° \sim -65°$，根据图 4.32，取绳长范围为 28 ～ 38 km。

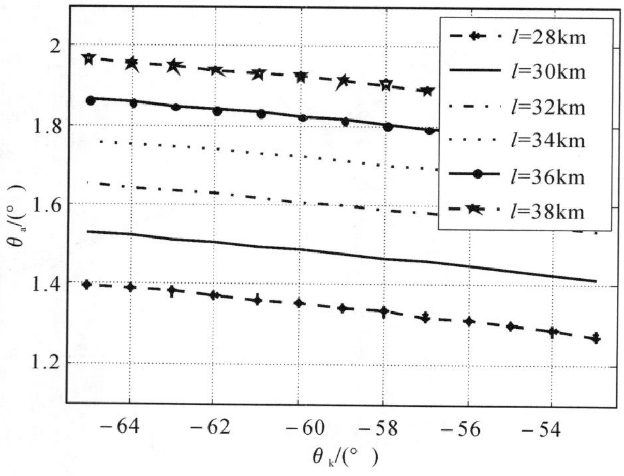

图 4.36　在不同绳长下最大偏离角对再入角的影响

图 4.36 和图 4.37 分别给出了在不同绳长下最大偏离角对再入角和再入速度的影响。从图中可以看出，在不同绳长条件下，再入角与最大偏离角绝对值成线性正相关，即随着偏离角绝对值的减小，再入角一致减小。因此，采用单纯形法确定最优参数，可以拟合出再入角与最大偏离角和绳长的线性关系表达式：

$$\theta_a = 0.058\,6l - 0.009\,8\theta_k - 0.872\,4 \tag{4.55}$$

同理，可以得到再入速度与最大偏离角和绳长的线性表达式：

$$V_a = -0.003\,9l + 0.000\,5\theta_k + 8.012\,9 \tag{4.56}$$

又由式(4.54)可知，可以直接得出再入角 θ_a 和再入速度 V_a 与绳长 l 的直接关系式：

$$\left.\begin{aligned}\theta_a &= -0.00012446l^2 + 0.0737l - 0.6694 \\ V_a &= 0.00000635l^2 - 0.0047l + 8.0235\end{aligned}\right\} \tag{4.57}$$

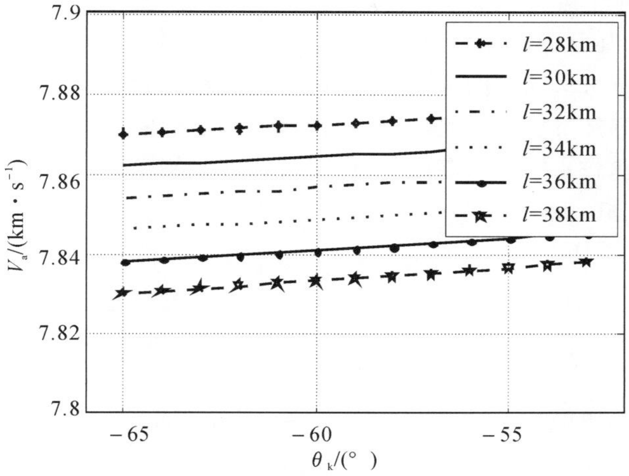

图 4.37　在不同绳长下最大偏离角对再入速度的影响

式(4.57)必须满足绳长范围在 28 ～ 38 km，如果超出这个范围，由图 4.31 可知，各轨道高度下的再入条件随绳长的变化相差很大，很难得到统一的关系表达式。这样，通过给定绳长，就可以知道再入条件，同样可以逆推，根据再入条件可以得到绳长的大概取值，因为在4.4.2.1 和 4.4.2.3 节中指出，轨道高度对再入条件的影响很小。

4.4.2.4　系绳质量对再入条件的影响

本节分析系绳质量对再入条件的影响。图 4.38 所示为轨道高度为 400 km 下系绳质量对再入角的关系图。

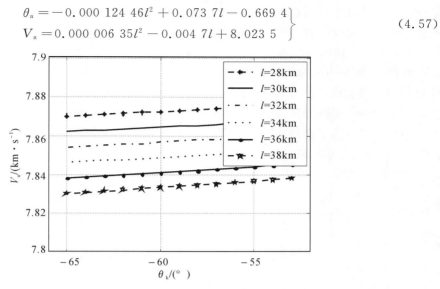

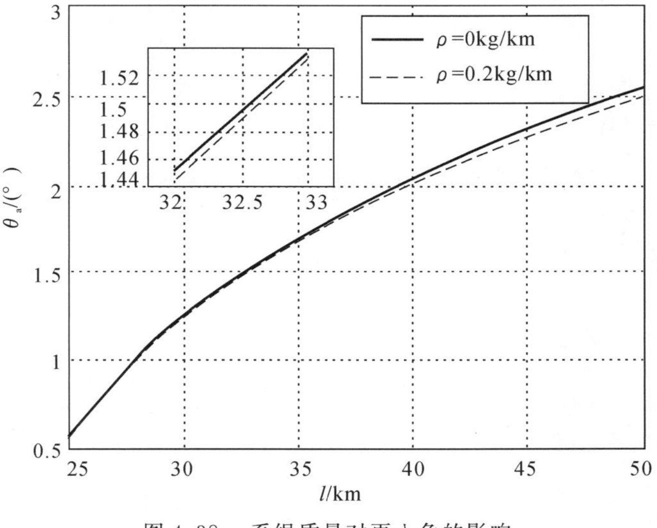

图 4.38　系绳质量对再入角的影响

由图 4.38 可以看出，在满足再入条件的情况下，系绳质量对再入角的影响很小，特别是绳长 45 km 以下几乎没有影响。因此，在以后的再入条件分析中甚至可以忽略系绳质量的影响，系绳系统的运动学方程也可以得到简化。

4.4.2.5　切断角对再入条件的影响

在以往的研究中，都是假设在当地垂线处切断系绳，这样获得最大的制动冲量。但是，由于存在测量误差或执行机构动作的延时性，会使得切断系绳时，切断角不一定为零，即切断系绳时返回舱并不是刚好经过当地垂线位置。因此，本节对切断角不为零时对再入角的影响进行了仿真分析。为了比较不同轨道高度下，切断角对再入条件的影响，取基站轨道高度分别为 300 km，400 km，500 km，此时满足再入角为 1.5° 时的绳长分别为 30 km，33 km，39 km，如图 4.39 至图 4.42 所示。

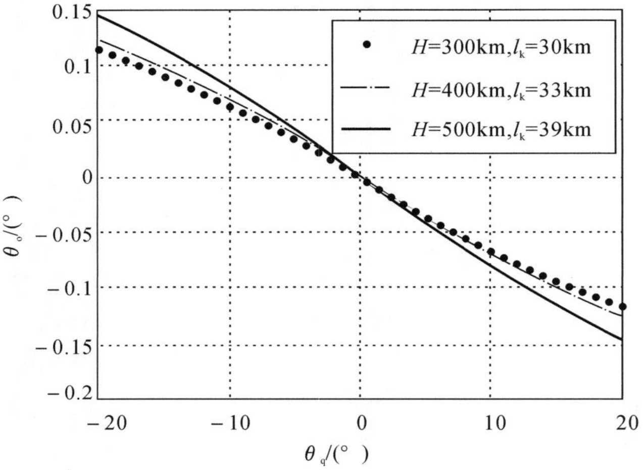

图 4.39　切断角 θ_q 对返回舱航迹仰角 θ_0 的影响

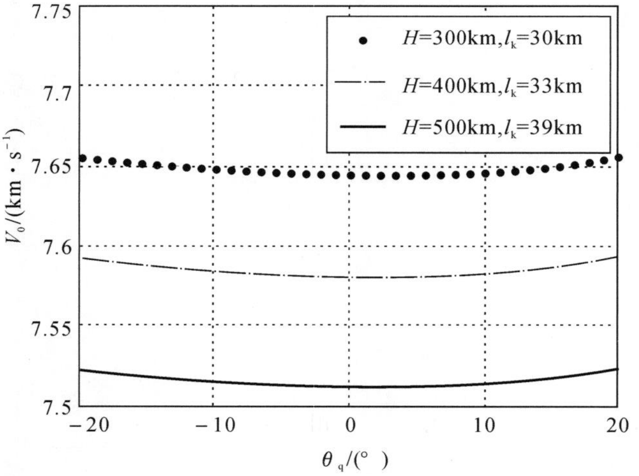

图 4.40　切断角 θ_q 对初始速度 V_0 的影响

当返回舱做回摆运动时，如果不是在当地垂线切断系绳，则制动冲量和轨道速度不在当地水平线上，此时制动角 $\Delta\alpha$、返回舱的航迹仰角 θ_0 不为零，产生了与在当地垂线位置处切断系绳时不同的初始条件。图 4.39 至图 4.42 反映了切断角在 $-20° \sim 20°$ 之间变化时，首先对初始速度与制动角 $\Delta\alpha$ 产生影响，产生一定的航迹仰角，进而对再入角和再入速度产生影响。从图 4.41 可以看出，切断角对高轨道下再入角的影响较大，如果取再入角不小于 1.4°，500 km 轨道切断角绝对值不能大于 10°，400 km 轨道切断角绝对值不能大于 12°，而 300 km 轨道切断角绝对值可以达到 16°。因此，在满足再入条件下，对于不同轨道高度，对切断角误差的控制范围不同。

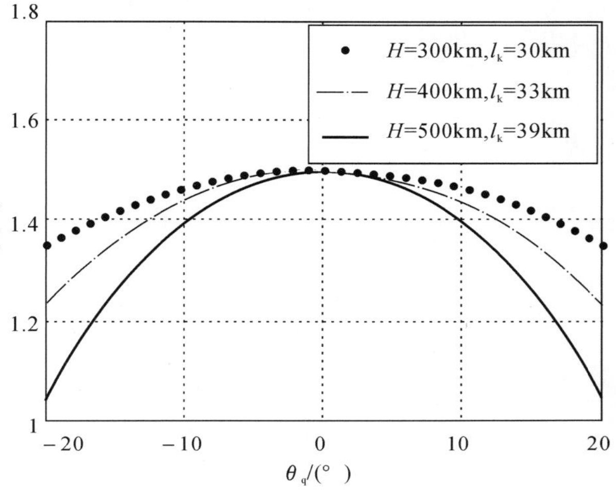

图 4.41　切断角 θ_q 对再入角 θ_a 的影响

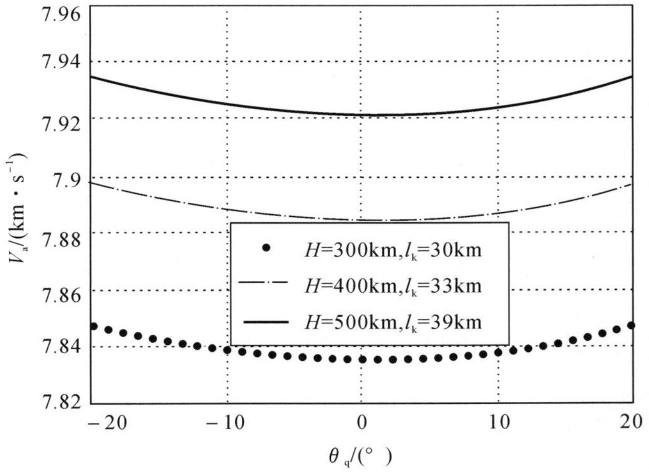

图 4.42　切断角 θ_q 对再入速度 V_a 的影响

4.4.2.6　满足合适再入条件下的绳长范围

式(4.57)给出了在满足再入条件下再入角和再入速度与绳长的近似关系表达式。这里，给出在满足再入条件下，系绳长度的仿真范围如图 4.43 所示。

从图 4.43 可以看出，在合适的再入角条件下，不同基站高度所需要的绳长有显著的差别，基站轨道高度越低，绳长的范围选择越宽，基站轨道高度越高，绳长的范围选择越窄。图 4.43 也验证了 YES2 实验选择 30 km 作为系绳释放长度的原因，在 YES2 实验中，轨道高度为

300 km,再入角为 1.5°,从图上可知,30 km 绳长最佳。

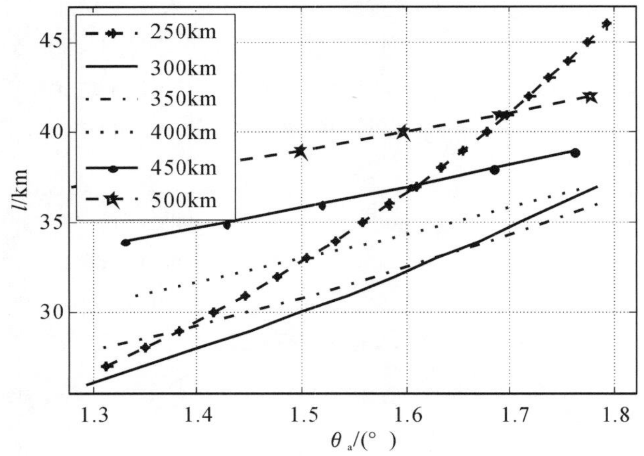

图 4.43　合适的再入角与绳长的关系图

4.4.2.7　数据验证

由图 4.43 可以看出,在满足再入条件的情况下,不同高度下对应的再入角与绳长的关系很难用特定的关系表达式表示,但在本章所考虑的基站轨道高度下,基站高度对再入角的影响很小。表 4-6 验证了式(4.57)在再入角为 1.5°时的绳长计算值与绳长仿真值的差值很小,最大差值不超过 1.6 km。因此,在一般的空间站高度范围(不超过 400 km)内,可以根据式(4.57)近似计算所需绳长。

表 4-6　再入角为 1.5°时计算值与仿真值的比较

轨道高度 /km	绳长仿真值 /km	再入角仿真值 /(°)	绳长计算值 /km
250	32.543	1.501	31.065
300	30.128	1.498	
350	30.835	1.501	
400	32.885	1.504	

4.4.3　椭圆轨道下再入条件的仿真分析

在基站航天器释放返回舱结束之后,基站到返回舱的矢径方向与当地垂线的夹角为最大偏离角。此后,绳长固定不变。返回舱在地球引力和系绳拉力的作用下向当地垂线回摆,此时根据第 2 章的系统方程式(2.79)第二式可得返回舱运动方程为

$$\ddot{\theta}=2\frac{e\dot{\alpha}\sin\alpha}{1+e\cos\alpha}-\frac{3\mu}{R^{3}}\sin\theta\cos\theta \tag{4.58}$$

4.4.3.1　偏心率对再入角的影响

轨道要素偏心率 e 和真近点角 α 是式(2.79)、式(4.58)中的变量项,椭圆轨道下,应考虑两者对再入条件的影响。图 4.44 分析了偏心率与再入角的关系。取轨道远地点高度为

360 km，偏心率分别取 0，0.000 5，0.001 056，0.03。

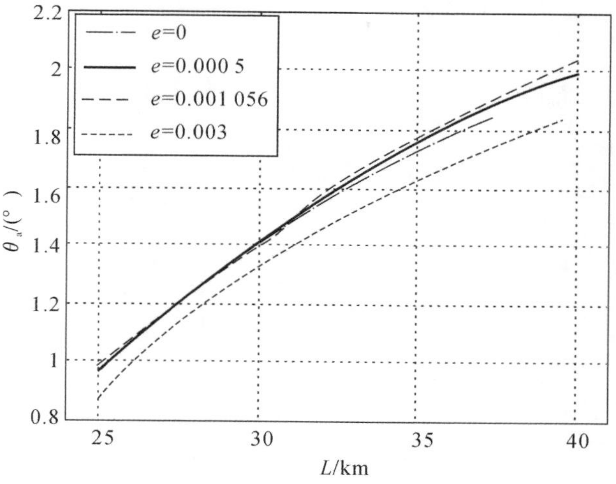

图 4.44　偏心率对再入角的影响

从图 4.44 可以看出，当远地点相同时，随着偏心率的增大，要达到 1.5° 再入角所需要的绳长越长。因此，在偏心率比较大的轨道上释放返回舱时，不能使用圆轨道进行理想化计算，绳长相同，偏心率越大，再入角与根据近似圆轨道计算得到的再入角相差越大。

4.4.3.2　真近点角对再入条件的影响

在圆轨道上，基站每时每刻的运动状态都一样，因此，当系绳长度一定时，返回舱的再入角不会因为在不同轨道位置释放而不同。椭圆轨道因为其偏心率的存在，导致在不同时刻释放返回舱的基站高度和运动角速度都不一样。图 4.45 分析了在给定仿真椭圆轨道上不同位置即不同真近点处释放返回舱对再入角的影响。

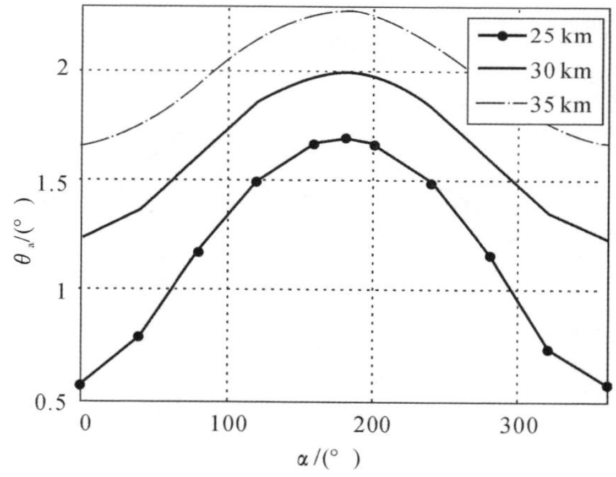

图 4.45　真近点角对再入角的影响偏心率为 0.001 056，远地点高度为 360 km

从图 4.45 可以看出，真近点角对再入角的影响很大。当真近点角为 0° 和 360° 时，再入角达到最小值，当真近点角为 180° 左右时，再入角达到最大值，再入角在真近点为 180° 轴两边成对称关系。通过对绳长为 30 km 得到的再入角曲线进行拟合，得到再入角与真近点角的关系

表达式为式(4.59)

$$\theta_a = 5.695 \times 10^{-10}\alpha^4 - 4.046 \times 10^{-1}\alpha^3 + 7.42 \times 10^{-5}\alpha^2 - 8.2 \times 10^{-14}\alpha + 1.4014 \tag{4.59}$$

此表达式确定了在给定椭圆轨道上，绳长为 30 km，任意真近点角处释放返回舱的再入角关系。

图 4.46 所示为绳长为 30 km 时真近点角在 360° 内得到的再入角曲线图与拟合关系曲线图。

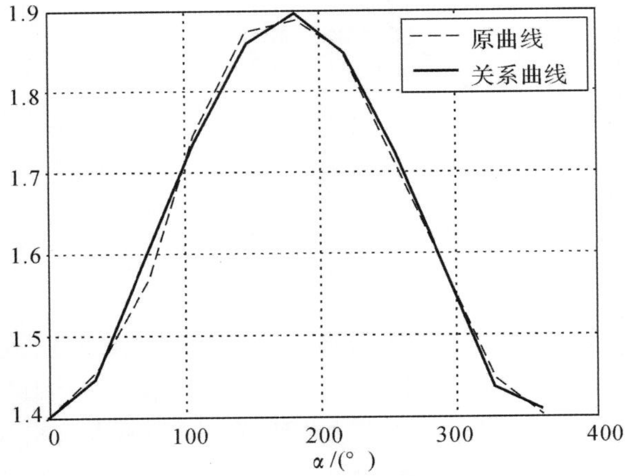

图 4.46 真近点角与再入角的拟合关系曲线

4.4.3.3 轨道高度对再入角的影响

下面考虑轨道高度对再入角的影响，取相同的偏心率 $e = 0.001\,056$，远地点高度分别为 360 km 和 400 km，真近点角从 0°～360°，绳长分别取 25 km，30 km，35 km。

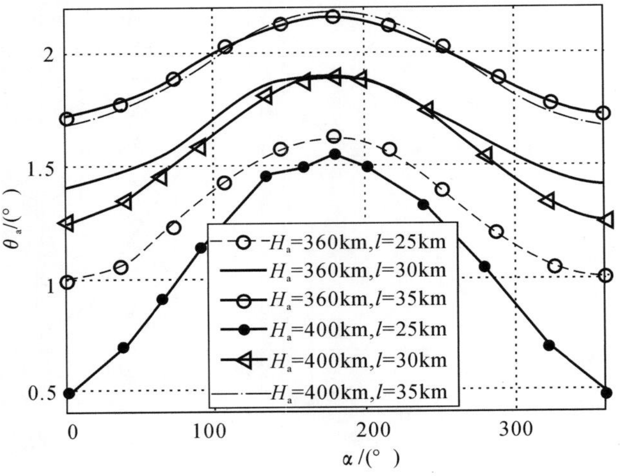

图 4.47 轨道高度对再入角的影响

从图 4.47 可以看出，随着真近点角的变化，轨道高度对再入角的影响相当复杂但又有规律可循。真近点角在 0°和 360°附近时，轨道高度对再入角的影响很大，随着真近点角向 180°

靠近，轨道高度对再入角的影响逐渐减小，甚至相同；但是从图 4.47 可以看出，当绳长为 30 km，35 km 时，曲线出现了交叉，此后在相同真近点角和绳长情况下轨道高度越高，再入角越小。

4.4.3.4　数据验证

表 4 - 7 给出了再入角为 1.501°的释放参数，再次证明了椭圆轨道上再入角关于 180°真近点角的对称性，通过对再入角进行计算，得到的误差分别为 0.002 1°，0.017 2°，证明了式(4.59)的准确性。

表 4 - 7　辅助返回参数表

绳长/km	真近点角/(°)	最大偏离角/(°)	再入角/(°)	再入角计算值/(°)	再入速度/$km \cdot s^{-1}$
30	50	−57.592 1	1.501	1.498 9	7.862
30	310	−57.369 5	1.501	1.483 8	7.862

第5章 空间系绳系统在轨发射的展开过程计算及仿真分析

随着航天技术的飞速发展，空间飞行任务逐渐多样化，飞行器的结构日趋复杂，技术水平不断提高，这种情况下，单次太空任务成本也越来越高，为了降低成本，同时保证空间飞行器能够稳定持久地在轨飞行，空间在轨服务技术应运而生。空间在轨服务（On – Orbit Servicing，OOS）就是指在太空中通过人、机器人两者协同来完成涉及延长卫星、平台、空间站附属舱和空间运载器寿命和能力的空间装配、维护和服务。

空间在轨服务技术是空间飞行器自主地完成自我优化、调试和升级的任务，与传统的空间任务相比具有以下优势：①飞行器在轨自主完成测控、调整及释放等工作，可以极大地节省人力、物力；②在轨服务技术减少了天地间的交互，使航天器不易受到干扰和攻击，可以增强航天器在轨运行的安全性，提高了复杂太空环境中的生存能力，以及战时对目标攻击的快速性；③自主在轨服务能够及时地处理突发事件，快速地清除系统的故障，从而可以有效地提高系统的运行效率。

空间在轨服务技术因为成本小、适用性强、军事利用价值高等特点，引起了研究人员极大的关注。20世纪90年代，美国开始了空间在轨自主服务技术的实验与研究，进入21世纪后逐年加大其研究力度，并且进行了多次空间在轨服务实验，其主要的太空实验有“轨道快车”计划和实验卫星系统等。它们都是利用小型自主航天器进行机动、侦察、维修等在轨服务行为的，这样可有效地降低运行风险和维护成本，同时也为航天器在未来三维战争环境运行提供重要的启示作用。空间在轨服务技术体系十分庞大，包含控制、机械、材料、生物等多种学科的相关技术。传统的空间在轨服务技术主要应用在飞行器的维修和使用、宇航员太空行走等等，经过多年的研究与实践，这些技术已日趋成熟，并且还在不断地完善与提高，用于完成更加复杂和重要的空间飞行任务，如航天器在轨发射。

在轨运行的飞行器平台通过一定的发射装置实现有效载荷与平台分离，并使其进入预定工作轨道的发射方式称为在轨发射。在轨发射通常先将平台与有效载荷发送到一定的轨道上，平台与有效载荷在同一轨道上同时绕地球运行，然后再根据发射任务的需求，选择在最佳的时机让有效载荷与平台分离，进而将有效载荷发送到预定轨道。随着航天技术的发展以及航天任务的复杂化和多目标化，在轨发射作为一种更经济、更灵活、更隐蔽的发射方式，将成为未来航天技术发射的重要手段。

空间系绳系统在轨发射以系绳系统为载体，先通过系绳展开将有效载荷与基站航天器安全分离，然后利用系绳的摆动作用，在合适的时间切断系绳，将有效载荷送到预定的轨道。这种发射方式可以实现无推进器或利用少量推进作用将小卫星发射到更高的轨道，与传统的发射相比，在轨发射具有成本低、风险小等优势，对实现一箭多星、空间站周围环境的探测、航天员太空行走等诸多问题，具有重要的推进作用。

5.1　在轨发射方式分析

在轨发射与在轨分离的最大区别在于在轨发射不仅要求小卫星能安全地与基站航天器分离，同时小卫星还必须拥有一定的初始动量，保证其能够运行到预定的轨道。采用不同的发射方式必然产生不同的效果，本节将介绍几种不同的在轨发射模式。

5.1.1　自推力发射

小卫星通过点燃自身的发动机，高温燃气产生推力，并切断剪切销，与基站航天器分离。其优点是结构简单，反应迅速；其缺点是振动较大，对基站航天器有较大的扰动，且产生的燃气污染基站航天器的设备。

5.1.2　弹射发射

直接将小卫星从基站航天器上弹射出来，如果基站航天器提供的弹射冲量足够大且冲量方向满足小卫星的入轨要求，就可以将小卫星发射到预定的轨道。按照弹射动力的不同，弹射发射可以分为火工弹射、压缩气体弹射、弹簧弹射和电磁弹射。

(1)火工弹射。小卫星分离机构中填充一定的火药，在分离机构收到发射信号后，点燃火药产生高温高压的燃气，燃气推动活塞运动，带动切断装置剪断连接销后，点燃连接分离机构中的装药，产生一定压力的燃气，高压燃气继续推动活塞运动将小卫星弹射出去。这种发射方式具有尺寸小，易于控制的优点。然而，高温燃气在发射小卫星的同时会产生很大的反向冲击力，会对主星产生很大的扰动，同时，发射过程会产生大量的废气、碎片等污染主星环境，降低系统的可靠性。

(2)压缩气体弹射。与火工弹射原理相似，压缩气体弹射通过压缩空气产生高压环境，利用高压气体弹射小卫星从主星分离。这种发射方式与火工弹射相比更清洁、更环保。不过，这种发射方式不易操作，实施成本高。

(3)弹簧弹射。以记忆合金作为发射机构的执行元件，记忆合金形变会产生回复力矩，推动活塞将小卫星弹射出去。

(4)电磁弹射。收到发射指令后，利用电磁感应，对小卫星进行加速，冲出主星。其主要包含开关、加速器和电源三部分。这种发射装置清洁环保，自动化程度高，可以重复使用。

5.1.3　旋转离心发射

利用基站航天器的自旋特性，在适当的时刻断开小卫星与基站航天器的连接，此时基站航天器的自旋离心力将小卫星分离出去。这种方式也给小卫星的在轨发射提供了方便。

如图 5.1(a)所示，搭载小卫星的基站航天器以 ω_0 的角速度进行自旋运动，若小卫星到系统质心的距离为 r_0，则在适当位置和时间断开小卫星和基站航天器的连接时，小卫星就具有初

始速度 $v_0=\omega_0 r_0$，这样只需要较小的分离冲量就可以将小卫星发射到预定轨道，称为旋转离心发射。

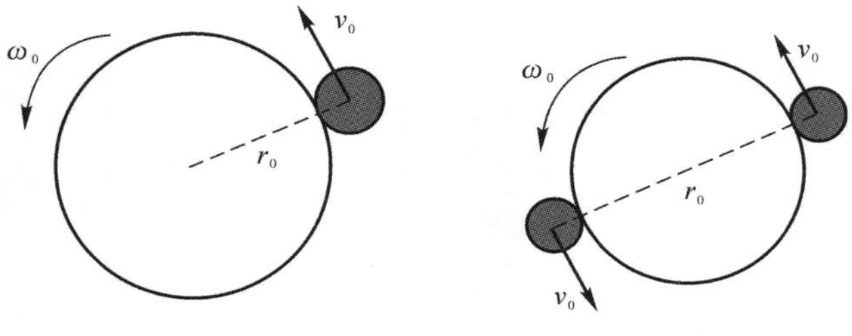

图 5.1 旋转离心发射方式

(a) 单个旋转离心发射；(b) 对称旋转离心发射

旋转离心发射充分利用了系统的自旋运动，结合其他发射方式，解决了弹射冲量不足的问题，有一定的可行性，但仍有下述不足之处：

(1) 旋转离心发射对基站航天器的运动影响较大，若小卫星的质量较大，将导致基站航天器质心发生偏移，改变基站的运行轨道，同时其自旋速度也会发生变化，使自旋运动不稳定。

(2) 为了将小卫星发射到预定的轨道，必须选择合适的释放时机，即对小卫星释放时的速度方向要求很高，因此自旋卫星在高速旋转时，释放的时间很难掌握。

针对第一个不足，可以设计一种对称旋转离心发射，如图 5.1(b) 所示，在小卫星与自旋中心对称的地方再加一个和小卫星质量、形状相当的重物，小卫星与重物同时对称分离，其中小卫星加速飞向更高的轨道，重物减速坠入大气销毁。这种分离方式结构对称，对系统自旋速度影响较小，同时离心力矩对称，对系统质心运动也影响较小。

5.1.4 机械臂发射

空间机械臂在机构展开、航天器仪表装配、卫星释放与回收、空间站的在轨维护与建造等方面起着重要的作用。例如，1990 年哈勃太空望远镜在轨发射时就采用了加拿大斯巴公司研制的机械臂。2005 年国际空间站就安装了德国宇航研究院设计的机械臂用于空间站的在轨服务与维修任务。空间机械臂拥有自动化程度高，定姿、定位精度好，分离动作平稳，对主星的扰动小等优势。但空间机械臂结构复杂，研制成本高，功能相对复杂，维护费用高。

5.1.5 系绳系统在轨发射

随着系绳系统技术的不断发展，空间系绳系统为在轨发射带来了全新的思路，利用空间系绳系统进行在轨发射也逐渐引起人们的关注。空间系绳系统在轨发射是以系绳系统为载体的，先通过系绳展开将有效载荷与基站航天器安全分离，然后利用系绳的摆动作用，使小卫星的姿态、轨道达到发射要求时，切断系绳将小卫星发送到预定的轨道。相比传统的发射方式，这种发射方式具有以下优势：

(1) 不需要发射动力。空间系绳系统在展开过程中充分运用了重力梯度力，使小卫星与基站分离，节省燃料，经济环保。

(2) 可控性好。系绳展开阶段运用较长的时间完成小卫星的分离与制动，单位时间内作用力小，具有很高的可控性。

(3) 发射机构简单。系绳系统展开结束后，剪断系绳就可以将小卫星发射出去，无须复杂的发射机构，同时切断系绳时对基站的扰动也小。

(4) 可实现多颗小卫星同时释放。系绳的不同阶段可以连接多颗小卫星，系绳展开过程中可以逐个释放小卫星，将其发射到不同的预定轨道。

然而，空间系绳系统展开、摆动和切断系绳过程中动力学复杂，稳定性和控制问题还没有得到成熟的解决，制约着该技术的应用。

综合上述优、缺点，采用空间系绳系统在轨发射必然是一个极有前景的选择。

5.2　空间系绳系统在轨发射的基本原理及方案

5.2.1　静态发射原理

静态发射指的是小卫星与主星分离时，主星与小卫星保持相对静止，整个系统稳定在地垂线方向。系绳系统向上展开结束后，由于重力梯度力的作用，系统最终会稳定在地垂线方向，此时系统以质心的轨道角速度 Ω 绕地球旋转，主星与小卫星所在轨道的角速度为 Ω_1，Ω_2，而

$$\left.\begin{aligned} \Omega &= \sqrt{\frac{\mu}{R^3}} \\ \Omega_1 &= \sqrt{\frac{\mu}{R_1^3}} \\ \Omega_2 &= \sqrt{\frac{\mu}{R_2^3}} \end{aligned}\right\} \tag{5.1}$$

由于 $R_1 < R < R_2$，则 $\Omega_1 > \Omega > \Omega_2$，因此系统在运行过程中小卫星实际角速度大于其轨道角速度，小卫星有上升的趋势；主星的实际角速度小于其轨道角速度，主星有下降的趋势，这也是系绳中拉力产生的原因。

系绳系统在切断系绳时，系统的动量守恒，通过系绳上的拉力主星将一部分动量传递给小卫星，利用该原理就可以将小卫星发射到更高的轨道，如图 5.2 所示。

5.2.2　动态发射原理

动态发射是发射过程中小卫星与主星有相对运动，其基本思想为通过系绳的来回摆动为代价来增加或减少切断系绳时小卫星的动能，进而有效地改变小卫星的轨道。

空间系绳系统动态发射小卫星分为三个阶段。第一阶段，系绳向上展开子星稳定在平衡状态。第二阶段，为了增加子星的有效加速度，系绳以相对于地垂线的某个偏离角快速展开。第三阶段，系绳展开停止，小卫星以基站航天器为中心做自由摆动运动，穿过地垂线时切断系绳，此时

获得最大(最小)的有效加速冲量,利用此冲量可将小卫星发射到最高(最低)的轨道。

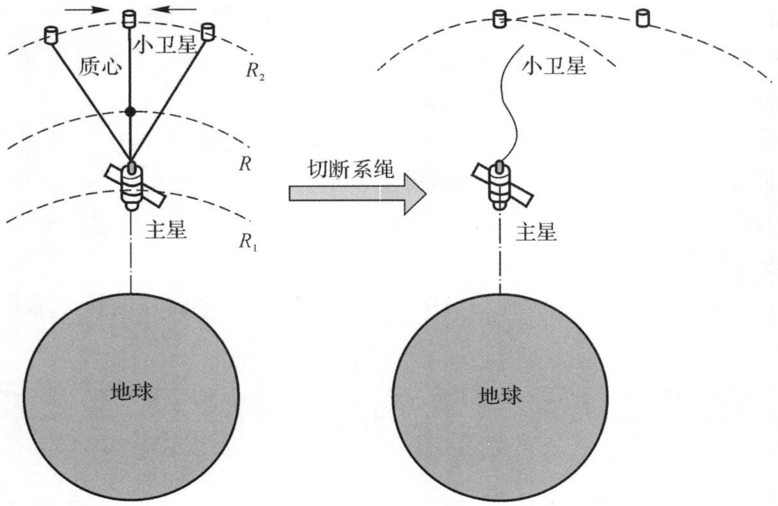

图 5.2　系绳系统在轨发射原理图

切断系绳后,忽略空气阻力等各种摄动,系统满足动量守恒和能量守恒。此时小卫星的有效加速冲量越大,小卫星的轨道高度越高,反之亦然。切断系绳时小卫星的速度 $\boldsymbol{V}_0$ 可分解为绕母星旋转的相对速度 $\boldsymbol{V}_r$ 及系统绕地球旋转的牵引速度 V_e,如图 5.3 所示,这样小卫星的加速冲量 $\Delta\boldsymbol{V}$ 为

$$\Delta\boldsymbol{V}=\boldsymbol{V}_0-\sqrt{\frac{\mu}{R+l_k}}=\boldsymbol{V}_e+\boldsymbol{V}_r-\sqrt{\frac{\mu}{R+l_k}} \tag{5.2}$$

式中,$\sqrt{\frac{\mu}{R+l_k}}$ 为小卫星的轨道速度;l_k 为系绳最终展开长度;μ 为地球引力常数。

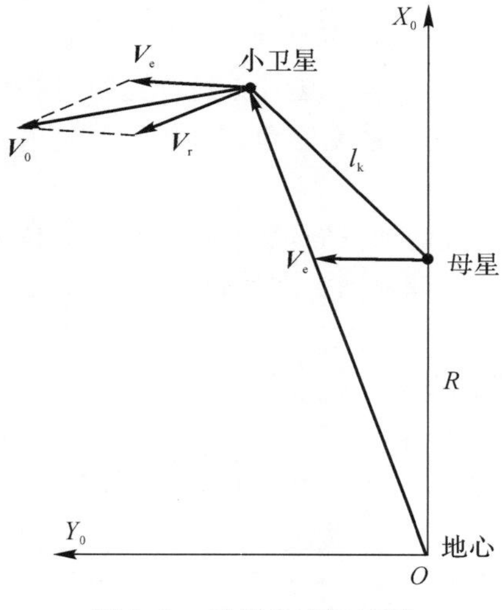

图 5.3　速度合成矢量图

由公式(5.2)可以看出，系绳在摆动过程中，l_k，V_e，$\sqrt{\dfrac{K}{R+l_k}}$ 均是定值，此时 V_r 最大时，ΔV 取最大值，反之亦然。小卫星首次摆到地垂线位置时，V_r 最大并与 V_e 方向一致，此时 ΔV 最大，小卫星轨道可以上升到最高，此时小卫星的轨道为椭圆。当小卫星回摆第二次通过地垂线位置时，V_r 最大，与 V_e 方向相反，此时 ΔV 最小，小卫星的远地点最低，近地点与远地点近似相等时，小卫星的轨道为圆形。

动态发射与静态发射相比，动态发射充分利用了系统摆动的能量，相同条件下，可以提供更大的加速冲量或制动能量，进而可以将小卫星发射到更高或者更低的轨道。因此，本节主要针对动态发射展开研究。

5.2.3　系绳系统的在轨发射方案

利用空间系绳系统发射小卫星时，操作步骤如下，发射过程如图 5.4 所示。

1）调整系绳系统的姿态，使小卫星被引导至地垂线方向。

2）利用弹簧组件以一定的初始速度弹出小卫星，这个步骤是为了使小卫星安全地脱离母星。

3）将小卫星缓慢展开 3 km 到平衡位置。

4）制动装置启动，释放停止，系统保持该状态几分钟。

5）解除制动作用，系绳快速展开到 30 km，系绳与地垂线的偏角为 60°。

6）系绳展开结束后，小卫星以母星为中心做自由摆动运动，当小卫星穿过地垂线时切断系绳，释放小卫星。其中，切断系绳时若小卫星的运动方向与母星运动方向相同，小卫星轨道可以上升到最高，此时小卫星的轨道为椭圆，可以将小卫星发射到椭圆轨道。切断系绳时若小卫星的运动方向与母星运动方向相反，小卫星的远地点最低，当近地点与远地点近似相等时，此时小卫星的轨道为圆形，可以将小卫星发射到圆轨道。

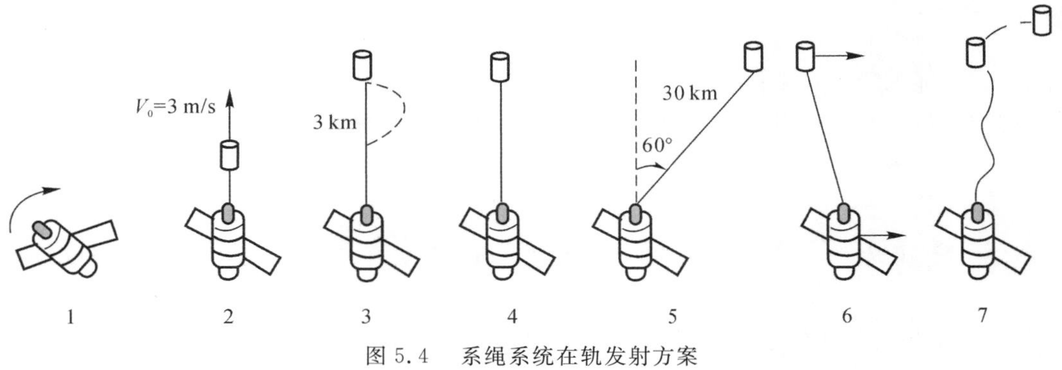

图 5.4　系绳系统在轨发射方案

5.3 空间系绳系统轨道参数影响因素的仿真分析

本节研究将小卫星发射到指定的更高轨道时，系绳最终展开长度与展开的偏离角关系，系绳长度、偏离角与小卫星轨道参数的关系，以及何时切断系绳、在展开过程中主星的轨道参数如何变化等问题。本节对系绳系统的运动学进行综合分析，计算展开过程中主星的轨道参数和发射后小卫星的最终轨道参数，并对影响这些参数的因素进行仿真分析。

5.3.1 小卫星轨道参数的计算

5.3.1.1 小卫星初始速度的计算

利用系绳发射小卫星，系绳展开结束后，小卫星绕着主星做类似单摆运动，此时沿系绳展开方向的速度为零，即 $\dot{l}=0$；本节假设系绳系统运行在圆轨道中，即 $e=0$，代入第 2 章中系统的动力学方程式(2.78) 可得

$$\frac{\mathrm{d}^2\theta}{\mathrm{d}^2 t}+\frac{3}{2}\Omega^2\sin(2\theta)=0 \tag{5.3}$$

式(5.3) 对 θ 积分得

$$\omega^2-\frac{3}{2}\Omega^2\cos(2\theta)=C \tag{5.4}$$

式中，C 为任意常数；ω 为系绳偏转角速度。

展开结束后系绳的偏离角为 θ_k，此时相对地垂线的角速度为 $\omega_k=0$，那么任意常数为 $C=-\frac{3}{2}\Omega^2\cos(2\theta_k)$，将 C 代入式(5.4) 中就可以确定单摆偏离角为 θ 时，小卫星的相对角速度为

$$\omega=\Omega\sqrt{\frac{3}{2}\left[\cos(2\theta)-\cos(2\theta_k)\right]} \tag{5.5}$$

小卫星的相对速度为

$$V_r=\Omega l_k\sqrt{\frac{3}{2}\left[\cos(2\theta)-\cos(2\theta_k)\right]} \tag{5.6}$$

式中，l_k 为系绳的展开长度；Ω 为系统绕地球的轨道角速度。

除过相对运动外，小卫星与主星一起相对于地心以角速度 Ω 转动。此时牵连速度可由下式确定：

$$V_e=\Omega R_2 \tag{5.7}$$

式中，$R_2=\sqrt{l_k^2+R_1^2+2l_kR_1\cos\theta}$ 为小卫星相对于地心的矢径模量；R_1 为主星相对于地心的矢径。

切断小卫星时的初始速度如图 5.5 所示，可由下式确定：

$$\boldsymbol{V}_0=\boldsymbol{V}_e+\boldsymbol{V}_r \tag{5.8}$$

将小卫星发射到椭圆轨道，速度 $\boldsymbol{V}_0$ 的模量和该速度相对于地平线的倾角 ϑ_0 可以根据下式确定：

$$V_0 = \sqrt{V_e^2 + V_r^2 + 2V_e V_r \cos(\theta - \Psi)} \tag{5.9}$$

$$\vartheta_0 = \arctan \frac{V_r \sin(\theta - \Psi)}{V_r \sin(\theta - \Psi) + V_e} \tag{5.10}$$

$$\Psi = \arcsin\left(\frac{l_k}{r}\sin\theta\right) \tag{5.11}$$

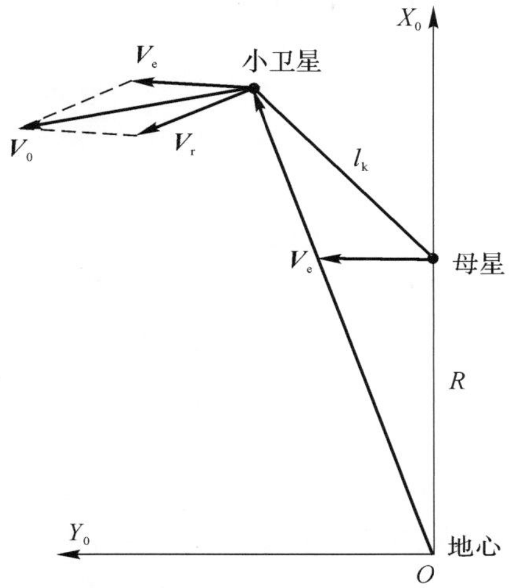

图 5.5　小卫星初始速度矢量图

对于近似圆轨道发射，初始速度$\boldsymbol{V}_0$的模量和该速度相对于地平线的倾角ϑ_0可以根据下式确定：

$$V_0 = \sqrt{V_e^2 + V_r^2 - 2V_e V_r \cos(\theta - \Psi)} \tag{5.12}$$

$$\vartheta_0 = \arctan \frac{-V_r \sin(\theta - \Psi)}{-V_r \sin(\theta - \Psi) + V_e} \tag{5.13}$$

5.3.1.2　近地点、远地点的计算

在确定系绳切断时刻小卫星运动的初始速度后不难得到小卫星的轨道参数，在极坐标系统中小卫星的轨道方程为

$$r = \frac{p}{1 + e\cos\upsilon} \tag{5.14}$$

式中，p 和 e 为轨道的参数和偏心率；υ 为真近点角，利用空间飞行动力学公式可得

$$p = \frac{c^2}{K} \tag{5.15}$$

$$e = \sqrt{1 + \frac{ph}{K}} \tag{5.16}$$

切断系绳后，小卫星满足能量守恒和角动量矩守恒：

$$h = V_0^2 - 2\frac{K}{r_0} = V_a^2 - 2\frac{K}{r_a} \tag{5.17}$$

$$c = r_0 V_0 \cos\vartheta_0 = r_a V_a \cos\vartheta_a \tag{5.18}$$

结合式(5.14) ～ 式(5.18)，由小卫星的轨道方程得小卫星近地点半径、远地点半径公式：

$$r_p = \frac{p}{1+e} \tag{5.19}$$

$$r_a = \frac{p}{1-e} \tag{5.20}$$

5.3.2 小卫星轨道参数影响因素的仿真分析

由上节计算可以看出，小卫星的轨道参数与系绳展开长度 l_k 和偏离角 θ_k 息息相关，同时在平衡位置切断系绳时切断角 θ 扰动也会对小卫星的轨道参数产生影响。下面分别针对将小卫星发射到椭圆轨道和近似圆轨道时进行仿真分析。

5.3.2.1 偏离角对小卫星轨道参数的影响

仿真参数：设子星质量 $m=20$ kg，轨道高度 $H=300$ km，地球平均半径 $R=6\ 371.02$ km，地球重力梯度参数 $K=398\ 600\ \text{km}^3/\text{s}^2$，展开长度 $l_k=30$ km。展开后的偏离角 θ_k 在 $0°\sim180°$ 变化时，小卫星近地点高度 r_p、远地点高度 r_a 及离心率变化趋势的仿真结果如图 5.6 至图 5.9 所示。

对于椭圆轨道，由仿真图 5.6 可以看出，轨道近地点高度不随偏离角的变化而改变，其近似等于小卫星在地垂线位置时的高度。远地点半径随偏离角的增加先增大后减小，当 $\theta_k=90°$ 时达到最大值，因此，在系绳展开程序的设计中，展开的终值点在满足展开长度的前提下，尽量地增大 θ_k 使其接近 90°，这样有利于将小卫星发射到更高的轨道。

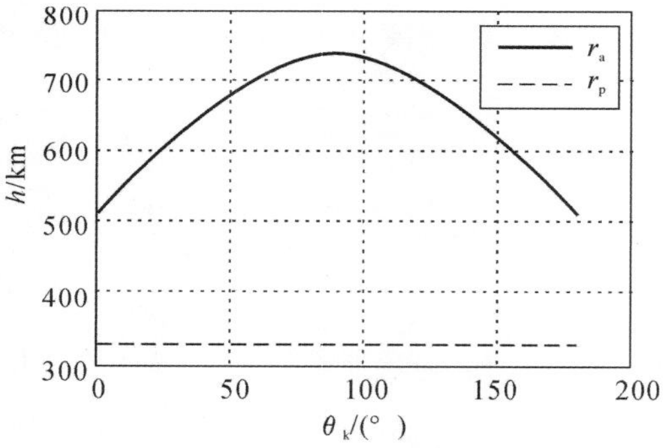

图 5.6 椭圆轨道偏离角对近地点、远地点的影响曲线

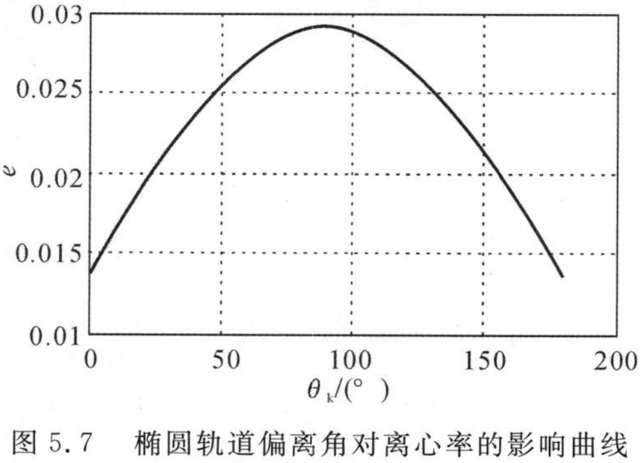

图 5.7 椭圆轨道偏离角对离心率的影响曲线

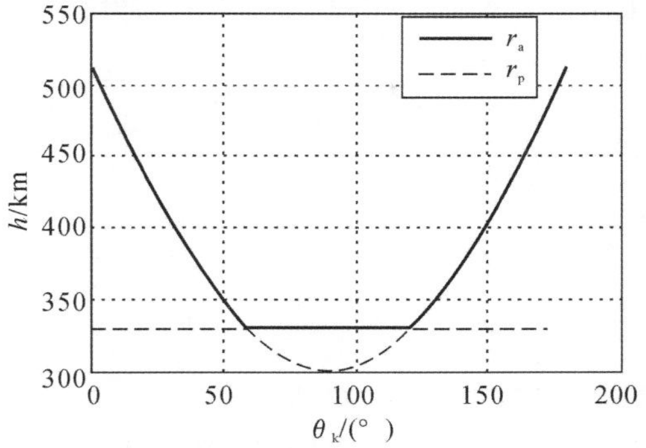

图 5.8　圆轨道偏离角对近地点、远地点的影响曲线

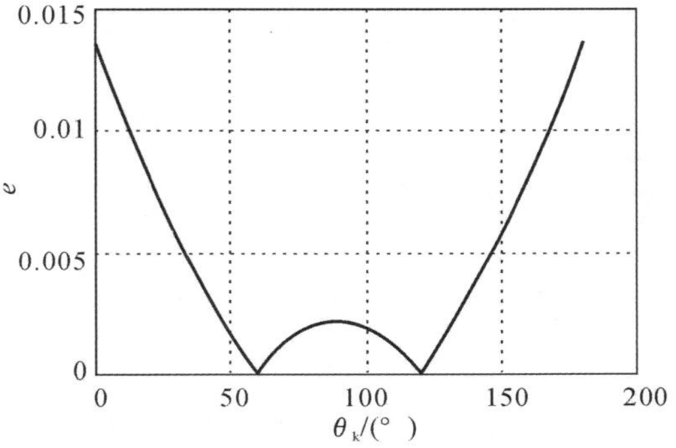

图 5.9　圆轨道偏离角对离心率的影响曲线

对于近似圆轨道，由仿真图 5.8 可得：随着偏离角 θ_k 的增加，轨道近地点高度开始不变，然后减小，最后再增大，当 $\theta_k=90°$ 时达到最小值。轨道远地点高度随着面内角 θ_k 的增加，先减小，再不变，最后又增加。当 $\theta_k=60°$ 时，$e=0$，$r_a=r_p=330$ km，此时，小卫星的轨道为圆形轨道，因此，在系绳展开程序的设计中，展开的终值点在满足展开长度的前提下，尽量使 θ_k 接近于 60°，这样小卫星的轨道就更加接近圆形轨道。

5.3.2.2　切断角的扰动对小卫星轨道参数的影响

仿真参数：设子星质量 $m=20$ kg，轨道高度 $H=300$ km，地球平均半径为 $R=6\ 371.02$ km，地球重力梯度参数为 $K=398\ 600\ \mathrm{km^3/s^2}$，展开长度 $l_k=30$ km，$\theta_k=60°$，切断角的扰动为 $\Delta\theta=-20°\sim20°$。小卫星近地点高度 r_p、远地点高度 r_a 及离心率变化趋势的仿真结果如图 5.10 至图 5.13 所示。

对于椭圆轨道，由仿真图 5.10 可以看出，当 $\Delta\theta=0°$ 时小卫星的相对速度 V_r 最大，使得小卫星的加速冲量也达到最大值，因此小卫星的远地点高度也应该达到最大值。由仿真图可以看出，恰好当 $\Delta\theta=0°$ 时切断系绳，小卫星的远地点半径最大，仿真结果与理论分析一致。

对于近似圆轨道，由仿真图 5.12 可以看出，恰好当 $\Delta\theta=0°$ 时切断系绳，小卫星的近地点与远地点恰好相等，偏心率 $e=0$，小卫星的轨道恰好为圆轨道。

5.3.2.3　系绳长度对小卫星轨道参数的影响

仿真参数：系绳的最大偏离角 $\theta_k=60°$，系绳的展开长度 $l_k=0\sim100$ km，当 $\theta=0°$ 时切断

系绳，其他参数同上，则小卫星轨道参数变化趋势仿真结果如图 5.14 至图 5.17 所示。

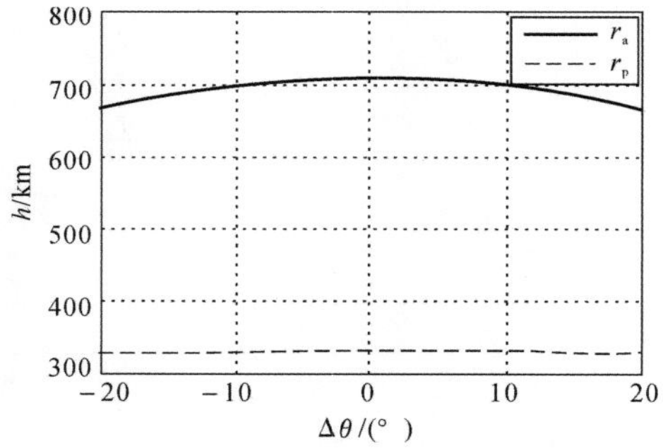

图 5.10　椭圆轨道切断角扰动对近地点、远地点的影响曲线

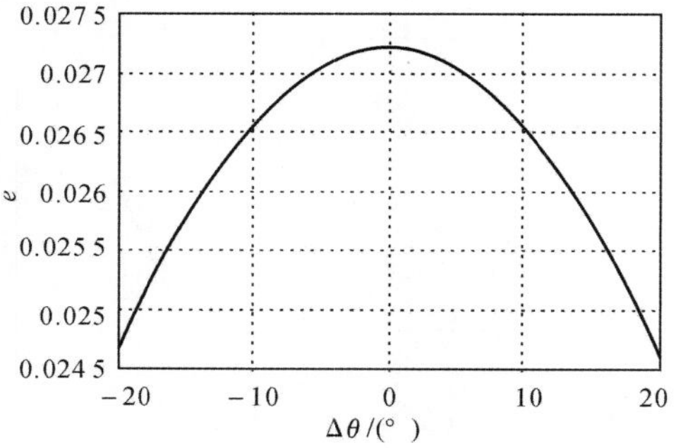

图 5.11　椭圆轨道切断角扰动对小卫星离心率的影响曲线

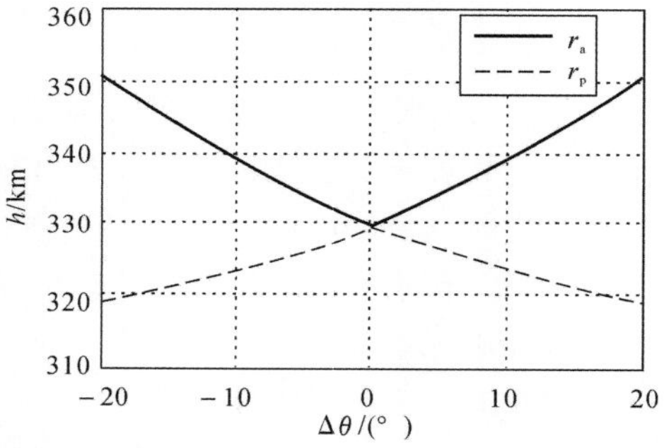

图 5.12　圆轨道切断角扰动对近地点、远地点的影响曲线

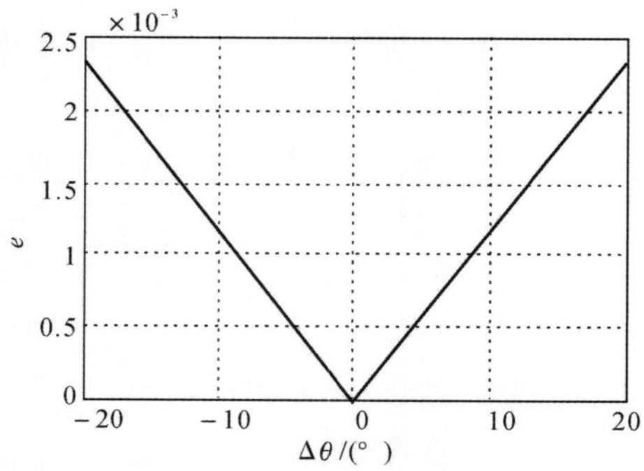

图 5.13　圆轨道切断角扰动对小卫星离心率的影响曲线

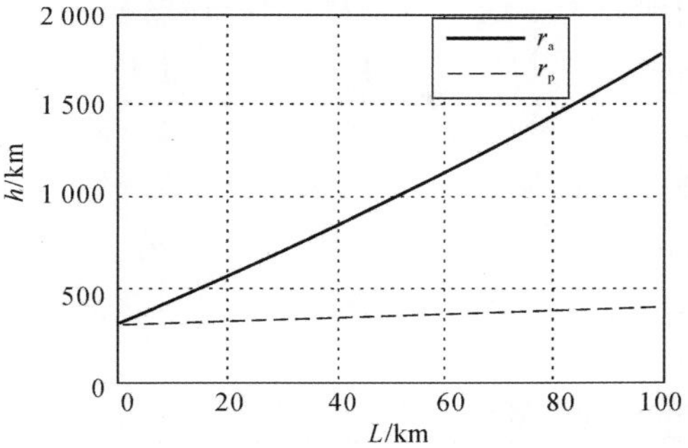

图 5.14　椭圆轨道系绳长度对远地点、近地点的影响曲线

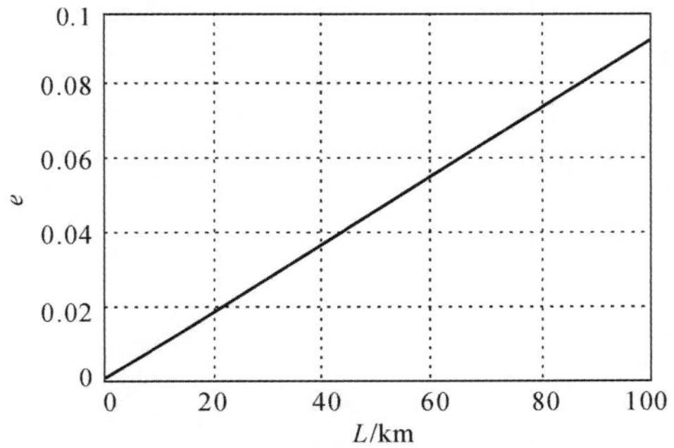

图 5.15　椭圆轨道系绳长度对离心率的影响曲线

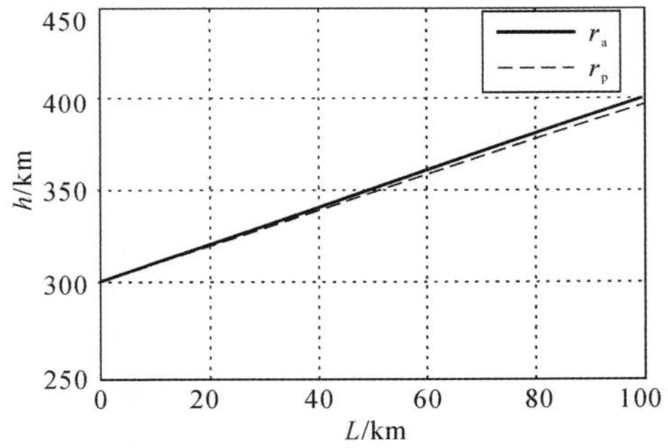

图 5.16　圆轨道系绳长度对远地点、近地点的影响曲线

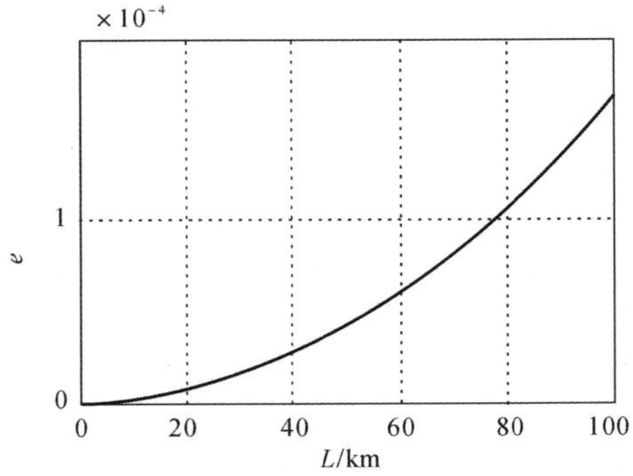

图 5.17　圆轨道系绳长度对离心率的影响曲线

对于椭圆轨道，系绳展开长度 l_k 越大，小卫星的矢径模量 r 越大，则小卫星的牵连速度 V_e 就越大，使得小卫星的有效加速冲量增大，轨道的远地点半径就越大。由仿真图 5.14 可以看出，系绳的长度与远地点高度近似呈正线性关系，远地点高度随 l_k 的增加而线性增大，近地点高度基本不受系绳长度的影响，显然，仿真结果与理论分析一致。

对于近似圆形轨道，由仿真图 5.17 可以看出，轨道的离心率基本不受系绳长度的影响，轨道半径与系绳的长度近似成正比，其原因与椭圆轨道一样，与仿真结果也一致。

5.3.3 主星轨道参数的计算

系绳系统在地心轨道坐标系中以轨道角速度做圆周运动，在系绳展开与发射过程中，在忽略其他外界摄动外，系统的能量守恒，因此，小卫星的展开与发射必然影响主星的运动状态。

在地心轨道坐标系中建立系统的动力学模型如图 5.18 所示。其中 $OXYZ$ 为地心轨道坐标系，OXY 平面为系统轨道运动平面，O 为引力中心（地心）。

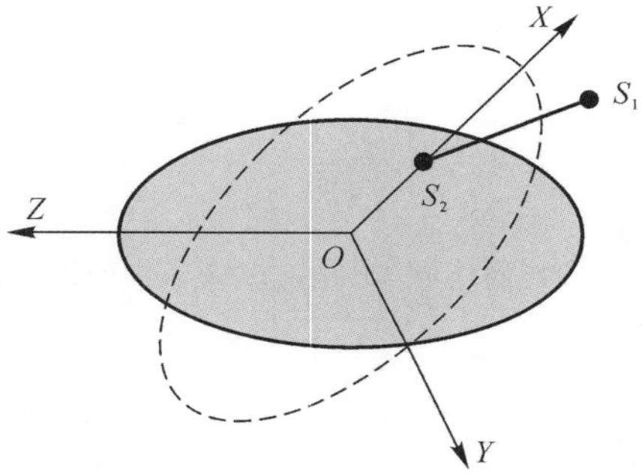

图 5.18 地心轨道坐标系下系绳系统示意图

不考虑其他外界摄动，建模时作如下假设：

1) 除地球中心引力外，暂不考虑其他外部干扰力，如大气阻力和系绳电动力等；

2) 只考虑系统在轨道平面内的运动，忽略子星及系绳在轨道面外的运动；

3) 子、母星都认为是质点，且母星质量远大于子星及系绳的质量，因此忽略系绳在展开过程中母星质量的变化；

4) 考虑系绳既无弯曲刚度亦无扭转刚度，且系绳质量均匀分布。

依据牛顿第二定律，对主星进行受力分析如图 5.19 所示。

$$G_2 + T_2 = m_2 \frac{\mathrm{d}V_2}{\mathrm{d}t} \tag{5.21}$$

式中，G_2 为主星所受的地心引力；T_2 为系绳张力。将引力与系绳张力沿 X,Y 轴分解得

$$G_{X_2} + T_{X_2} = m_2 \frac{\mathrm{d}V_{X_2}}{\mathrm{d}t} \tag{5.22}$$

$$G_{Y_2} + T_{Y_2} = m_2 \frac{\mathrm{d}V_{Y_2}}{\mathrm{d}t} \tag{5.23}$$

式中

$$\left.\begin{aligned} G_{X_2} &= -\frac{m_2 k}{R_2^2}\frac{x_2}{R_2} \\ G_{Y_2} &= -\frac{m_2 k}{R_2^2}\frac{y_2}{R_2} \end{aligned}\right\} \tag{5.24}$$

式中，R_2 为主星到地心的矢径；x_2，y_2 为 R_2 到 X，Y 轴的分量。

$$\left.\begin{aligned} T_{X_2} &= T\frac{x_1 - x_2}{|R_1 - R_2|} \\ T_{Y_2} &= T\frac{y_1 - y_2}{|R_1 - R_2|} \end{aligned}\right\} \tag{5.25}$$

式中，T 为系绳张力。

$$T = \begin{cases} c\dfrac{|\boldsymbol{R}_1 - \boldsymbol{R}_2| - l}{l} & |\boldsymbol{R}_1 - \boldsymbol{R}_2| - l \geqslant 0 \\ 0 & |\boldsymbol{R}_1 - \boldsymbol{R}_2| - l < 0 \end{cases} \tag{5.26}$$

式中，$c = ES$ 为系绳刚度；E 为杨氏模量；S 为系绳的截面积。

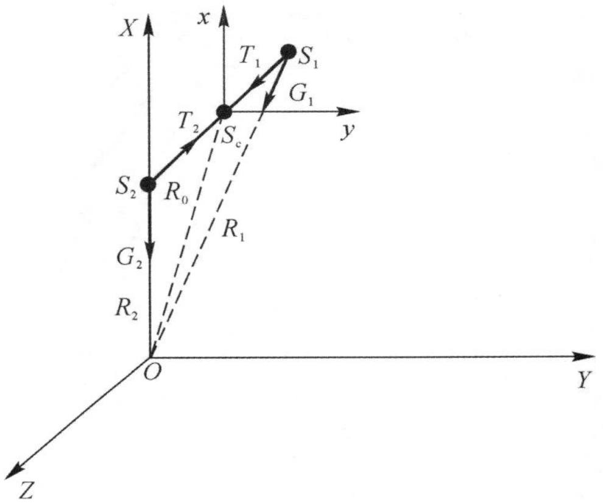

图 5.19　地心轨道坐标系中系统的受力分析

主星在惯性轨道坐标系中的坐标为

$$x_2 = \frac{m_1}{m_1 + m_2} l\cos\theta_0 + R_0 \tag{5.27}$$

$$y_2 = \frac{m_1}{m_1 + m_2} l\cos\theta_0 \tag{5.28}$$

式中，R_0 为系统质心的矢径；θ_0 为系统的定位角；l 为系绳的长度。则主星的轨道高度为

$$H_2 = \sqrt{x_2^2 + y_2^2} - R \tag{5.29}$$

式中，R 为地球半径。

主星在惯性轨道坐标系中的速度为

$$V_{X_2} = V_{X_c} + \frac{m_1}{m_1 + m_2} V_{X_0} \tag{5.30}$$

$$V_{Y_2} = V_{Y_c} + \frac{m_1}{m_1 + m_2} V_{Y_0} \tag{5.31}$$

式中

$$V_{X_c}=0,\ V_{Y_c}=\Omega \tag{5.32}$$

式中，Ω 为系统质心的轨道速度；V_{X_0}，V_{Y_0} 为系统分离时的初始相对速度。

5.3.4 主星轨道参数影响因素的仿真分析

不计其他外力摄动，系统的能量守恒，系绳在展开过程中能量从主星通过系绳传递到子星，子星获得足够的动能后切断系绳就可以发射到更高的轨道，因此，展开过程中小卫星的质量对主星的轨道高度影响较大，同时由上节计算可以看出，主星的轨道高度与速度跟小卫星的质量 m_1 息息相关，下面在地心轨道坐标系中对不同小卫星质量的系绳系统进行仿真分析。

仿真参数：设主星质量 $m_2=6\ 000$ kg，轨道高度 $H_2=300$ km，地球平均半径 $R=6\ 371.02$ km，地球重力梯度参数 $K=398\ 600\ \mathrm{km^3/s^2}$，展开长度 $l_k=30$ km，系绳直径 $D=0.000\ 6$ m，杨氏模量 $E=2.5\times10^{10}$。采用展开张力控制律对系统进行展开控制，小卫星质量分别为 $m_1=20$ kg，50 kg，100 kg，200 kg时，主星速度和轨道高度的变化曲线如图 5.20 所示。

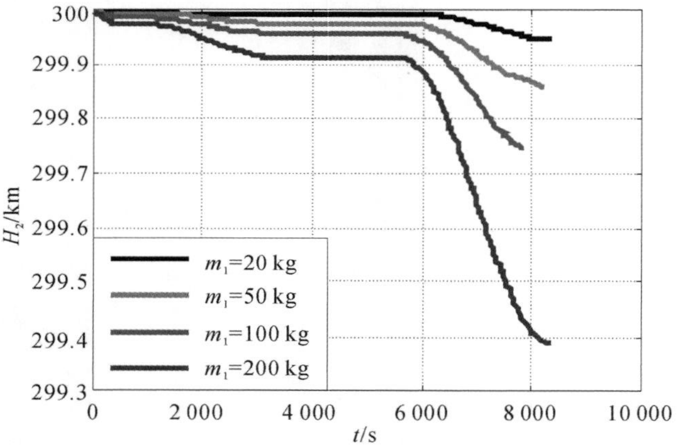

图 5.20 展开过程中主星轨道高度的变化曲线

从轨道高度的变化曲线可以看到，主星轨道高度随着系绳的展开呈下降趋势，同时在展开的第二阶段 6 000 s 以后系绳进入快速展开阶段，主星的轨道高度也快速降低；随着小卫星质量的增加，主星轨道高度下降得越快，最终的轨道高度越低。从图 5.20 可以看出，小卫星质量 $m_1=200$ kg 时，系绳展开结束后，主星的轨道高度下降了 607.6 m，主星轨道高度下降较大。因此，在用系绳系统发射小卫星时，若小卫星质量较大，就不能忽略主星轨道的变化，另一方面，可以利用发射小卫星对主星轨道高度进行调整。

从图 5.21 中主星速度的变化曲线可以看到，在展开第一阶段 0 ～ 6 000 s，小卫星质量 $m_1=20$ kg 时，主星的速度基本保持不变，随着小卫星质量的增加，主星速度先略微减小，再保持不变。在展开的第二阶段 6 000 s 以后系绳进入快速展开阶段，主星速度先增加，再减小，随着小卫星质量的增加，主星速度增加越快速，增加的幅值越大。分析上述原因，当系绳展开较慢时，小卫星向主星运行前方摆动作用明显，由于动量守恒，主星的速度略微下降，小卫星质量越大，下降越明显；进入快速展开阶段后，主星轨道高度快速降低，相应的轨道速度迅速增大，其作用大于小卫星向前摆动造成的主星速度减小的作用，故总体上主星速度在迅速增大，进入制动阶段后，小卫星轨道高于主星轨道，轨道速度小于主星的轨道速度，在系绳制动力拉力的作用下，主星轨道速度降低。

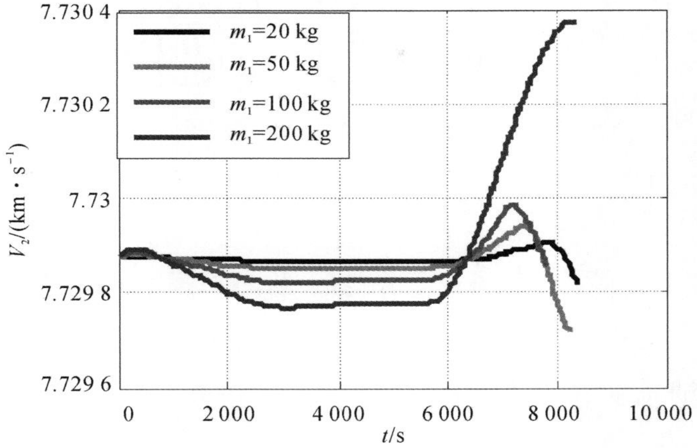

图 5.21　展开过程中主星速度的变化曲线

第 6 章　空间系绳系统平衡状态基本理论与建模

6.1　空间系绳系统平衡状态的建模

本节在建模时将系绳作为有质量的柔性连续体处理，不抗弯也不抗压缩，考虑系绳受到重力和大气阻力等外力。

6.1.1　分布参数系绳系统运动的连续模型

偏微分方程组是公认的描述空间系绳系统运动最全面的数学模型之一。本节在研究过程中将系绳作为可伸展的柔性细长体。对系绳微元段利用牛顿第二定律进行分析，则可得到以下方程：

$$\rho(S)\Delta l\frac{\partial^2 \boldsymbol{r}}{\partial t^2}=\boldsymbol{T}(S+\Delta l,t)-\boldsymbol{T}(S,t)+\boldsymbol{q}\Delta l \tag{6.1}$$

式中，S 为柔性系绳自然曲线坐标；$\boldsymbol{T}(S+\Delta l,t)-\boldsymbol{T}(S,t)$ 表示系绳张力增量；$\boldsymbol{r}$ 表示系绳微元段向径；t 为时间；$\boldsymbol{q}$ 为作用在系绳微元段上的单位长度合力（即分布载荷）。作用于系绳微元段上的单位长度合力如图 6.1 所示。

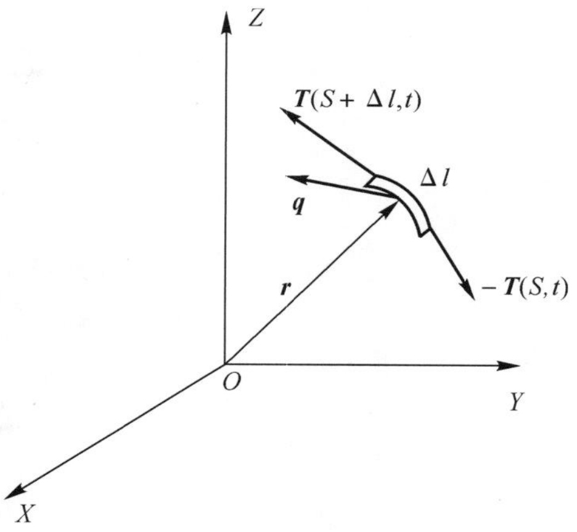

图 6.1　系绳微元段受力情况

将上述方程两边同时除以 Δl，并取 $\Delta l\rightarrow 0$ 时的极限，即可得到柔性系绳的运动方程：

$$\rho(S)\frac{\partial^2 \boldsymbol{r}}{\partial t^2}=\frac{\partial \boldsymbol{T}}{\partial S}+\boldsymbol{q} \tag{6.2}$$

考虑到柔性系绳不受横向载荷影响，即张力沿系绳切向方向，故有

$$\boldsymbol{T}=T\boldsymbol{\tau},\quad \boldsymbol{\tau}=\frac{1}{\gamma}\frac{\partial \boldsymbol{r}}{\partial S} \tag{6.3}$$

式中，$\boldsymbol{\tau}$ 表示单位切向向量；$\gamma=|\partial \boldsymbol{r}/\partial S|$。

由于在研究系统平衡位置时需要考虑系绳的伸展性，所以系绳的张力用下式表示：

$$T(\gamma)=EA(\gamma-1) \tag{6.4}$$

式中，E 表示弹性模量；A 表示系绳横截面积；$\gamma-1$ 表示系绳的相对长径比。

对运动方程式(6.2)进行积分后可以采用一般数值方法求解，例如采用有限差分方法、分离变量法等。将求解偏微分方程式(6.2)转化为求解常微分方程。

在这种情况下，求解时首先利用有限差分方法，根据变量 S 和导数 $\partial \boldsymbol{T}/\partial S$ 对方程式(6.2)进行近似离散化，之后数值求解常微分方程组，计算出将系绳进行离散划分的节点的时间位移。而对于时间积分则可以采用显式数值方法或者采用隐式数值方法。这时在用以计算的关系式中会出现一个非常复杂的问题，为了得到这个问题的等同解则需要精确地选择所采用的数值方法的参数。

因此，在描述系绳运动时一般采用简化的运动模型。这样在利用不可伸展系绳模型时，当 $E\rightarrow\infty$ 时，得到相对长径比 $\gamma-1\rightarrow 0$，并且在根据公式(6.4)计算张力时会出现不定式$\{\infty, 0\}$。当偏微分方程是直接与张力有关的方程时，这个不定式可以通过将系绳运动方程转化为另外一种形式来求极限。

在这种情况下系绳所起的作用是将子星与母星固定到机械系统上的连接作用。连接的反作用力利用普通的理论力学方法，如借助达朗伯原理或引入拉格朗日因子，就可以求得。对于可伸展的系绳来说，可以将用弹性杆连接在一起的一组质点看作离散模型。根据相邻质点间的距离很容易确定系绳的张力值。对于不可伸展的系绳，其模型是用铰链连接的杆链。在这种情况下铰链间的距离是不变的，而张力可以根据达朗伯原理得到。

对于系绳运动方程式(6.2)，存在两个描述系绳纵向和横向振荡的特征时间尺度。定义横向振荡的波动速度

$$V_{\mathrm{T}}=\sqrt{T/\rho\gamma} \tag{6.5}$$

以及纵向振荡波动速度

$$V_{\mathrm{E}}=\sqrt{EA/\rho} \tag{6.6}$$

在模拟系绳系统运动时考虑的合力 $\boldsymbol{q}$ 有很多种。通常对于空间系绳系统，$\boldsymbol{q}$ 可分为外力和内力。从不包含机械系统的角度看，作用在空间系绳系统上的重力、气动力、电磁力等属于外力。在所研究的机械力学系统内部作用的弹力、耗散力等属于内力。同时，外力又可以分为质量力和表面力。通常情况下，重力和惯性力与系绳线密度成正比，而表面力则是由于未包含在系统内的物体直接接触相互作用而产生的(如气动力)。在模拟空间系绳系统时对于运动坐标系首先要考虑的是重力和惯性力。在解决像带有大气探测器的空间系绳系统运动或者电动力系绳系统运动动力学问题时，则需要考虑相应的气动力或电磁力。其余的力通常归为扰动力，并根据需要评估它们的影响。

6.1.2 系绳平衡状态建模

为了方便对系绳系统平衡状态进行研究，在建模之前首先作如下假设：

1）系绳系统的基站航天器始终沿给定圆轨道运动；

2）系绳为柔性系绳；

3）系绳横截面为圆形；

4）只有重力和气动力作用于系绳系统；

5）基站航天器运动仅限于轨道面内运动；

6）子星为均匀球形，且子星半径与释放的系绳长度相比可忽略。

为了研究整个系统的平衡位置，建模时选取与地心固连的地心轨道运动坐标系。在上一节对系绳系统在轨动力学研究的基础之上，可以得到柔性系绳的平衡条件：

$$\frac{\mathrm{d}\boldsymbol{T}}{\mathrm{d}S}+\boldsymbol{q}=\boldsymbol{0} \tag{6.7}$$

式中，$\boldsymbol{T}$ 为系绳张力矢量；S 为柔性系绳自然曲线坐标；$\boldsymbol{q}$ 为作用在系绳微元段上的单位长度合力（分布载荷）。

该平衡方程既适用于不可伸展系绳，也适用于可伸展系绳，为了使研究结果更具有广泛性，本节研究可伸展系绳。

在系绳系统沿圆轨道运动过程中假设基站航天器的质量远远大于从航天器中垂下来的系绳系统部分，那么整个系绳系统的质心与航天器的质心一致。忽略运动过程中基站航天器的轨道变化。系绳与当地垂线偏差角如图 6.2 所示，可得

$$\frac{\mathrm{d}x}{\mathrm{d}S}=-\cos\theta \tag{6.8}$$

$$\frac{\mathrm{d}y}{\mathrm{d}S}=-\sin\theta \tag{6.9}$$

式中，x 和 y 分别为系绳微元段的坐标；θ 为系绳切线方向与 X 轴的夹角；φ 为系绳微元段某点上的地垂线与 Y 轴的夹角。

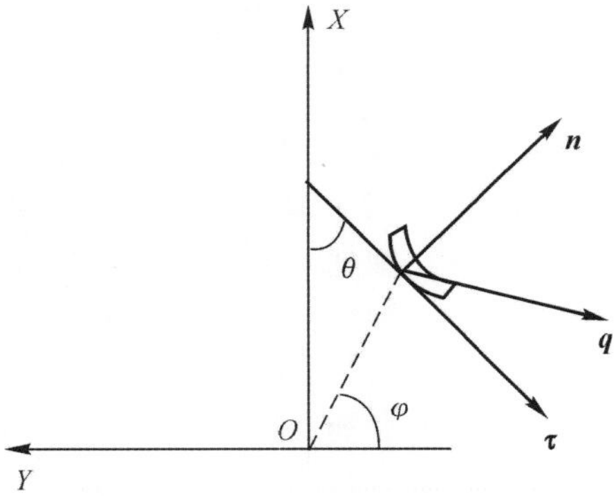

图 6.2　系绳与当地垂线偏差角

考虑到分布载荷 $\boldsymbol{q}$ 分为质量力（如重力和惯性力）和表面力（如气动力）。

其中,质量力是指某种力场作用在全部流体质点上的力,其大小和流体的质量或体积成正比,故称为质量力或体积力。对于系绳系统而言,取决于系绳微元段质量的力属于质量力,比如重力和惯性力。

在运动的流体中,分离体的表面上必然存在分离体以外的其他物体对分离体内的流体的作用力,这个力就称为表面力。表面力是微元段与系绳所处环境接触产生的作用力,如与大气相互作用时产生的气动力。对于系绳系统而言,这些力取决于系绳微元段的形状及其表面的状态等。

引入系绳材料的线性密度

$$\mu = \lim_{\Delta l \to 0} \frac{\Delta m_t}{\Delta l} \tag{6.10}$$

式中,Δl 为具有质量 Δm_t 的系绳微元段长度。

则重力为

$$\boldsymbol{q}_g = \frac{\mu}{\gamma(T)} g \tag{6.11}$$

式中,g 为重力加速度;μ 为系绳材料的线密度;$\gamma(T)$ 为系绳半径随释放长度增加的变化情况。

对于系绳为弹性伸展的情况有

$$\gamma(T) = 1 + \frac{T}{EA} \tag{6.12}$$

式中,T 为系绳张力;E 为弹性模量;A 为系绳横截面面积。

图 6.2 中 $\boldsymbol{\tau}$ 为系绳微元段切线方向,$\boldsymbol{n}$ 为系绳微元段法线方向,$\boldsymbol{q}$ 为作用在微元段上的分布载荷,O 为地心。

惯性力为

$$\boldsymbol{q}_\Phi = -\frac{\mu}{\gamma(T)} \boldsymbol{a}_e \tag{6.13}$$

式中,$\boldsymbol{a}_e = \Omega^2 r$ 为加速度矢量;Ω 为系绳沿圆轨道运动的角速度;$r = \sqrt{x^2 + y^2}$ 为系绳微元段与地心的距离。

气动力为

$$\boldsymbol{q}_R = -\frac{1}{2} C \rho_a d_T V \boldsymbol{V} \mid \sin\alpha \mid \tag{6.14}$$

式中,$\boldsymbol{V}$ 为系绳微元段相对于大气的速度;C 为气动阻力系数;ρ_a 为大气密度;α 为系绳微元段的迎角;d_T 为系绳直径。

将方程式(6.7)投影到任意一个直角坐标系中,得到方程组:

$$\left.\begin{aligned} \frac{\mathrm{d}}{\mathrm{d}S}\left(T \frac{\mathrm{d}x}{\mathrm{d}S}\right) + q_x = 0 \\ \frac{\mathrm{d}}{\mathrm{d}S}\left(T \frac{\mathrm{d}y}{\mathrm{d}S}\right) + q_y = 0 \\ \frac{\mathrm{d}}{\mathrm{d}S}\left(T \frac{\mathrm{d}z}{\mathrm{d}S}\right) + q_z = 0 \end{aligned}\right\} \tag{6.15}$$

式中,$\frac{\mathrm{d}x}{\mathrm{d}S}, \frac{\mathrm{d}y}{\mathrm{d}S}, \frac{\mathrm{d}z}{\mathrm{d}S}$ 为系绳切线的方向余弦。

对于方向余弦有

$$\left(\frac{\mathrm{d}x}{\mathrm{d}S}\right)^2+\left(\frac{\mathrm{d}y}{\mathrm{d}S}\right)^2+\left(\frac{\mathrm{d}z}{\mathrm{d}S}\right)^2=1 \tag{6.16}$$

对于平面运动情况，方程组式(6.15)只用考虑前两个，将方程转化为与变量 T,θ 有关，得到气动力为

$$\frac{\mathrm{d}T}{\mathrm{d}S}=\frac{\mu}{\gamma(T)}(\Omega^2 r-g)\sin(\varphi-\theta)-q_{R_\tau} \tag{6.17}$$

$$T\frac{\mathrm{d}\theta}{\mathrm{d}S}=\frac{\mu}{\gamma(T)}(\Omega^2 r-g)\cos(\varphi-\theta)-q_{R_n} \tag{6.18}$$

式中

$$q_{R_n}=\frac{1}{2}Cd_{\mathrm{T}}\rho_{\mathrm{a}}V^2\,|\sin\alpha|\cos\alpha \tag{6.19}$$

$$q_{R_\tau}=-\frac{1}{2}Cd_{\mathrm{T}}\rho_{\mathrm{a}}V^2\sin^2\alpha \tag{6.20}$$

$$\sin\varphi=x/r \tag{6.21}$$

$$\cos\varphi=-y/r \tag{6.22}$$

综上所述，方程式(6.8)～式(6.18)为系绳的平衡方程。

6.1.3 子星平衡状态建模

为了确定系绳系统的平衡状态，需要对系绳平衡方程组进行求解，而求解系绳平衡方程需要确定积分的边界条件。子星的平衡状态影响系绳平衡方程的边界条件，因此当子星的相关条件发生变化时，积分的边界条件也会发生相应的变化。

子星受力情况如图6.3所示，图中 KA 为基站航天器即母星，O 为地心。

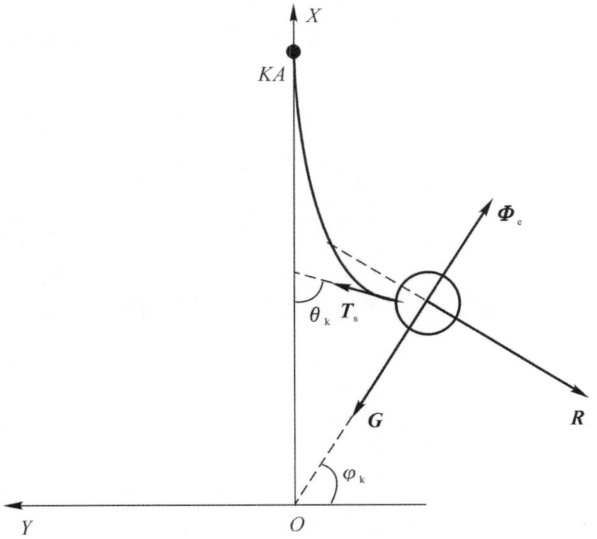

图6.3 子星受力情况

根据之前假设，本节将子星作为质点进行研究，因此可以得到子星的平衡条件如下：

$$\boldsymbol{T}_S+\boldsymbol{G}+\boldsymbol{R}+\boldsymbol{\Phi}_e=\boldsymbol{0} \tag{6.23}$$

式中，$\boldsymbol{T}_S$ 为系绳张力；$\boldsymbol{G}$ 为子星所受重力；$\boldsymbol{R}$ 为子星所受气动力；$\boldsymbol{\Phi}_e$ 为子星所受离心力。

由于仅考虑系统的平面运动，根据子星的平衡条件可得

$$-(G-\Phi_e)\sin\varphi_k-R\cos\varphi_k+T_S\cos\theta_k=0 \tag{6.24}$$

$$(G-\Phi_e)\cos\varphi_k-R\sin\varphi_k+T_S\sin\theta_k=0 \tag{6.25}$$

式中

$$G=\frac{mK}{r_k^2} \tag{6.26}$$

$$\Phi_e=m\Omega^2 r_k \tag{6.27}$$

$$R=C_S\frac{\rho_a(r_k)V^2}{2}S_m \tag{6.28}$$

式中，r_k 为子星质心位置向径；m 为子星质量；K 为地球引力常数；Ω 为基站航天器沿圆轨道运动的角速度；C_S 为子星正面阻力系数；S_m 为子星横截面积；V 为子星相对大气的线速度。

方程式(6.24) 和式(6.25) 即为子星的平衡方程。

根据子星平衡方程能够计算得出 T_S 和 θ_k，两个值可在解算系绳平衡方程式(6.8)、式(6.9)、式(6.17)、式(6.18) 积分时使用。而对于系绳平衡方程式(6.8)、式(6.9)、式(6.17)、式(6.18) 有两个自由参数 r_k，φ_k。改变两参数的数值可求得系绳平衡方程的边值问题。

由于基站航天器只限于圆轨道运动，边界条件在积分后取以下形式：

$$X_0(r_k,\varphi_k)-R_3-H_0=0 \tag{6.29}$$

$$Y_0(r_k,\varphi_k)=0 \tag{6.30}$$

式中，X_0 和 Y_0 为航天器质心的给定坐标；R_3 为地球的平均半径。

根据假设，大气密度仅取决于高度，因此，边界条件可以转化为

$$\sqrt{X_0(r_k)^2+Y_0(r_k)^2}-R_3-H_0=0 \tag{6.31}$$

此时选取子星的矢径 r_k 以使基站航天器处于给定高度 H_0，并且边界问题可以在地心轨道直角坐标系中求解。

6.2　空间系绳系统平衡位置计算与分析

在建立了空间系绳系统平衡方程之后，求解系统的平衡方程即可得到在给定条件下的平衡状态，并能够得到系绳张力与自然坐标的关系。为了研究相关参数对系绳系统平衡状态的影响，本节研究在系绳长度一定时，针对不同的子星质量情况以及当子星质量一定时，针对不同系绳长度，系绳系统的平衡状态。

在仿真过程中，仿真相关参数选取如下：

地球引力常数 $K=3.986\times10^5\ \text{km}^3/\text{s}^2$；

地球平均半径 $R_3=6\ 371.02\ \text{km}$；

基站航天器圆轨道高度 $H_0=300\ \text{km}$；

系绳半径 $r_0=3\times10^{-4}\ \text{m}$；

系绳材料线性密度 $\mu=0.1667\ \mathrm{kg/km}$；

弹性模量 $E=2.5\times10^{10}\ \mathrm{N/m^2}$；

气动阻力系数 $C=2.2$；

子星正面阻力系数 $C_S=2$。

6.2.1 系绳长度一定时系绳系统平衡状态仿真分析

6.2.1.1 系绳长度 $l=50$ km 时平衡状态仿真分析

系绳长度 $l=50$ km 时，仿真结果如图 6.4 至图 6.6 所示。由图 6.4 可以看出，随着系绳末端子星质量递减，当系绳系统达到平衡状态时，子星与基站航天器的水平距离逐渐增大。出现该结果的主要原因是，在系绳长度与子星体积一定的情况下，子星质量较小时，大气阻力摄动相较于子星质量较大时对子星影响变大，因而与基站航天器的水平距离也变大。

在图 6.5 所示的系绳张力与自然坐标关系曲线中，子星质量为 $m=15$ kg，$m=10$ kg 时，系绳张力由系绳与子星连接点向上至基站航天器处逐渐增大，在系绳与基站航天器连接处系绳张力达到最大值，但随着子星质量减少，系绳与子星固定点处的张力逐渐减少，并且沿系绳向上系绳的张力变化趋势为逐渐增大。当子星质量 $m=4.585$ kg 时，系绳与基站航天器连接处的张力为零，当 $m<4.585$ kg 时，如图中所示 $m=3$ kg 时，系绳张力出现负值，在实际系统中即出现系绳松弛的现象，主要原因是当子星质量较小时，子星受到的重力梯度力较小，大气阻力摄动对子星的影响就愈发明显，因此子星保持系绳紧绷的能力降低。由于系绳出现松弛时无法通过系绳张力对系统进行控制，因此这种现象是应该避免的，而子星质量 $m=4.585$ kg 即为系绳长度 $l=50$ km 情况下系绳出现松弛的子星极限质量。

由图 6.6 所示系绳偏差角与自然坐标的关系能够更明显地看出，系绳与地垂线夹角在不同绳长位置处不同，并且逐渐增大，最大夹角出现在与基站航天器连接处，随着子星质量的减少，系绳夹角相较于质量较大时变大，当子星质量小于极限值时，系绳夹角值出现振荡，即出现了系绳松弛。

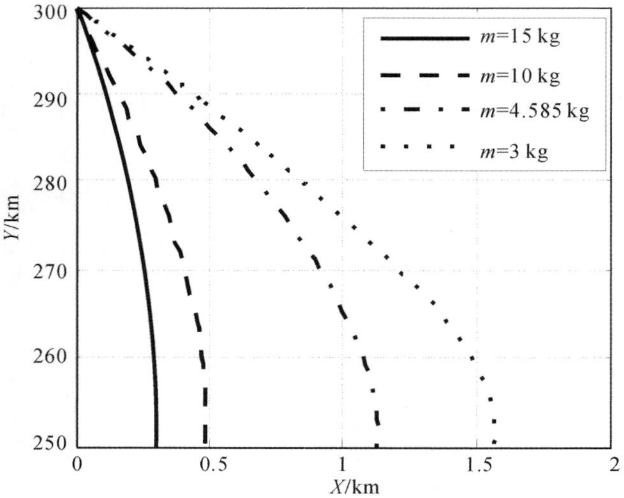

图 6.4 系绳长度 $l=50$ km 且子星质量不同时系统平衡位置

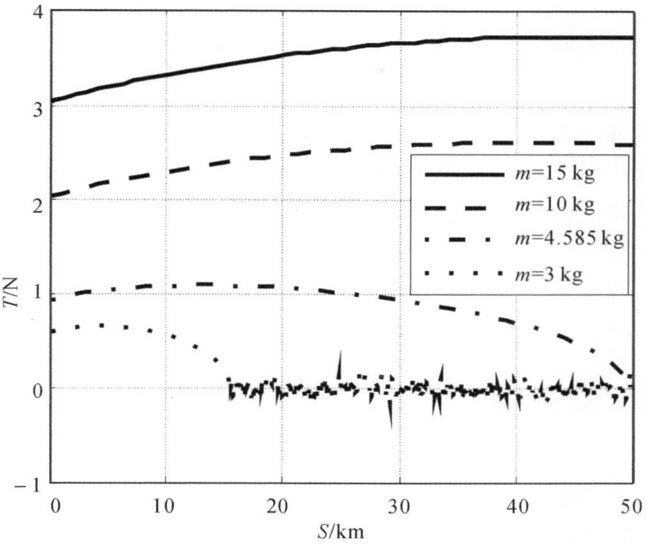

图 6.5　系绳长度 $l=50$ km 且子星质量不同时系绳张力与自然坐标关系曲线

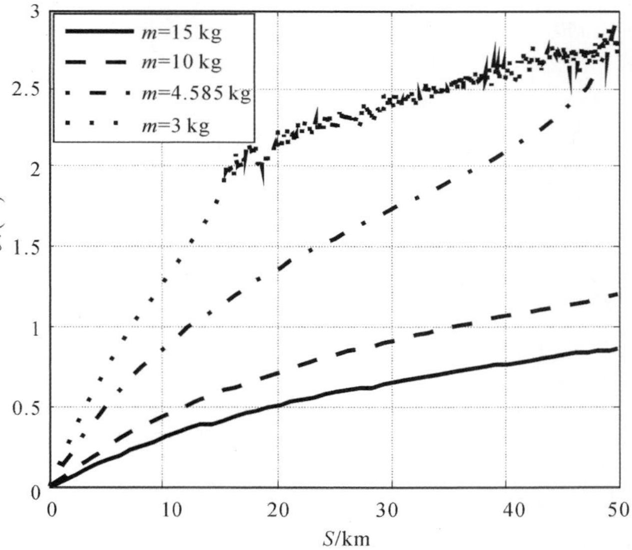

图 6.6　系绳长度 $l=50$ km 且子星质量不同时系绳偏差角与自然坐标关系曲线

6.2.1.2　系绳长度 $l=100$ km 时平衡状态仿真分析

系绳长度 $l=100$ km 时，仿真结果如图 6.7 至图 6.9 所示。

由图 6.7 可以看出，当系绳末端子星质量减少，空间系绳系统达到平衡状态时，子星与基站航天器的水平距离逐渐增大，这是由于系绳长度与子星体积一定时，若子星质量较小，大气阻力摄动相较于子星质量较大时对子星影响变大，因而与基站航天器的水平距离也变大。

在图 6.8 所示的系绳张力与自然坐标关系曲线中，对于子星质量 $m=20$ kg，$m=13$ kg 的情况，系绳张力由系绳与子星连接点向上至基站航天器处逐渐增大，在系绳与基站航天器连接处系绳张力达到最大值，但当子星质量减少时，系绳与子星固定点处的张力逐渐减少，并且沿系绳向上，系绳的张力变化趋势为逐渐减小。当子星质量 $m=5.895$ kg 时，系绳与基站航天器连接处的张力为零，当 $m<5.895$ kg 时，如图中所示 $m=3$ kg 时，系绳张力出现负值，即出现系绳松弛的现象。与系绳长度 $l=50$ km 时原因类似，子星质量较小时，子星受到的重力梯度力较小，大气阻力摄动对子星的影响就愈发明显，因此子星保持系绳紧绷的能力降低。另外，子星质量 $m=5.895$ kg 即为系绳长度 $l=100$ km 情况下系绳张力等于零时子星的极限质量。相较于系绳长度 $l=50$ km 的情况，子星极限质量增大，主要原因是系绳长度增长，因此欲使系绳保持紧绷所需的重力梯度力也相应增大，即需要的子星的重力梯度力也相应增大，因此，系绳长度增长时，对应的系绳张力为零时的子星极限质量增大。

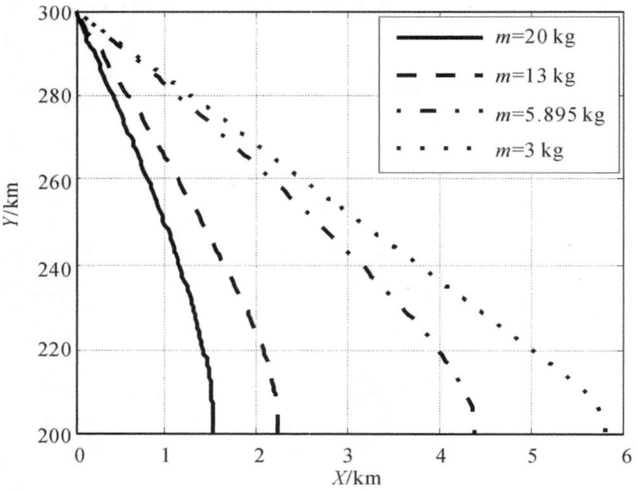

图 6.7　系绳长度 $l=100$ km 且子星质量不同时系统平衡位置

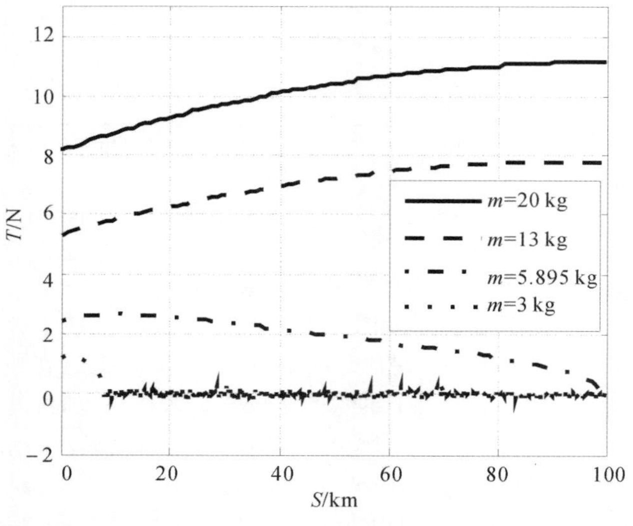

图 6.8　系绳长度 $l=100$ km 且子星质量不同时系绳张力与自然坐标关系曲线

由图 6.9 所示系绳偏差角与自然坐标的关系能够更明显地看出当子星质量为 $m=20$ kg，$m=13$ kg 时系绳与地垂线夹角逐渐增大，最大夹角出现在系绳与基站航天器连接处，随着子星质量的减少系绳夹角相较于质量较大时变大，当子星质量小于极限值时，系绳夹角出现振荡，即出现了系绳松弛。

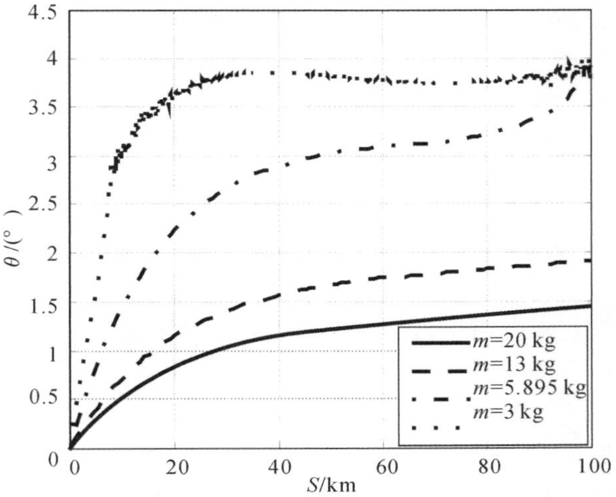

图 6.9　系绳长度 $l=100$ km 子星质量不同时系绳偏差角与自然坐标关系曲线

6.2.1.3　系绳长度 $l=150$ km 时平衡状态仿真分析

系绳长度 $l=150$ km 时，仿真结果如图 6.10 至图 6.12 所示。

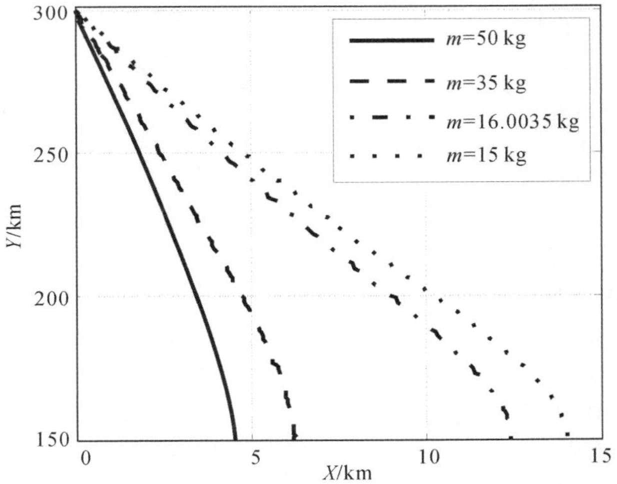

图 6.10　系绳长度 $l=150$ km 且子星质量不同时系统平衡位置

由图 6.10 可以看出，与系绳长度 $l=100$ km 时一样，随着系绳末端子星质量递减，当系绳系统达到平衡状态时，子星与基站航天器的水平距离逐渐增大，主要原因是，当系绳长度一定，子星体积一定时；当子星质量较小时，大气阻力摄动对于质量较小的子星影响较大，造成子星的水平运动幅度增大，因而与基站航天器的水平距离也变大。

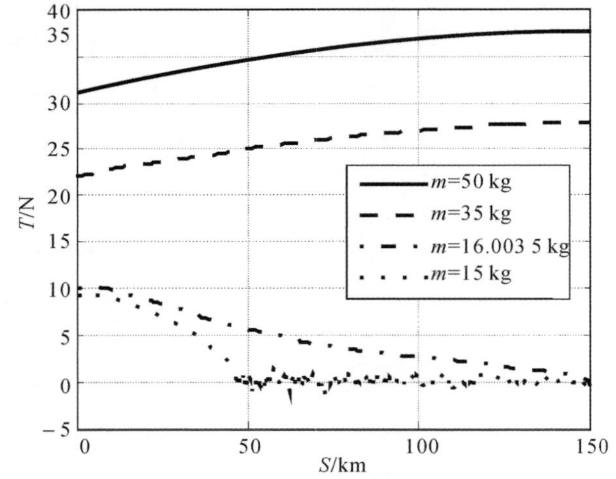

图 6.11　系绳长度 $l=150$ km 且子星质量不同时系绳张力与自然坐标关系曲线

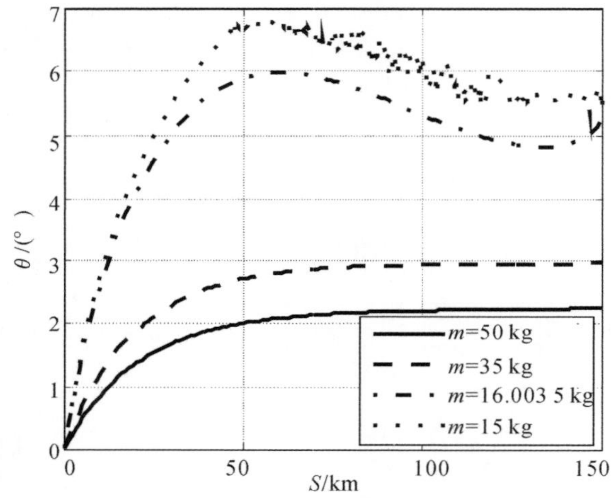

图 6.12　系绳长度 $l=150$ km 子星质量不同时系绳偏差角与自然坐标关系曲线

由图 6.11 所示系绳张力与自然坐标关系曲线可以看出，对于选取子星质量为 $m=50$ kg，$m=35$ kg 的情况，系绳张力由系绳与子星连接点向上至系绳与基站航天器连接点处逐渐增大，在系绳与基站航天器连接处系绳张力达到最大值，随着子星质量减少，系绳与子星固定点处的张力逐渐减少，并且沿系绳向上系绳的张力变化趋势为逐渐减小。当子星质量 $m=16.0035$ kg 时，系绳与基站航天器连接点处的张力为零，当 $m<16.0035$ kg 时，如图中所示，$m=15$ kg 时，系绳张力出现负值，即出现系绳松弛的现象，原因是当子星质量较小时，子星受到的重力梯度力较小，大气阻力摄动对子星的影响就愈发明显，因此子星保持系绳紧绷的能力降低。由于系绳出现松弛现象时无法通过系绳张力对系统进行控制，因此这种现象是应该避免的，而子星质量 $m=16.0035$ kg 即为系绳长度 $l=150$ km 情况下子星的极限质量。相较于系绳长度 $l=100$ km 的情况子星的极限质量增大，原因是系绳长度增长，因此欲使系绳保持紧绷所需的重力梯度力也相应增大，即需要的子星的重力梯度力也相应增大，因此，系绳长

度增长时，对应的系绳张力为零时的子星极限质量增大。

由图 6.12 所示系绳偏差角与自然坐标的关系能够更明显地看出当子星质量 $m=50$ kg，$m=35$ kg 时系绳与地垂线夹角由与子星连接处开始逐渐增大，最大夹角出现在系绳与基站航天器连接处，随着子星质量的减少系绳夹角相较于质量较大时变大，当子星质量小于极限值时，系绳夹角出现振荡，即出现了系绳松弛。

6.2.2　子星质量一定时系绳系统平衡状态仿真分析

6.2.2.1　系绳长度 $l \leqslant 4$ km 时平衡状态仿真分析

选取子星质量 $m=50$ kg，首先针对系绳长度 $l \leqslant 4$ km 对系绳系统平衡状态进行分析。选取系绳长度为 $l=1$ km，$l=2$ km，$l=3$ km，$l=4$ km。仿真结果如图 6.13 至图 6.15 所示。

与上一节分析方法一样，分别从系统平衡位置、系绳张力与自然坐标关系、系绳偏差角与自然坐标关系等角度对系统平衡位置进行分析。

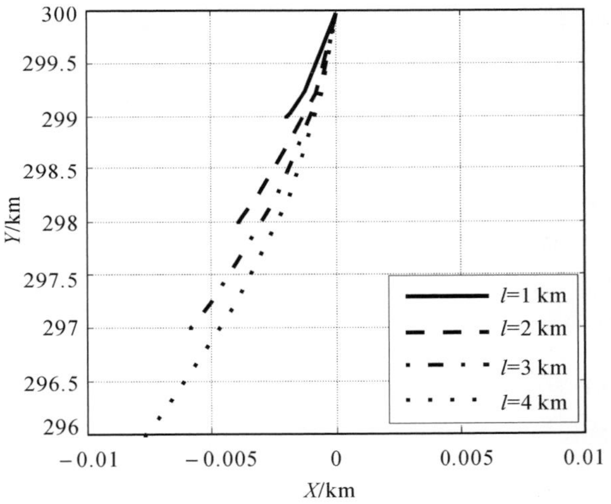

图 6.13　系绳长度 $l \leqslant 4$ km 时系统平衡位置

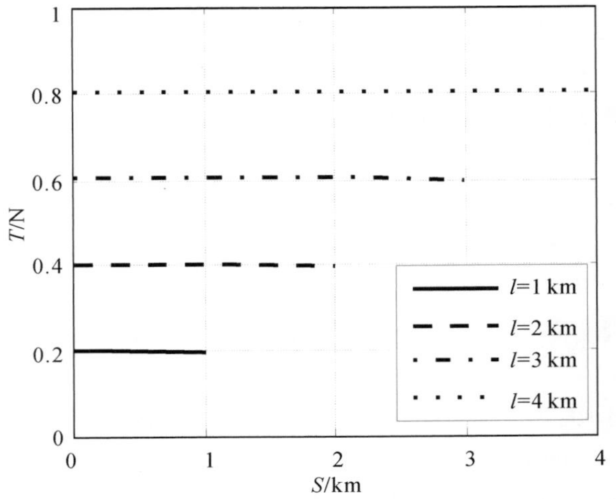

图 6.14　系绳长度 $l \leqslant 4$ km 时系绳张力与自然坐标关系

由图 6.13 所示的仿真结果可以看出，对于四种不同的系绳长度 $l=1$ km，$l=2$ km，$l=3$ km，$l=4$ km，系统达到平衡状态时，子星与基站航天器的水平距离远远小于系绳的释放长度。从系统整体平衡构型来看，系统达到平衡态时系绳基本保持垂直状态。

从图 6.14 所示系绳长度 $l\leqslant 4$ km 时系绳张力与自然坐标关系可以看出，从系绳与子星连接处至与基站航天器连接处基本保持不变，并且系绳与子星连接处的张力随系绳长度的增大而增大，系绳张力基本不发生变化的主要原因是系绳长度较短，子星所处轨道高度相对较高，因而大气密度较小，大气阻力摄动影响相对较小，因此系绳张力基本不变。

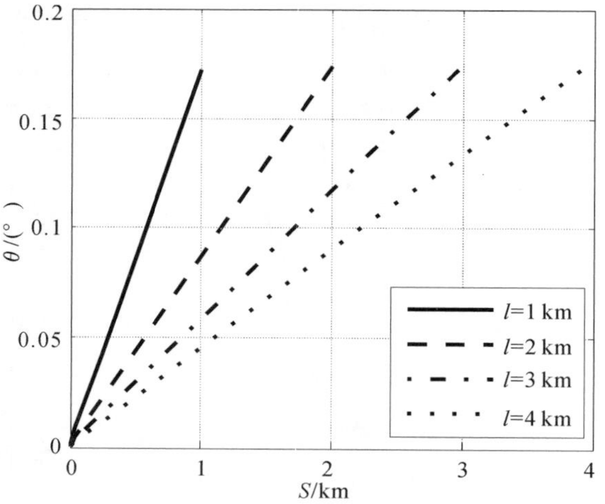

图 6.15　系绳长度 $l\leqslant 4$ km 时系绳偏差角与自然坐标关系

由图 6.15 所示系绳偏差角与自然坐标关系可以更为明显地看出，系绳偏差角近似为线性变化，并且系统达到平衡位置时，系绳偏差角较小，基本可认为系绳与当地垂线重合，即大气阻力摄动影响较小。

6.2.2.2　系绳长度 4 km $\leqslant l\leqslant$ 30 km 时平衡状态仿真分析

仿真结果如图 6.16 至图 6.18 所示。

由图 6.16 中的仿真结果可以看出，对于四种不同的系绳长度 $l=15$ km，$l=20$ km，$l=25$ km，$l=30$ km，系统达到平衡状态时，子星与基站航天器的水平距离远远小于系绳的释放长度。从系统整体平衡构型来看，系统达到平衡态时系绳基本保持与当地垂线平行的状态。

从图 6.17 所示系绳长度 4 km $<l\leqslant$ 30 km 时系绳张力与自然坐标关系可以看出系绳张力从系绳与子星连接处至与基站航天器连接处变化幅度较小，呈略微增大态势，并且系绳与子星连接处的张力随系绳长度的增大而增大。系绳张力基本保持不变主要是因为系绳长度较小，子星轨道高度较高，因此子星受到的重力梯度力以及大气阻力较小，略微增大主要原因是系绳与基站航天器连接端需要承受子星与系绳两部分的重力，因此系绳张力表现出略微增大的态势。

由图 6.18 所示系绳偏差角与自然坐标关系可以更为明显地看出系绳偏差角近似为线性变化，但相较于 $l\leqslant 4$ km 的情况线性程度降低，曲线略微弯曲，但系统达到平衡位置时，系绳偏差角仍然较小，基本可认为系绳与当地垂线重合。即大气阻力摄动影响有所增大，但总体仍较小。

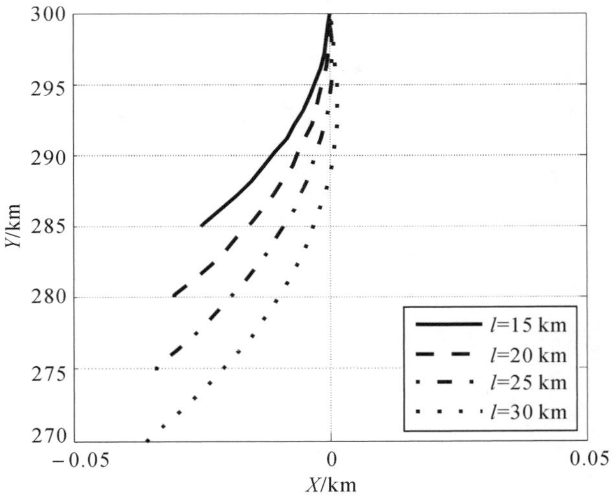

图 6.16　系绳长度 4 km < $l \leqslant$ 30 km 时系统平衡位置

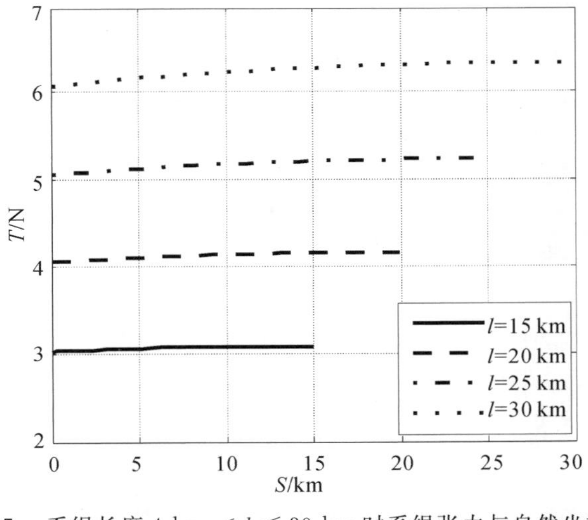

图 6.17　系绳长度 4 km < $l \leqslant$ 30 km 时系绳张力与自然坐标关系

6.2.2.3　系绳长度 30 km < $l \leqslant$ 100 km 时平衡状态仿真分析

仿真结果如图 6.19 至图 6.21 所示。

由图 6.19 所示的仿真结果可以看出，对于系绳长度 $l=40$ km，$l=60$ km，$l=80$ km，$l=100$ km 的四种情况，系统达到平衡状态时，子星与基站航天器的水平距离相较于系绳长度 4 km < $l \leqslant$ 30 km 情况有所增大，但仍然远远小于系绳的释放长度。从系统整体平衡构型来看，系统达到平衡态时系绳基本保持垂直状态。

由图 6.20 可以看出，系绳张力从系绳与子星连接处至与基站航天器连接处变化幅度增大的幅度相较于系绳长度 4 km < $l \leqslant$ 30 km 的情况有所提升，系绳与子星连接处的张力随系绳长度的增大而增大，系绳张力增大的幅度提升的主要原因是系绳长度增大后子星所处轨道高度降低，大气密度增大幅度加大，大气阻力摄动影响增大，因此系绳张力增大的幅度提升。

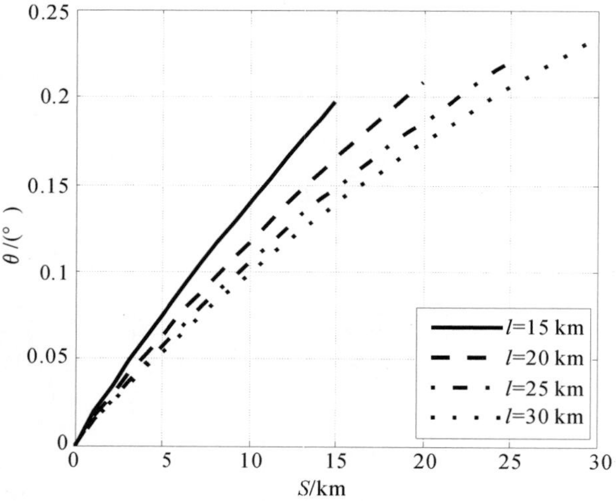

图 6.18　系绳长度 4 km < $l \leqslant$ 30 km 时系绳偏差角与自然坐标关系

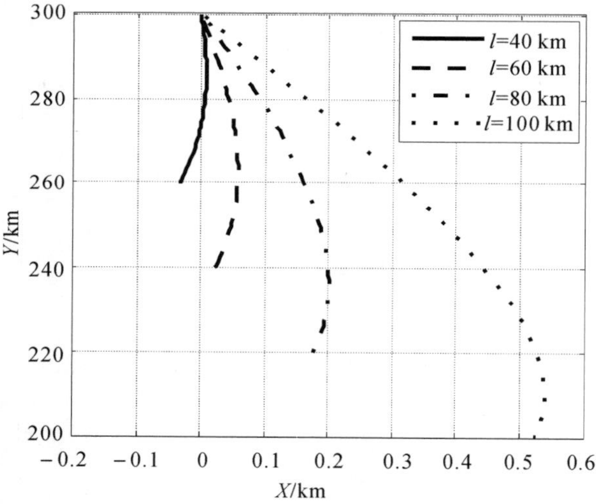

图 6.19　系绳长度 30 km < $l \leqslant$ 100 km 时系统平衡位置

由图 6.21 可以看出,系绳偏差角变化趋势仅在 $l \leqslant 20$ km 时呈现近似线性增大,对于 $l >$ 20 km 的部分,角度变化为非线性,并随着系绳长度的增大,增大幅度降低,造成角度变化非线性程度增大的主要原因是大气阻力摄动影响增大,同时系绳长度增长。但从系绳偏差角的数值上看,系统达到平衡位置时,系绳偏差角仍然较小,可认为系绳与当地垂线重合。

6.2.2.4　系绳长度 $l > 100$ km 时平衡状态仿真分析

仿真结果如图 6.22 至图 6.24 所示。

由图 6.22 可以看出,对于系绳长度 $l=150$ km,$l=176$ km,$l=180$ km,$l=181.48$ km 的四种情况,系统达到平衡状态时,子星与基站航天器的水平距离相较于系绳长度 4 km < $l \leqslant$ 30 km 情况增大程度明显,系绳偏差角也增大较大。从系统整体平衡构型来看,系统达到平衡态时系绳不能近似为垂直状态。

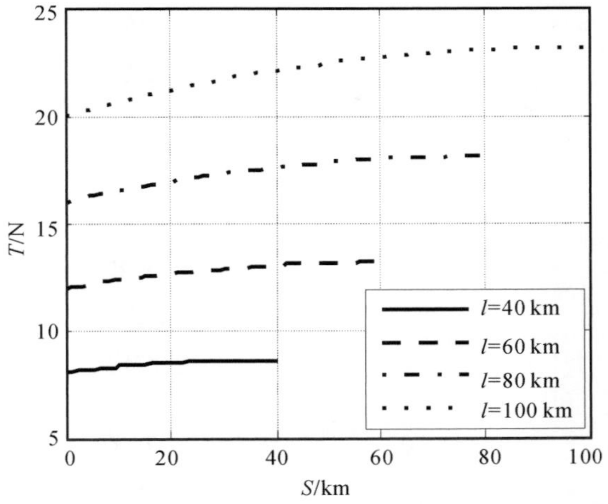

图 6.20　系绳长度 30 km $< l \leqslant$ 100 km 时系绳张力与自然坐标关系

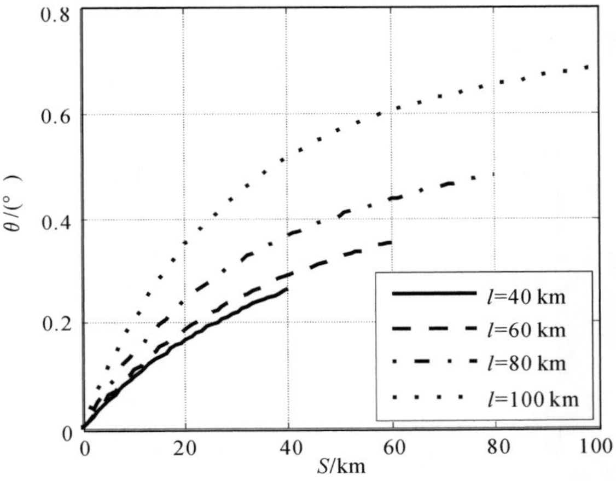

图 6.21　系绳长度 30 km $< l \leqslant$ 100 km 时系绳偏差角与自然坐标关系

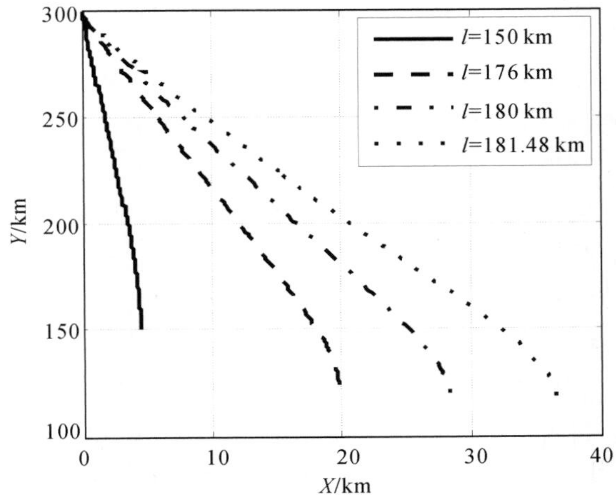

图 6.22　系绳长度 $l >$ 100 km 时系统平衡位置

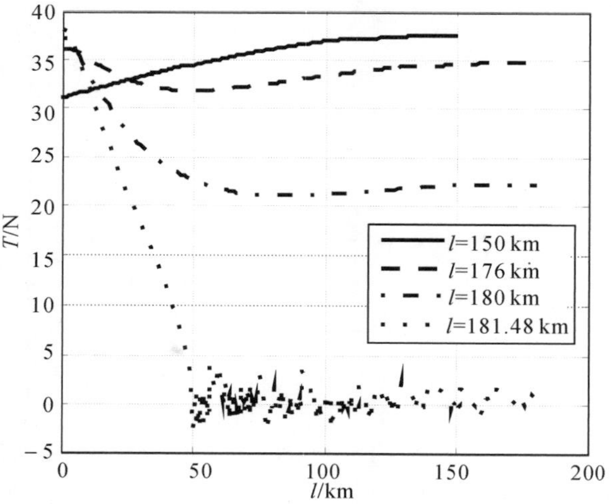

图 6.23　系绳长度 $l>100$ km 时系绳张力与自然坐标关系

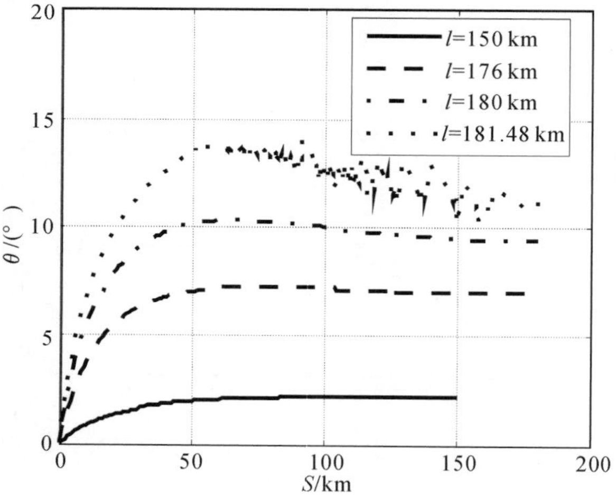

图 6.24　系绳长度 $l>100$ km 时系绳偏差角与自然坐标关系

由图 6.23 可以看出，系绳长度 $l=150$ km 时，系绳张力从系绳与子星连接处至与基站航天器连接处变化幅度增大的幅度相较于系绳长度 30 km $<l\leqslant$ 100 km 的情况有所提升，并且为增大的趋势。系绳与子星连接处的张力随系绳长度的增大而增大，但系绳长度 $l\geqslant 176$ km 时，系绳张力由系绳与子星连接处至与基站航天器连接处变化趋势为逐渐减小，并且当系绳长度 $l=181.48$ km 时系绳张力出现了负值，即系绳松弛。出现系绳松弛的主要原因是系绳长度增大后子星所处轨道高度降低，大气密度增大幅度加大，大气阻力摄动影响增大，即当子星质量 $m=50$ kg 时，系绳的极限长度为 $l=181.48$ km。

由图 6.24 可以看出系绳偏差角对于 $l<181.48$ km 的情况，角度变化对于 $l\geqslant 50$ km 的部分角度基本保持不变，而当系绳达到极限长度时，系绳偏差角出现振荡，即出现了系绳松弛的现象。由于在对系统进行控制的过程中，主要依靠系绳张力控制，因而当系绳出现松弛情况时，无法对系统进行控制。因此应避免系绳长度超过极限长度。

6.3　系绳系统临界绳长的计算与分析

通过 6.2 节对空间系绳系统平衡位置的分析与计算可以看出，系绳系统中子星质量以及系绳长度都会对空间系绳系统的平衡位置产生影响，并且由仿真结果可以看出系绳的长度存在极限值，即超过极限值时会出现系绳张力小于零的情况。本节主要研究出现系绳断裂的情况，即当系绳超过临界值时，系绳因张力过大出现断裂，对系绳系统造成破坏，影响系绳系统的正常工作。本节主要分析子星质量不同，系绳半径不同以及子星弹道系数不同时三种情况下临界绳长的计算，并对计算得到的结果进行拟合，得到相应条件下的临界绳长计算方程。

6.3.1　拟合

在工程应用与科学研究中获得的数据均为随机数据，它们是由一些离散的数据组成的，获得的原始数据本身来说不能反映问题的本质。在实际应用中利用传统的数据处理方法，很难得到一条很好地适应所有点的曲线，同时也无法估计所得曲线的精度，且没有建立起由这些点构成曲线的数学模型，直接影响到利用数学方法进行解析分析。

对于拟合的定义是指已知某函数的若干离散函数值$\{f_1,f_2,\cdots,f_n\}$，通过调整该函数中若干待定系数 $f\{\lambda_1,\lambda_2,\cdots,\lambda_n\}$，使得该函数与已知点集的差别最小(最小二乘意义)。在实际应用中，科学以及工程问题都是采用诸如采样、实验等方法获得部分离散数据，在这些数据的基础上，希望得到一个连续的函数(即通常意义上的曲线)或者比原来的离散函数更加密集的方程，该方程满足已知数据的规定条件，这个过程叫作拟合。如果所要求得的函数是线性函数，该过程即为线性拟合，否则为非线性拟合。除了连续函数以外，表达式也可以是分段函数，称为样条拟合。

6.3.1.1　曲线拟合

曲线拟合是处理数据的一种常用方法，其利用连续函数来逼近离散数据。拟合曲线不一定要经过全部离散数据点，而只是要求它能够反映出离散数据整体的变化趋势。

在实际应用中，如果不要求所构造的函数 $g(x)$ 能够精确地通过所有由离散数据所确定的离散点，而只要求 $g(x)$ 为给定的函数类 Φ 中的一个函数，并且要求根据某种准则 $g(x)$ 是相对于同一函数类 Φ 中的其他函数而言达到最优的。即目的是找到一条曲线，既能反映给定数据的一般趋势又不至于出现局部较大波动。在这种逼近方式下，只要所构造的近似函数 $g(x)$ 与被逼近函数 $f(x)$ 在区间上的偏差满足某种要求即可。而如何选取这个函数模型，即为最小二乘法解决的问题。

6.3.1.2　最小二乘曲线拟合

通常最小二乘法常常用来解决曲线拟合问题。最小二乘法的基本原理描述如下：

给定数据点$(x_i,y_i)(i=1,2,\cdots,n)$，在函数类 Φ 中求一个函数 $f(x)\in\Phi$，目的是使误差 $r_i=f(x_i)-y_i(i=1,2,\cdots,n)$ 的二次方和最小。

最小二乘法的几何意义可以描述如下：寻求曲线 $y=f(x)$，满足曲线与给定点 $(x_i, y_i)(i=1,2,\cdots,n)$ 距离二次方和最小。

用最小二乘法求拟合曲线首先要确定拟合模型 $f(x)$，一般来说，根据邻域的知识与经验可以大致确定函数的所属类，若不具备这些知识，则通常从问题的运动规律及给定数据的散点图来确定拟合曲线的形式。在数学上，通常将数据点 $(x_i, y_i)(i=1,2,\cdots,n)$ 描绘在坐标纸上，然后根据这些点的分布规律选择适当的函数类。当得不到这种信息时，往往选择多项式或样条函数作为拟合函数，尤其是如果不知道该选择什么样的拟合函数时，通常可以考虑选择样条函数来拟合。

6.3.1.3 多项式拟合

如果拟合模型为 $f(x,A)=a_0+a_1x+\cdots+a_nx^n$，则称该拟合为多项式拟合。

由最小二乘法确定系数 $a_0,a_1,\cdots,a_n$，设各数据点的权为 1，目的是求取多项式 $f_m(x)=\sum\limits_{k=0}^{m}a_kx^k\in\Phi$，使得

$$\varphi(a_0,a_1,\cdots,a_n)=\sum_{i=0}^{n}(f_m(x_i-y_i))^2=\sum_{i=0}^{n}\Big(\sum_{k=0}^{m}a_kx^k-y_i\Big)^2 \tag{6.32}$$

达到最小。则有

$$\frac{\partial\varphi}{\partial a_j}=2\sum_{i=0}^{m}x_i^j(a_0+a_1x+\cdots+a_nx_i^n-y_i)=0 \tag{6.33}$$

式中，$j=1,2,\cdots,n$，即

$$\sum_{i=0}^{m}(a_0x_i^j+a_1x_i^{1+j}+\cdots+a_nx_i^{n+j})=\sum_{i=0}^{m}x_i^jy_i \tag{6.34}$$

则可以得到如下方程组：

$$\begin{bmatrix} m+1 & \sum\limits_{i=0}^{m}x^i & \cdots & \sum\limits_{i=0}^{m}x_i^n \\ \sum\limits_{i=0}^{m}x_i & \sum\limits_{i=0}^{m}x_i^2 & \cdots & \sum\limits_{i=0}^{m}x_i^{n+1} \\ \vdots & \vdots & & \vdots \\ \sum\limits_{i=0}^{m}x_i^n & \sum\limits_{i=0}^{m}x_i^{n+1} & \cdots & \sum\limits_{i=0}^{m}x_i^{2n} \end{bmatrix}\times\begin{bmatrix} a_0 \\ a_1 \\ \vdots \\ a_n \end{bmatrix}=\begin{bmatrix} \sum\limits_{i=0}^{m}y_i \\ \sum\limits_{i=0}^{m}x_iy_i \\ \vdots \\ \sum\limits_{i=0}^{m}x_i^ny_i \end{bmatrix} \tag{6.35}$$

方程式(6.35) 为多项式拟合的法方程。令

$$\boldsymbol{X}=\begin{bmatrix} m+1 & \sum\limits_{i=0}^{m}x^i & \cdots & \sum\limits_{i=0}^{m}x_i^n \\ \sum\limits_{i=0}^{m}x_i & \sum\limits_{i=0}^{m}x_i^2 & \cdots & \sum\limits_{i=0}^{m}x_i^{n+1} \\ \vdots & \vdots & & \vdots \\ \sum\limits_{i=0}^{m}x_i^n & \sum\limits_{i=0}^{m}x_i^{n+1} & \cdots & \sum\limits_{i=0}^{m}x_i^{2n} \end{bmatrix} \tag{6.36}$$

$$\boldsymbol{Y}=\begin{bmatrix}\sum_{i=0}^{m}y_i\\ \sum_{i=0}^{m}x_iy_i\\ \vdots\\ \sum_{i=0}^{m}x_i^ny_i\end{bmatrix} \tag{6.37}$$

$$\boldsymbol{A}=\begin{bmatrix}a_0\\ a_1\\ \vdots\\ a_n\end{bmatrix} \tag{6.38}$$

则有

$$\boldsymbol{XA}=\boldsymbol{Y} \tag{6.39}$$

即

$$\boldsymbol{A}=\boldsymbol{X}^{-1}\boldsymbol{Y} \tag{6.40}$$

根据以上矩阵方程能够解出系数向量 $\boldsymbol{A}$，由此可以得到拟合多项式 $f(x,\boldsymbol{A})=a_0+a_1x+\cdots+a_nx^n$。

需要注意的是，当 n 较大时，即 $n\geqslant 7$ 时，法方程的系数均为病态的，即得到的解舍入误差较大，以致毫无意义，由此可以看出，当利用多项式做曲线拟合时，n 不宜取值过大。

多项式拟合方法一般可以归纳为以下几个步骤：

1）根据已知离散数据点画出函数的粗略图形，即散点图，确定拟合多项式的次数 n。

2）计算 $\sum_{i=0}^{m}x_i^j$ 和 $\sum_{i=0}^{m}x_i^jy_i(j=0,1,\cdots,2n)$。

3）写出方程组，求出多项式系数。

4）求得拟合多项式 $f_m(x)=\sum_{k=0}^{m}a_kx^k$。

6.3.2　系绳长度达到临界绳长的条件与计算方法

本节研究临界绳长时主要考虑系绳是否发生断裂的情况。考虑到系绳的临界绳长主要由所选材料的强度极限决定，因此可以将系绳临界绳长的确定问题转换为系绳最大张力是否达到由系绳材料决定的极限张力的问题。系绳的最大张力表达式如下：

$$T_{\max}=\sigma\pi\left(\frac{d_{\mathrm{T}}}{2}\right)^2 \tag{6.41}$$

式中，σ 为系绳断裂应力；d_{T} 为系绳直径。

考虑到 6.1.2 节中的假设，基站航天器的质量远远大于从基站航天器中垂下来的系绳系统部分，因此，对于系绳长度达到临界绳长的条件即可认为当系绳的最大张力达到系绳的极限张力时，对应的系绳长度即为相应条件下的系绳临界绳长。

由于本节所研究的平衡状态为子星位于基站航天器下方，因此系绳的长度决定了子星所处的轨道高度。子星轨道高度不同，求解子星平衡方程得到的结果也不同，因而求解系绳平衡方程的初始值也不同。在求解系绳平衡方程时，积分采用从子星沿系绳向基站航天器方向积分。对于系绳长度达到临界绳长的方法即为，判断求解平衡方程后的系绳最大张力是否大于极限张力，若大于极限张力，则对应的绳长即为相应条件下的临界绳长。

仿真参数选取如下：

地球引力常数 $K=3.986\times10^5\ \mathrm{km^3/s^2}$；

地球平均半径 $R_3=6\ 371.02\ \mathrm{km}$；

基站航天器圆轨道高度 $H_0=300\ \mathrm{km}$。

系绳材料选用 Dyneema 材料，材料参数如下：

系绳材料线性密度 $\mu=0.97\ \mathrm{kg/km}$；

断裂应力 $\sigma=3\ \mathrm{kN/mm^2}$；

弹性模量 $E=10\times10^{10}\ \mathrm{N/m^2}$；

系绳气动阻力系数 $C=2.2$；

子星正面阻力系数 $C_S=2$。

6.3.2.1　不同子星质量条件下系绳的临界绳长

选取子星质量变化范围为 $m=10\sim600$ kg，子星半径 $r_a=1$ m，系绳半径 $r_0=3\times10^{-4}$ m。

仿真结果如图 6.25 所示。从图 6.25 可以看出，对于不同质量的子星，与其相对应的系绳临界绳长也不同。对于所研究的子星质量范围计算得到的临界绳长，当子星质量 $m=10$ kg 时，系绳临界绳长为 223.197 km；当子星质量 $m=600$ kg 时，系绳的临界绳长为 220.75 km。即随着子星质量的增大，系绳的临界绳长呈下降趋势。

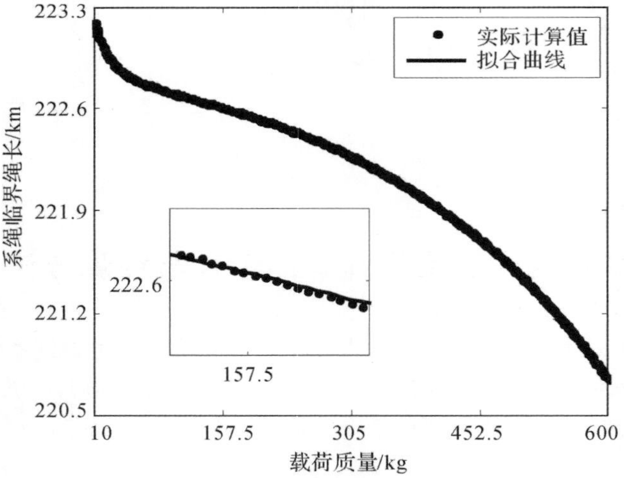

图 6.25　不同子星条件下系绳临界绳长

这是因为，对于质量较大的子星，在相同轨道高度处受到的重力梯度力比质量较小的子星受到的重力梯度力大。当选取的系绳材料一定时，与该材料相对应的强度极限一定，对于质量大的载荷，基站航天器下端能承受的系绳质量相对较小。因此对于质量较大的载荷，与其对应的系绳临界绳长较小。

采用 6 次多项式拟合方法对计算得到的临界绳长数据进行拟合，拟合结果如下：

$$l_{max} = 8.0807 \times 10^{-16} m^6 - 1.6592 \times 10^{-12} m^5 + 1.3295 \times 10^{-9} m^4 - 5.3414 \times 10^{-7} m^3 + 1.0819 \times 10^{-4} m^2 - 1.1999 \times 10^{-2} m + 223.227 \quad (6.42)$$

式中，l_{max} 为系绳临界绳长，单位为 km；m 为载荷质量，单位为 kg。

对于拟合结果，和方差(SSE) 和为 9.7×10^{-3}，标准差(RMSE) 为 4.1×10^{-3}，决定系数(R - square) 与调整决定系数(Adjusted R - square) 均为 0.999 8。

6.3.2.2 不同系绳直径条件下系绳的临界绳长

系绳直径变化范围：$d_T = 0.5 \sim 0.6$ mm，子星半径：$r_a = 0.5$ m，子星质量：$m = 50$ kg。

仿真结果如图 6.26 所示。从图 6.26 可以看出，当系绳直径不同时，相对应的系绳临界绳长也不同。对于所研究的系绳直径范围，当系绳直径 $d_T = 0.5$ mm 时，系绳临界绳长为 221.643 km；当载荷质量 $d_T = 0.6$ mm 时，系绳的临界绳长为 222.823 km。

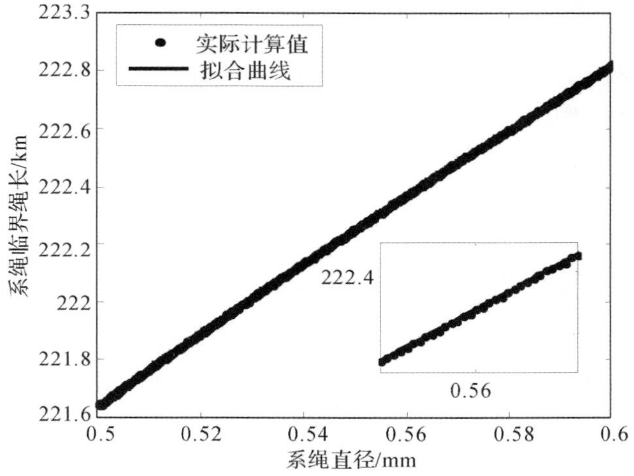

图 6.26 不同系绳直径条件下系绳临界绳长

即随着系绳直径的增大，系绳的临界绳长呈上升趋势。这是因为对于相同材料的系绳，材料的强度极限不变，由式(6.41) 可以看出系绳的极限张力随系绳直径的增大而增大，即随着系绳直径的增大，系绳的强度也随之增大，因此当系绳末端载荷质量一定时，系绳直径越大，基站航天器下所能承受的系绳长度越长，即系绳的临界绳长也越大。

将得到的不同系绳直径条件下的系绳临界绳长计算数据采用 3 次多项式拟合，得到的拟合结果如下：

$$l_{max} = 15.3675 d_T{}^3 - 35.5785 d_T{}^2 + 36.9499 d_T + 210.1419 \quad (6.43)$$

式中，l_{max} 为系绳临界绳长，单位为 km；d_T 为系绳直径，单位为 mm。

对于拟合结果，和方差(SSE) 和为 4.19×10^{-5}，标准差(RMSE) 为 2.904×10^{-4}，决定系数(R - square) 与调整决定系数(Adjusted R - square) 均为 0.999 8。

6.3.2.3 不同子星弹道系数条件下系绳的临界绳长

弹道系数是决定再入目标运动特性的重要参数，是再入目标的主要识别特征之一。对于子星的再入阶段，由于子星在质量与外形等方面的不同，子星在巨大的大气阻力下呈现出不同的减速特性，因此为目标识别提供了重要依据。在 20 世纪 60 年代，各国就已经开始对弹道系数进行研究。美国的林肯实验室建立了弹道系数与雷达测量量之间的严格关系式，在再入目标弹道系数估计及再入体设计上取得了一系列成果。国内的研究起步较晚，在 70 年代后期曾经研究过再入段弹道导弹类目标的运动特性，但是由于当时实验条件的限制，取得的成果很少见诸报道。为了方便研究子星再入特性与系绳临界绳长的关系，本小节对弹道系数与系绳临界绳长的关系进行研究。

弹道系数 β 是子星质量与外形参数的组合参数，是子星总体飞行性能的集中体现，是决定子星飞行性能的关键参数，其表达式为

$$\beta=\frac{m}{C_S S_m} \tag{6.44}$$

式中，m 为子星质量；C_S 为子星正面阻力系数；S_m 为子星横截面积。由上述定义，弹道系数通常也称为质阻比系数。

为了研究方便，本节选取子星为均匀球体，选取半径为以下几种情况：$r_a=0.1$ m，$r_a=0.2$ m，$r_a=0.4$ m，$r_a=0.6$ m，$r_a=0.8$ m，$r_a=1.0$ m。

考虑到不同大小的子星装载能力不同，即不同半径的子星所能携带的载荷质量范围大小不同，半径大的子星所能携带的载荷质量范围较大，半径小的子星携带载荷的质量范围较小。因此，由式(6.44)可以看出，不同半径载荷的弹道系数范围也不同。

仿真结果如图 6.27 至图 6.32 所示。

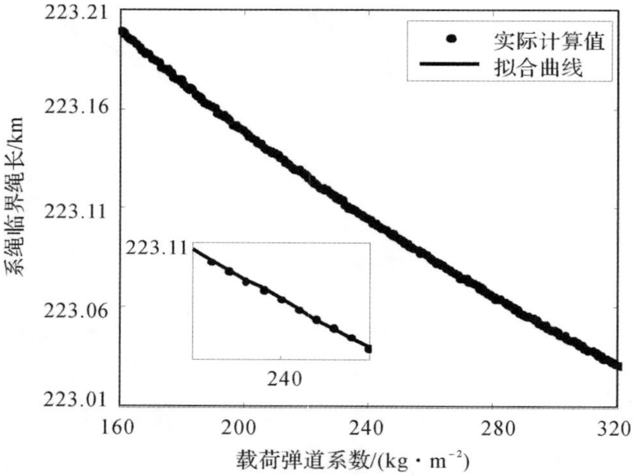

图 6.27　$r_a=0.1$ m 时不同子星弹道系数条件下系绳临界绳长

由图 6.27 可以看出，当子星半径一定时，不同弹道系数的子星对应的临界绳长也不同。弹道系数越大，对应的临界绳长越小，当弹道系数 $\beta=160\ \text{kg}\cdot\text{m}^{-2}$ 时，临界绳长为 223.200 km，当弹道系数 $\beta=320\ \text{kg}\cdot\text{m}^{-2}$ 时，临界绳长为 223.031 km，从图中纵坐标可以看出临界绳长的变化范围相对较小，弹道系数 β 从 $160\ \text{kg}\cdot\text{m}^{-2}$ 变化到 $320\ \text{kg}\cdot\text{m}^{-2}$，临界绳长的变化为 0.169 km，并且变化时接近线性变化。

由图 6.28 和图 6.29 可以看出，同样地，弹道系数越大，对应的临界绳长越小。对于子星半径 $r_a=0.2$ m，当弹道系数 $\beta=40\ \text{kg}\cdot\text{m}^{-2}$ 时，临界绳长为 223.200 km，当弹道系数 $\beta=$

280 kg·m^{-2} 时，临界绳长为 222.768 km，弹道系数 β 从 40 kg·m^{-2} 变化到 280 kg·m^{-2}，临界绳长的变化为 0.432 km。对于子星半径 r_a=0.4 m，当弹道系数 β=10 kg·m^{-2} 时，临界绳长为 223.199 km，当弹道系数 β=150 kg·m^{-2} 时，临界绳长为 222.621 km，弹道系数 β 从 10 kg·m^{-2} 变化到 150 kg·m^{-2}，临界绳长的变化为 0.578 km，变化时呈现一定非线性。

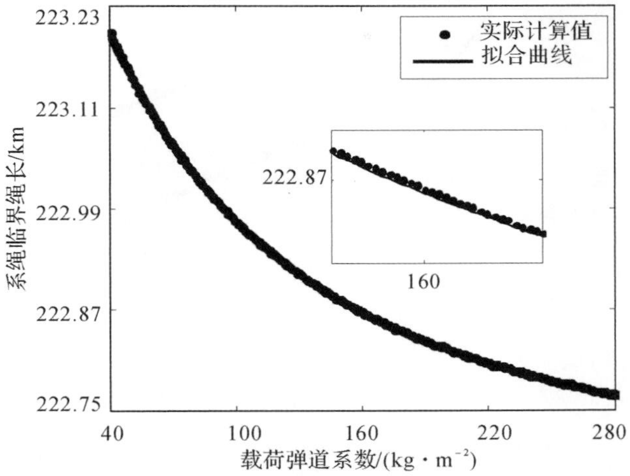

图 6.28　r_a = 0.2 m 时不同子星弹道系数条件下系绳临界绳长

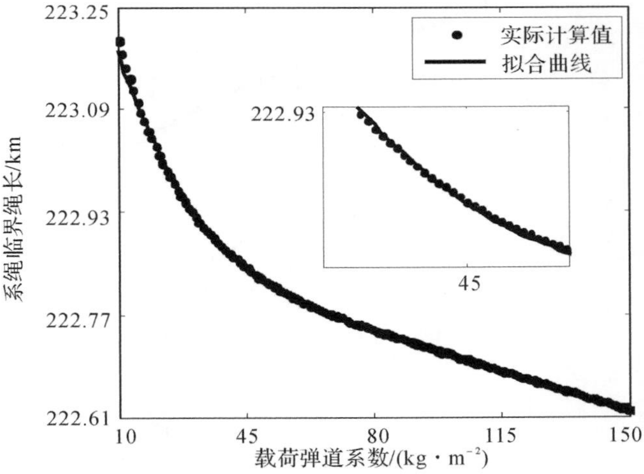

图 6.29　r_a = 0.4 m 时不同子星弹道系数条件下系绳临界绳长

由图 6.30 和图 6.31 可以看出，与前几种子星半径情况相同，弹道系数越大，对应的临界绳长越小。对于子星半径 r_a=0.6 m，当弹道系数 β=5 kg·m^{-2} 时，临界绳长为 223.172 km，当弹道系数 β=130 kg·m^{-2} 时，临界绳长为 222.298 km，弹道系数 β 从 5 kg·m^{-2} 变化到 130 kg·m^{-2}，临界绳长的变化为 0.874 km。对于子星半径 r_a = 0.8 m，当弹道系数 β= 3 kg·m^{-2} 时，临界绳长为 223.155 km，当弹道系数 β=110 kg·m^{-2} 时，临界绳长为 221.749 km，弹道系数 β 从 3 kg·m^{-2} 变化到 110 kg·m^{-2}，临界绳长的变化为 1.406 km。

由图 6.32 可以看出，对于子星半径 r_a=1 m，当弹道系数 β=2 kg·m^{-2} 时，临界绳长为

223.144 km，当弹道系数β=95 kg·m^{-2}时，临界绳长为220.777 km，弹道系数β从2 kg·m^{-2}变化到95 kg·m^{-2}，临界绳长的变化为2.367 km。

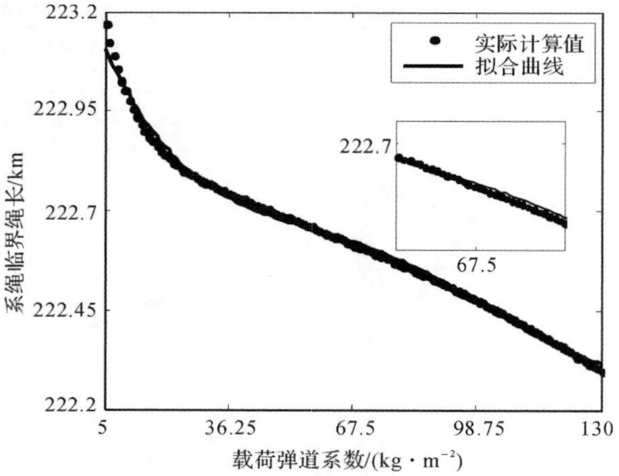

图6.30　r_a = 0.6 m时不同子星弹道系数条件下系绳临界绳长

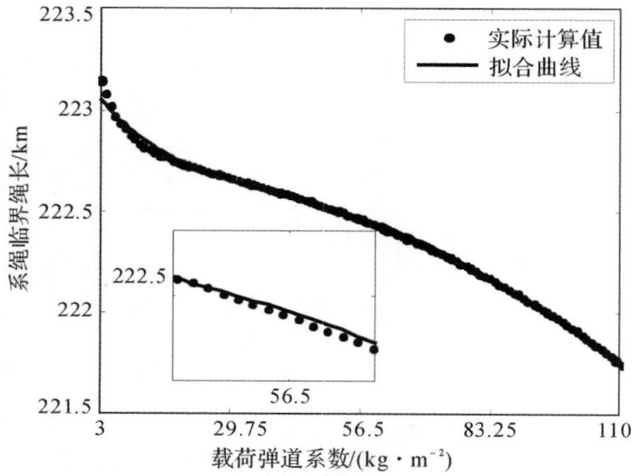

图6.31　r_a = 0.8 m时不同子星弹道系数条件下系绳临界绳长

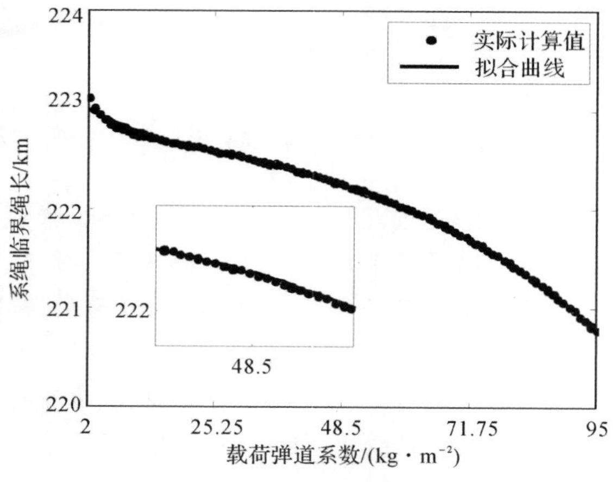

图6.32　r_a = 1.0 m时不同子星弹道系数条件下系绳临界绳长

对于上述几种不同子星半径下不同弹道系数所对应的系绳临界绳长计算结果进行拟合，拟合结果如下：

$$
l_{max}=\begin{cases}
-2.936\,6\times10^{-9}\times\beta^3+3.927\,0\times10^{-6}\times\beta^2 \\ -2.413\,3\times10^{-3}\times\beta+223.498 & r_a=0.1\quad 160<\beta<320 \\
-3.524\,4\times10^{-8}\times\beta^3+2.478\,3\times10^{-5}\times\beta^2 \\ -6.500\,2\times10^{-3}\times\beta+223.414 & r_a=0.2\quad 40<\beta<280 \\
-5.811\,8\times10^{-9}\times\beta^4+2.325\,3\times10^{-6}\times\beta^3 \\ +3.385\,7\times10^{-4}\times\beta^2-2.3091\times10^{-2}\times\beta+223.381 & r_a=0.4\quad 10<\beta<150 \\
1.463\,4\times10^{-8}\times\beta^4+4.709\,9\times10^{-6}\times\beta^3 \\ +5.199\,3\times10^{-4}\times\beta^2-2.717\,6\times10^{-2}\times\beta+223.232 & r_a=0.6\quad 5<\beta<130 \\
2.821\,9\times10^{-8}\times\beta^4-7.736\,2\times10^{-6}\times\beta^3 \\ +6.695\,2\times10^{-4}\times\beta^2-3.000\,45\times10^{-2}\times\beta+223.141 & r_a=0.8\quad 3<\beta<110 \\
4.114\,7\times10^{-8}\times\beta^4-1.101\,1\times10^{-5}\times\beta^3 \\ +7.654\,6\times10^{-4}\times\beta^2-3.259\,6\times10^{-2}\times\beta+223.081 & r_a=1.0\quad 2<\beta<95
\end{cases}
\tag{6.45}
$$

式中，l_{max} 为系绳临界绳长，单位为 km；β 为子星弹道系数，单位为 kg・m^{-2}。

对于拟合结果，相关误差参数结果见表 6－1。

表 6－1　拟合结果误差参数

r_a/m	SSE	RMSE	R－square	Adjusted R－square
0.1	1.189×10^{-5}	2.752×10^{-4}	0.999 8	0.999 8
0.2	1.218×10^{-5}	2.267×10^{-4}	0.999 6	0.999 6
0.4	2.281×10^{-3}	4.098×10^{-3}	0.999 1	0.999 1
0.6	5.356×10^{-3}	6.681×10^{-3}	0.999 0	0.999 0
0.8	3.193×10^{-3}	5.437×10^{-3}	0.999 1	0.999 1
1.0	4.031×10^{-3}	6.109×10^{-3}	0.999 0	0.999 0

综上所述，结合不同子星半径下，不同弹道系数的子星对应的临界绳长可以看出，当子星半径一定时，弹道系数越大的子星，对应的临界绳长越小。分析其原因，由式(6.45)可以看出，当子星半径一定时，弹道系数越大，对应的子星质量越大，而子星质量越大，基站航天器下端所承受的系绳与子星的重力梯度力也越大，因此，在系绳强度极限一定的情况下，弹道系数越大，能承受的系绳重力梯度力越小，因而临界绳长越小。

第7章　空间绳网系统交会捕获空间碎片的运动分析

空间碎片作为非合作目标，目前主要采用的捕获机构有两种：机械臂和柔性飞网。然而相比于刚性机械臂，柔性绳网通过系绳与航天器连接可实现“面对点”的捕获方式，增强了捕获的可靠性；同时也增加了在轨捕获的有效工作距离。而且由于绳网质量较轻，折叠后体积小，易于携带，故其结构简单，易于实现。本章采用的交会捕获过程是先利用基站航天器上的展开控制机构将系绳终端的绳网释放至所要求的系绳长度和系绳展开面内角，然后利用绳网绕着系绳系统质心的摆动运动特性实现对空间碎片的交会捕获。图 7.1 所示为交会捕获过程的示意图。

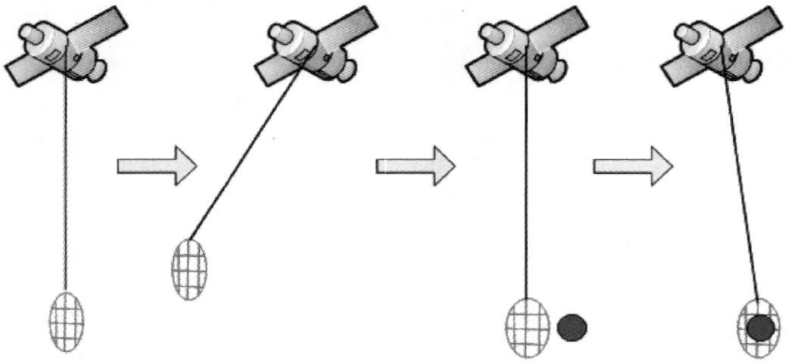

图 7.1　空间绳网摆动交会捕获空间碎片的示意图

7.1　交会捕获条件的分析

为了捕获空间碎片，要求系绳终端绳网在特定的时间运动至交会捕获的位置处，进一步要求绳网与空间碎片交会时相对运动速度较小，从而可减小两者发生碰撞时对系绳产生的振动，可避免系绳因张力过大而导致系绳的断裂。碰撞的产生是由于在交会瞬间绳网与碎片存在相对速度，因此要想规避碰撞，就要消除或尽量减小相对运动趋势。

由于基站航天器质量远大于系绳及绳网系统的质量，因此可假定整个空间系绳系统的质心位于基站航天器上。此外，地球近地轨道上的空间碎片大都运动于未扰动的开普勒椭圆轨道上，并且空间碎片的离心率绝大部分都小于 0.4，因此仅考虑交会捕获离心率较小的空间碎片。另外，假定空间碎片和基站航天器处于共面的轨道上，且仅考虑空间系绳系统向下交会捕获碎片的情况(即要求系绳系统质心的轨道高度大于空间碎片的轨道高度)。最后，为了简化问题，不考虑绳网与空间碎片在交会时的姿态运动要求。

基于系绳系统交会捕获的条件是空间碎片轨道离心率、系绳展开长度以及系绳系统与碎片相对位置等变量的复杂函数。针对共面捕获的情况，在满足交会时位置和相对速度等条件的要求下，也应尽量使空间系绳系统与碎片间的距离达到最短，从而可提高交会捕获的可靠性。同时要求交会时系绳的展开速度为零，满足该条件一方面可以避免由系绳展开速度的偏差所引入的终端绳网速度的误差，另一方面使系绳系统在轨道面内形成固定周期的摆动运动，从而可预测相应的交会捕获位置与时间，利于通过设计跟踪控制律实现对碎片的交会捕获。而且若在交会时系绳展开速度为 0，则可通过反向时间积分求解系绳摆动动力学方程，由交会时所要求的绳网位置和速度可推导出系绳摆动初始时刻的最大面内角，若以固定绳长的摆动运动作为参考轨迹，则交会的过程可以被考虑为一个轨迹跟踪控制问题。因此摆动交会的过程中要求系绳展开速度为零。

采用系绳张力作为控制量，由于控制机构处于基站航天器上，因此控制量主要由基站航天器施加，这使所需求的能量很少，同时也降低了捕获机构的设计复杂度，因此相比借助捕获机构自主推力控制的方式具有显著的优势。通过控制系绳张力实现对空间碎片的安全捕获时，要求保证系绳始终张紧，在摆动捕获的过程中系绳保持张紧的状态是一个极其重要的约束条件，在文献[49]中，指出在避免系绳松弛的前提下，最大的系绳摆动幅值近似为 66.5°，也就是说只要系绳最大摆动角小于 66.5°时，系绳将始终保持张紧。这种最大摆动幅值的限制对于大部分实际的捕获情况都是可以满足要求的。

7.2　摆动交会捕获方案研究

7.2.1　垂直摆动交会

当交会的位置发生在系绳摆动的当地垂直位置时，由于摆动交会的瞬间系绳摆动面内角为零，且系绳展开速度也为零，则此时绳网的速度方向与当地水平方向一致。设空间系绳系统的基站航天器运动在轨道半径为 R 的圆轨道上，其轨道角速度为 Ω，而空间碎片的轨道离心率和半长轴设为 e_{p} 和 a_{p}，且系绳展开长度为 l_{k}。

在图 7.2 所示的空间系绳系统的轨道运动坐标系中，规定系绳面内摆动角 θ 在当地垂直方向的右侧为正。则绳网交会时的位置矢量和速度矢量可分别表示为

$$\boldsymbol{r}_{\mathrm{tip}} = [0 \quad R - l_{\mathrm{k}}\cos\theta \quad -l_{\mathrm{k}}\sin\theta]^{\mathrm{T}} \tag{7.1}$$

$$\boldsymbol{V}_{\mathrm{tip}} = [0 \quad l_{\mathrm{k}}(\dot{\theta} + \Omega)\sin\theta \quad R\Omega - l_{\mathrm{k}}(\dot{\theta} + \Omega)\cos\theta]^{\mathrm{T}} \tag{7.2}$$

又因为交会时面内摆角 θ 为 0，则

$$\boldsymbol{V}_{\mathrm{tip}} = [0 \quad 0 \quad R\Omega - l_{\mathrm{k}}(\dot{\theta} + \Omega)]^{\mathrm{T}} \tag{7.3}$$

即可知绳网交会时的径向速度为 0，而空间碎片处于开普勒椭圆轨道上，显然为了使绳网与碎片交会时速度方向一致，则只有当空间碎片处于近地点或远地点时才能满足要求，因此若要实现无相对速度的捕获空间碎片，在此种情况下的交会窗口只有近地点和远地点。

先考虑当交会点为空间碎片的远地点时，空间碎片远地点轨道半径为 $r_p^a = a_p(1-e_p)$，而为了满足交会时绳网与碎片的位置一致，则系绳展开的长度应该为 $l_k = R - r_p^a$。由于空间碎片在远地点时的轨道速度为

$$\boldsymbol{V}_p^a = \begin{bmatrix} 0 & 0 & \sqrt{\dfrac{\mu(1-e_p)}{a_p(1+e_p)}} \end{bmatrix}^T \tag{7.4}$$

式中，μ 为地心引力常数。

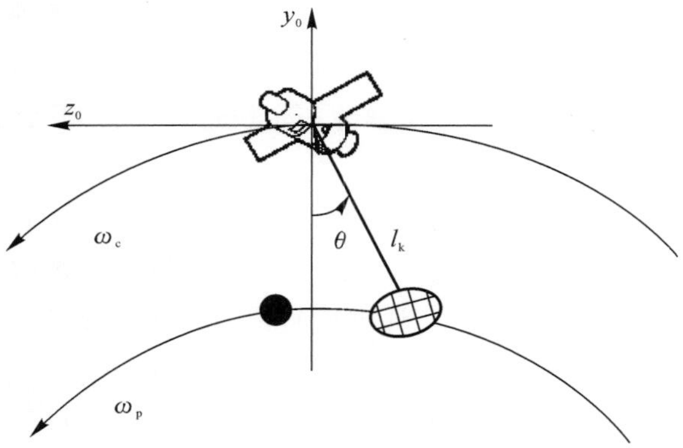

图 7.2　绳网垂直摆动交会空间碎片的示意图

则由 $\boldsymbol{V}_{tip} = \boldsymbol{V}_p^a$ 可得到所要求的面内摆动角速度的表达式关系为

$$\dot{\theta} = \frac{R\Omega - l_k\Omega - \sqrt{\dfrac{\mu(1-e_p)}{R-l_k}}}{l_k} \tag{7.5}$$

同时又由系绳系统面内运动动力学方程 $\ddot{\theta} = -1.5\Omega^2\sin 2\theta$，可通过求解该微分方程得到所要求的系绳最大面内摆动角。有如下的计算公式：

$$\cos 2\theta_k = 1 - \frac{2\dot{\theta}^2}{3\Omega^2} \tag{7.6}$$

从而可得出系绳展开后的最大面内角 θ_k 的值。

现讨论影响绳网与空间碎片交会时面内摆动角速度的相关因素。图 7.3 及图 7.4 中所示为终端绳网与碎片摆动交会时所要求的面内角速度，其是空间系绳系统的系绳展开长度及空间碎片轨道离心率的函数关系。因考虑到在轨道高度为 800 km 时，空间碎片的分布密度较大[73]，则假设基站航天器轨道高度为 800 km。由于空间碎片处于远地点时，其速度较小，则将要求绳网交会时的摆动方向与基站航天器运动方向相反。同时针对短系绳而言，绳网摆动角速度幅值随着空间碎片离心率的增大而快速增加。此外随着碎片轨道离心率的增大，将导致系绳摆动角速度随着系绳展开长度的减小而更加快速地增大。

另外，当选择在空间碎片远地点交会时，还有一个重要的参数。即在任何展开绳长的情况下都存在一个临界的轨道离心率使绳网交会时恰好满足面内角速度为零的条件。基于公式(3.5)可求得临界轨道离心率与展开绳长有如下关系：

$$e_p^0 = 1 - \frac{(R-l_k)^3\Omega^2}{\mu} \tag{7.7}$$

依据式(7.7)可求得任意绳长下的临界轨道离心率，针对这种情况，系绳系统可以实现无

摆动式地与空间碎片交会。例如当系绳展开长度为 100 km 时，临界的轨道离心率为 0.041 3。

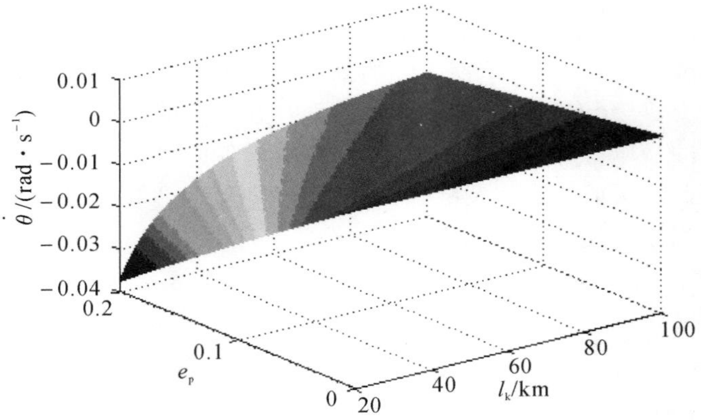

图 7.3　绳网交会时的面内角速度随空间碎片离心率及绳长的变化曲面

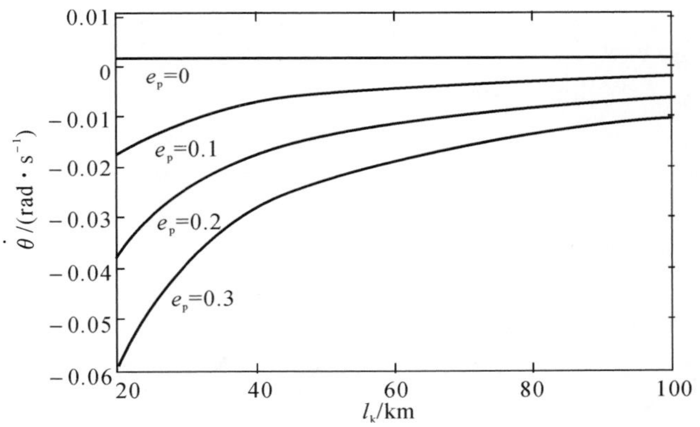

图 7.4　绳网交会时的面内角速度与绳长的变化曲线(远地点)

当交会点为空间碎片的近地点时，采用上述同样的分析策略，可得到交会时绳网的面内摆动角速度的计算公式为

$$\dot{\theta}=\frac{R\Omega-l_k\Omega\sqrt{\frac{\mu(1+e_p)}{R-l_k}}}{l_k} \tag{7.8}$$

图 7.5 所示为面内角速度随系绳系统展开的系绳长度及空间碎片离心率的变化曲线。可以看出摆动角速度都为正值，这是由于近地点轨道速度较大，需要正向的系绳摆动角速度才能满足交会条件。同时当空间碎片轨道离心率较小时，所要求的面内摆动角度随着系绳展开长度的变化基本保持不变，这是由于系绳长度相比于基站航天器的轨道半径要小得多，而离心率较大时使近地点的轨道速度显著增加。

7.2.2 容错性垂直摆动交会

7.2.1节中的交会捕获方式虽然能够达到无相对速度地将空间碎片捕获，但是其交会捕获的窗口仅限于近地点和远地点，这使实际的捕获过程有很大的局限性。因考虑到绳网系统具有一定的缓冲能力，可允许捕获时绳网与碎片间存在一定的相对速度偏差，但绳网与碎片发生碰撞时所产生的冲量应有一个极限约束，当超过极限值时将导致绳网系统损坏，甚至使系绳系统发生故障。因此在保证交会位置准确性的前提下，要求终端绳网的速度要满足一定条件，这样才能使交会过程中的速度偏差达到最小值。

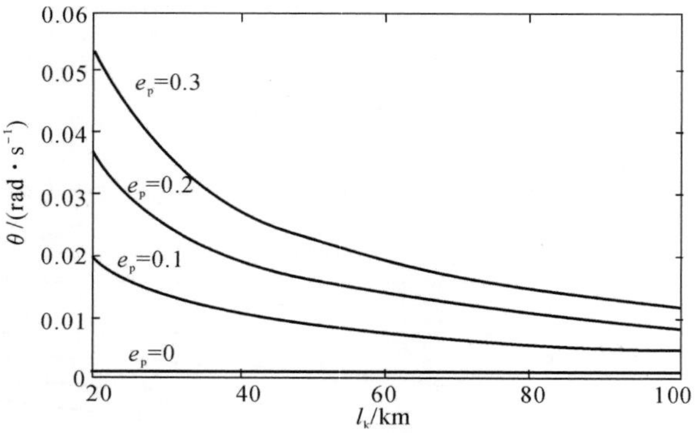

图7.5 绳网交会时的面内角速度与绳长的变化曲线(近地点)

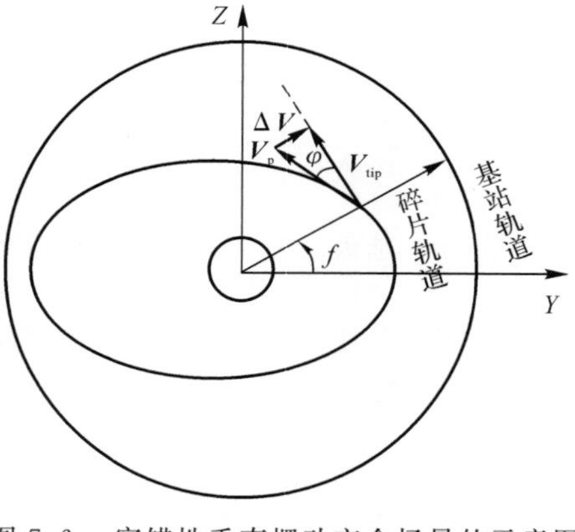

图7.6 容错性垂直摆动交会场景的示意图

因此依然考虑当系绳摆动到当地垂直方向时，绳网与空间碎片发生交会。图7.6所示为绳网系统在地心惯性坐标系中与碎片发生交会时的场景，当交会捕获的位置发生在空间碎片真近点角为 f 时，可确定此时空间碎片的轨道速度 $\boldsymbol{V}_p$，而图中的虚线方向为绳网速度矢量方向，则为了使绳网与碎片在交会时的速度偏差最小，要求绳网在交会时的速度大小为 $\boldsymbol{V}_p$ 在其方向上的投影，即为图中所示的 $\boldsymbol{V}_{tip}$ 速度矢量，而最小的速度偏差量为图中所示的 $\Delta\boldsymbol{V}$，且图中角 φ 为空间碎片的轨道速度与终端绳网线速度的夹角。

假设绳网与空间碎片发生交会时，空间碎片的真近点角为 f。则空间碎片此时的轨道线

速度矢量为

$$\mathbf{V}_{p}=\sqrt{\frac{\mu}{a_{p}(1-e_{p}^{2})}}\begin{bmatrix}0 & -\sin f & e_{p}+\cos f\end{bmatrix}^{T} \tag{7.9}$$

则可由三角几何关系得到交会时绳网的速度大小应为

$$V_{tip}=V_{p}\cos\varphi=\sqrt{\frac{\mu}{a_{p}(1-e_{p}^{2})}}(1+e_{p}\cos f) \tag{7.10}$$

以及可得到绳网与空间碎片间的最小相对速度幅值为

$$\Delta V=V_{p}\sin\varphi=\sqrt{\frac{\mu}{a_{p}(1-e_{p}^{2})}}e_{p}\sin f \tag{7.11}$$

由于交会时，绳网与碎片存在相对速度，将导致绳网在捕获碎片之后对系统产生一定的冲量作用，其冲量大小可由下式计算：

$$I=\frac{m_{s}m_{p}}{m_{s}+m_{p}}\Delta V \tag{7.12}$$

式中，m_s 和 m_p 分别为绳网及空间碎片的质量。

当绳网与碎片发生碰撞作用产生的冲量较小时，不会对系统产生致命的影响。然而如果由碰撞产生的冲量较大时将导致系统无法继续完成任务，甚至引起系绳的断裂，这都将带来严重的后果。因此需要选取一个系统能够承受的冲量上界，从而可确定出不同轨道的空间碎片的交会捕获窗口。

算例 1：假设空间碎片的椭圆轨道离心率为 0.01，轨道半长轴为 7 000 km，绳网及空间碎片的质量分别为 20 kg 和 100 kg，且设定绳网能承受的最大冲量为 500 N·s，可得到绳网交会捕获空间碎片的窗口大小。

图 7.7 所示为碰撞产生的冲量大小随空间碎片真近点角变化的曲线，由于椭圆轨道的对称性，仅需绘制出真近点角为 0°～180° 范围内碰撞产生的冲量。可得到此时绳网的交会窗口范围为[0°, 23.5°] ∪ [156.5°, 203.5°] ∪ [336.5°, 360°）。此外，可发现当交会点在真近点角为 90° 或 270° 时，所产生的碰撞冲量是最大的，即表明此位置处的交会捕获将是最困难的。

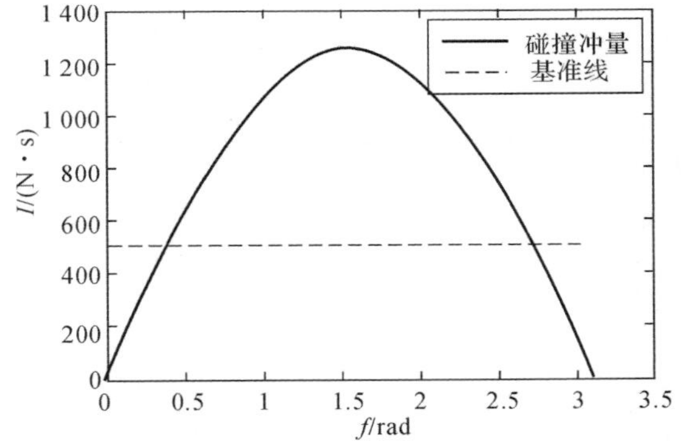

图 7.7　碰撞产生的冲量变化曲线

下面分别讨论空间碎片质量、轨道离心率及其轨道半长轴对交会捕获窗口的影响。依据相关的计算公式，采用控制变量法针对性地分析各种因素对交会捕获窗口的影响，可得到交会时系统因碰撞产生的冲量变化曲线如图 7.8 至图 7.10 所示。

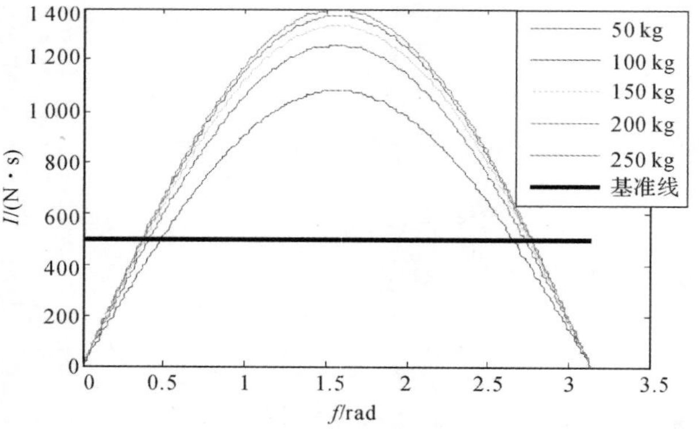

图 7.8　空间碎片轨道离心率为 0.01、半长轴为 7 000 km 时，碎片质量对碰撞冲量的影响

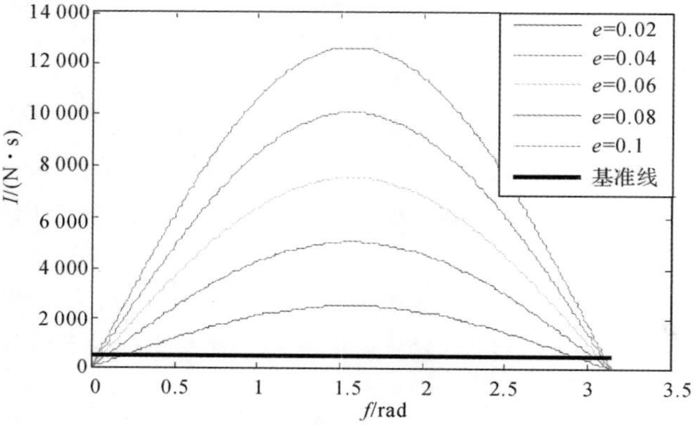

图 7.9　空间碎片质量为 100 kg、半长轴为 7 000 km 时，离心率对碰撞冲量的影响

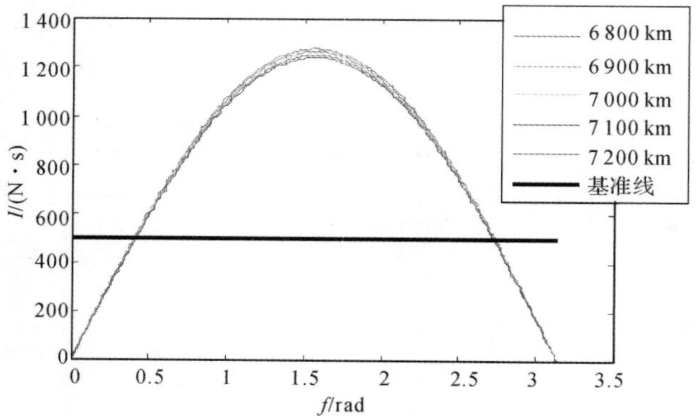

图 7.10　空间碎片质量为 100 kg、轨道离心率为 0.01 时，半长轴对碰撞冲量的影响

由以上曲线图可知，空间碎片的轨道半长轴对交会捕获窗口的影响很小。而空间碎片质量的变化对交会窗口有一定的影响，可以看出随着碎片质量的增加，碰撞产生的冲量也相应增加，导致交会窗口一定程度减小。另外，轨道离心率对交会窗口大小的影响显著，随着轨道离心率的增大，交会时因碰撞产生的冲量迅速地增大。而且当空间碎片的离心率大于 0.02 时，就导致因碰撞产生的冲量远远大于临界值，使其交会窗口极小，可见对于离心率较大的空间碎片，这种交会方案基本无法使交会窗口增大。

7.2.3　非垂直摆动交会捕获

7.2.2 节的方案虽然一定程度上增大了交会捕获的窗口，然而也有一定的局限性。一方面还是无法使绳网在碎片处于任意轨道位置时都能实现交会捕获，另一方面由于其存在一定的相对速度，导致系统将因碰撞产生一定的干扰作用。而采用非垂直摆动交会策略，既可以实现交会时绳网与碎片间的相对速度为零，同时又可以使绳网交会捕获的窗口扩展为空间碎片的整个运行轨道。

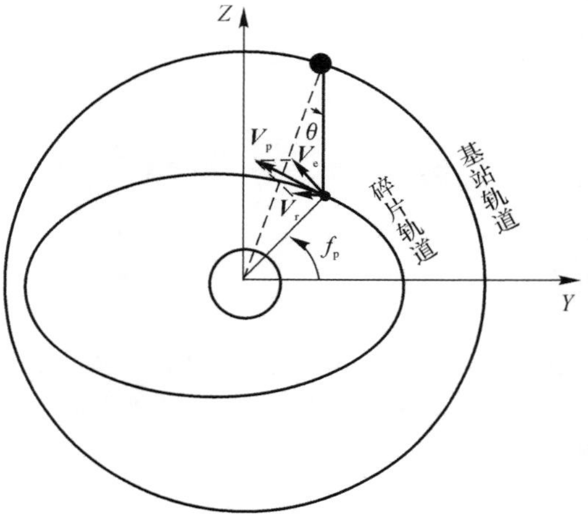

图 7.11　非垂直摆动交会场景的示意图

如图 7.11 所示，假设交会时空间碎片的真近点角为 f_p，则可得到此时空间碎片的轨道速度矢量 $\boldsymbol{V}_p$，图中 $\boldsymbol{V}_r$ 和 $\boldsymbol{V}_e$ 分别为交会时绳网摆动的相对速度矢量和绳网的牵引速度矢量。为了使绳网与空间碎片交会时的速度矢量与 $\boldsymbol{V}_p$ 一致，要求绳网交会时摆动的相对速度矢量 $\boldsymbol{V}_r$ 和牵引速度矢量 $\boldsymbol{V}_e$ 的合速度与 $\boldsymbol{V}_p$ 相同（如图中所示），即可达到绳网速度 $\boldsymbol{V}_{tip}$ 与碎片轨道速度一致。其中面内角 θ 为交会时的摆动角，则可得到交会时空间碎片的轨道半径为

$$r_p = \frac{a_p(1-e_p^2)}{1+e_p\cos f_p} \tag{7.13}$$

且此时空间碎片在地心轨道坐标系中的速度矢量为

$$\boldsymbol{V}_p = \sqrt{\frac{\mu}{a_p(1-e_p^2)}}\begin{bmatrix}0 & -\sin f_p & e+\cos f_p\end{bmatrix}^T \tag{7.14}$$

空间碎片在轨道运动坐标系中的速度矢量为

$$\boldsymbol{V}_{tip} = \begin{bmatrix}0 & l_k(\dot{\theta}+\Omega)\sin\theta & R\Omega - l_k(\dot{\theta}+\Omega)\cos\theta\end{bmatrix}^T \tag{7.15}$$

由轨道运动坐标系到地心轨道坐标系的转换矩阵为

$$\boldsymbol{A} = \begin{bmatrix}1 & 0 & 0\\ 0 & \cos f_p & -\sin f_p\\ 0 & \sin f_p & \cos f_p\end{bmatrix} \tag{7.16}$$

因此空间碎片在地心轨道坐标系中的速度矢量为

$$\boldsymbol{V}_{tip} = \boldsymbol{A}\boldsymbol{V}_{tip} \tag{7.17}$$

由下列关系式：

$$\left.\begin{aligned} \boldsymbol{V}_{\text{tip}} &= \boldsymbol{V}_{\text{p}} \\ r_{\text{p}}^{2} &= R^{2} + l_{\text{k}} - 2Rl_{\text{k}}\cos\theta \end{aligned}\right\} \tag{7.18}$$

可求得交会时所要求的系绳展开绳长 l_{k}、面内角 θ 以及面内角速度 $\dot{\theta}$。

算例 2：取空间碎片的轨道离心率及半长轴分别为 0.01 和 7 100 km，且要求在真近点角为 π/2 处交会捕获(此位置是最难交会捕获的)。可求出此情况下交会捕获时的一些相关参数如下：

系统展开的绳长：$l_{\text{k}} = 86$ km；

系绳摆动的面内角：$\theta = 33°$；

系绳摆动相对角速度：$\dot{\theta} = 0.001\ 57$ rad/s。

7.3 摆动交会跟踪控制律设计

绳网在与空间碎片摆动交会的过程中，为了实现精确捕获，要求系绳展开长度及面内角速度都严格满足指定的标准。虽然系绳处于自由摆动的状态，其运动轨迹是可以推演出来的，但是在系绳自由摆动的过程中会受到外界环境的干扰，此外系绳展开之后，系绳摆动的初始条件也可能与所要求的值有偏差。因此需要设计轨迹跟踪控制器来抑制扰动和消除初始偏差，从而使绳网更加可靠地捕获空间碎片。

7.3.1 系绳标称摆动轨迹

由系绳系统面内摆动动力学方程 $\ddot{\theta} = -1.5\Omega^{2}\sin 2\theta$，以及系绳摆动初始值 $\theta_{0} = \theta_{\text{k}}$，$\dot{\theta} = 0$，可以确定出绳网摆动阶段的标称轨迹。另外，系绳摆动过程要求系绳展开速度为零。设摆动阶段系绳长度为 l_{k}，则由第 2 章中公式(2.33)得到系绳摆动阶段的标称控制张力为

$$T_{\text{cp}} = m_{\text{s}} l_{\text{k}} [(\dot{\theta} + \Omega)^{2} - \Omega^{2}(1 - 3\cos^{2}\theta)] \tag{7.19}$$

式中，Ω 为基站航天器的轨道角速度。

7.3.2 最优跟踪控制律设计

为了实现跟踪上述的标称摆动轨迹，本节采用时变线性二次型反馈控制来设计系绳摆动阶段的跟踪控制律。其控制结构如图 7.12 所示，先将标称的控制量及状态量存储在计算机中，通过插值可得到任意时刻的标称值，并将之与实际状态量比较，得到偏差量，再利用线性二次型最优反馈求得偏差控制量，最后由标称量与偏差量即可合成实际控制量。

由交会捕获条件的分析，可采用系统哑铃模型作为绳网摆动交会阶段的动力学方程，即系绳系统面内运动的动力学模型为

$$\left.\begin{aligned} \ddot{l} &= l[(\dot{\theta} + \Omega)^{2} - \Omega^{2}(1 - 3\cos^{2}\theta)] - \frac{T}{m_{\text{s}}} \\ \ddot{\theta} &= -2\,\frac{\dot{l}}{l}(\dot{\theta} + \Omega) - \frac{3}{2}\Omega^{2}\sin 2\theta \end{aligned}\right\} \tag{7.20}$$

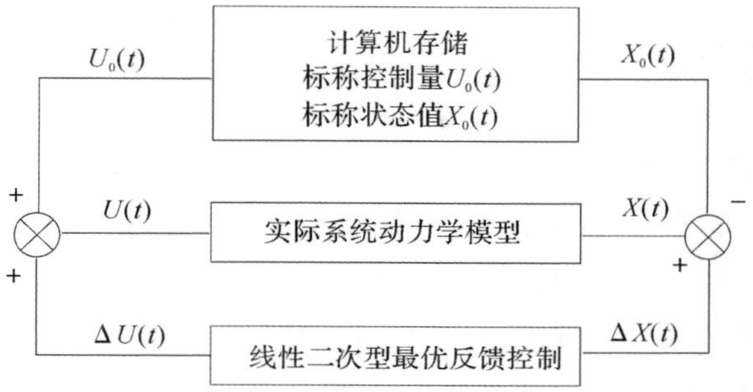

图 7.12　最优跟踪控制律的结构示意图

将其在标称轨迹附近线性化，得时变线性系统的状态方程（偏差量）：

$$\dot{\boldsymbol{X}}=\begin{bmatrix}0 & 1 & 0 & 0\\(\dot{\theta}+\Omega)^2-\Omega^2(1-3\cos^2\theta) & 0 & -3\Omega^2 l_k\sin 2\theta & 2l_k(\dot{\theta}+\Omega)\\0 & 0 & 0 & 1\\0 & -\dfrac{2(\dot{\theta}+\Omega)}{l_k} & -3\Omega^2\cos 2\theta & 0\end{bmatrix}\begin{bmatrix}\Delta l\\\Delta\dot{l}\\\Delta\theta\\\Delta\dot{\theta}\end{bmatrix}+\begin{bmatrix}0\\1\\0\\0\end{bmatrix}\Delta u$$

式中，$\Delta u=-\dfrac{\Delta T}{m_s}=-\dfrac{T-T_{cp}}{m_s}$，系统的状态量为 $\boldsymbol{X}=[\Delta l\quad \Delta\dot{l}\quad \Delta\theta\quad \Delta\dot{\theta}]^{\mathrm{T}}$。

上式等价于如下的系统状态方程：

$$\left.\begin{aligned}\boldsymbol{X}(t)&=\boldsymbol{A}(t)\boldsymbol{X}(t)+\boldsymbol{B}\boldsymbol{U}(t)\\\boldsymbol{Y}(t)&=\boldsymbol{C}\boldsymbol{X}(t)\end{aligned}\right\}\tag{7.21}$$

式中，$\boldsymbol{A}(t)$ 为系统的状态矩阵；$\boldsymbol{B}$ 为输入矩阵；$\boldsymbol{C}$ 为单位输出矩阵。

针对上述系统方程的最优控制问题，可采用如下的线性二次型性能指标函数：

$$J=\frac{1}{2}\boldsymbol{X}^{\mathrm{T}}(t_f)\boldsymbol{P}\boldsymbol{X}(t_f)+\frac{1}{2}\int_0^{t_f}[\boldsymbol{X}^{\mathrm{T}}(t_f)\boldsymbol{Q}\boldsymbol{X}(t_f)+R\Delta u^2]\,\mathrm{d}t\tag{7.22}$$

式中，t_f 为绳网与碎片交会的时刻；$\boldsymbol{P}$ 为系绳展开终端约束的加权对角矩阵；$\boldsymbol{Q}$ 为状态变量的加权对角矩阵；$\boldsymbol{R}$ 为控制变量的加权系数。

从而使问题转换为求解最优控制 Δu^*，使目标函数达到最小值。这时，问题归结为用不大的控制量使 $\boldsymbol{X}(t)$ 维持在零值附近，即是所谓的状态调节器问题。则可通过列写 Hamilton 函数并对控制变量求导得到如下的反馈控制律：

$$\Delta u^*=-\boldsymbol{R}^{-1}\boldsymbol{B}^{\mathrm{T}}\boldsymbol{K}(t)\boldsymbol{X}(t)\tag{7.23}$$

式中，$\boldsymbol{K}(t)$ 满足如下黎卡提微分方程：

$$\dot{\boldsymbol{K}}(t)=-\boldsymbol{K}(t)\boldsymbol{A}(t)-\boldsymbol{A}^{\mathrm{T}}(t)\boldsymbol{K}(t)+\boldsymbol{K}(t)\boldsymbol{B}R^{-1}\boldsymbol{B}^{\mathrm{T}}\boldsymbol{K}(t)-\boldsymbol{Q}\tag{7.24}$$

此微分方程只能由数值积分方法求得，由边界条件 $\boldsymbol{K}(t_f)=\boldsymbol{P}$，可利用逆向时间积分求得 $\boldsymbol{K}(t)$ 在时间域内的取值，从而可由式(7.23)得到时变的状态反馈控制律。即有如下的状态反馈控制形式：

$$\Delta u^*=-(p_1\Delta l+p_2\Delta\dot{l}+p_3\Delta\theta+p_4\Delta\dot{\theta})\tag{7.25}$$

式中，p_1，p_2，p_3 及 p_4 为最优控制器的反馈系数。

7.3.3 仿真分析

设基站航天器轨道高度为 800 km，标称初始最大面内角为 60°，系绳标称绳长为 30 km，且选取式(7.22) 中性能指标的加权系数为 $R=2$，$\boldsymbol{P}=\mathrm{diag}[10\quad 10\quad 10^5\quad 10]$ 以及 $\boldsymbol{Q}=\mathrm{diag}[1\quad 1\quad 10^4\quad 1]$。相对标称初始值，初始扰动为 $\Delta l=-10$ m，$\Delta\dot{l}=0$，$\Delta\theta=1°$，$\Delta\dot{\theta}=0$。可得到状态量的最优控制器反馈系数随时间的变化曲线如图 7.13 和图 7.14 所示，其中前三个反馈系数的值较小，但 p_1，p_2 在摆动的初始时刻迅速增加，然后就保持恒定的值(p_1 为 0.7，p_2 为 1.4)，这时由初始扰动导致绳长及速率的反馈系数改变，直到绳长及速率保持不变后反馈系数也基本维持不变。而面内角速度偏差量的反馈系数取值较大，且随着时间变化的幅值也较大，这是因为面内角的可控性弱，以及面内角速度的量纲较小，则针对面内角速度需要较大的控制作用。

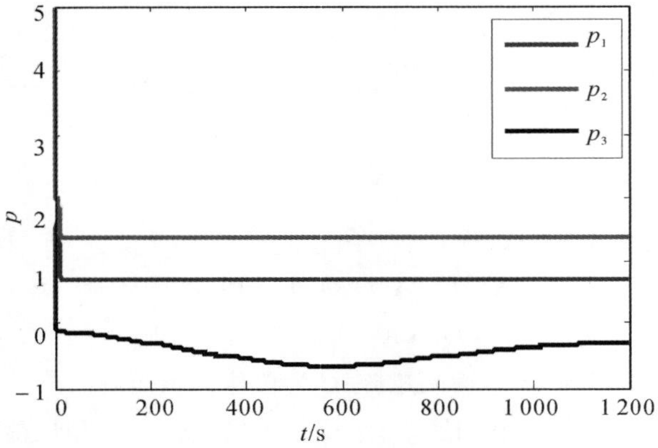

图 7.13 反馈系数 p_1，p_2，p_3 关于时间的关系曲线

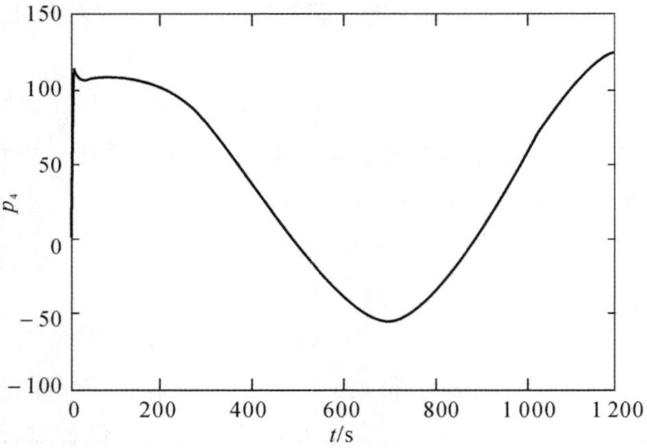

图 7.14 反馈系数 p_4 关于时间的关系曲线

图 7.15 至图 7.18 所示为系绳系统状态量与标称值的偏差量随时间的变化曲线，绳长及

速度偏差量迅速减为 0，而面内角的初始扰动需要较长的时间才能回复至 0，同时面内角速度存在较小的误差。图 7.19 所示为系绳系统摆动阶段的控制张力变化曲线，在系绳展开的初始阶段，由于存在初始扰动量，导致系绳实际张力与标称张力有一定的偏差，尤其是在系绳展开时间为 30 s 附近时，系绳实际张力有一个突增的尖峰，说明此时张力控制作用显著，而随着绳长及系绳展开速度恢复至零之后，系绳实际张力与标称张力也就基本保持一致了。

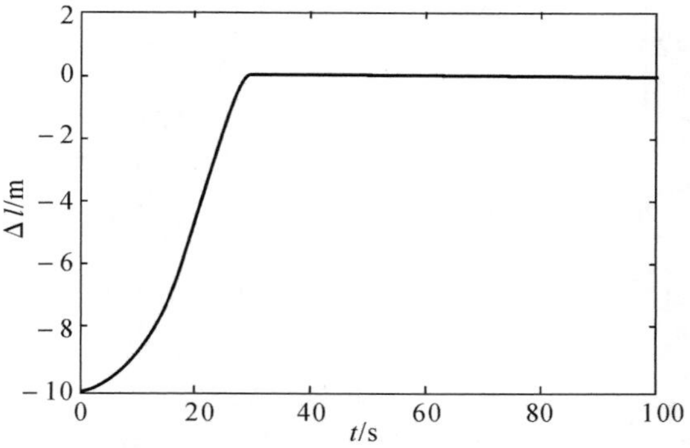

图 7.15　系绳展开长度误差的变化曲线

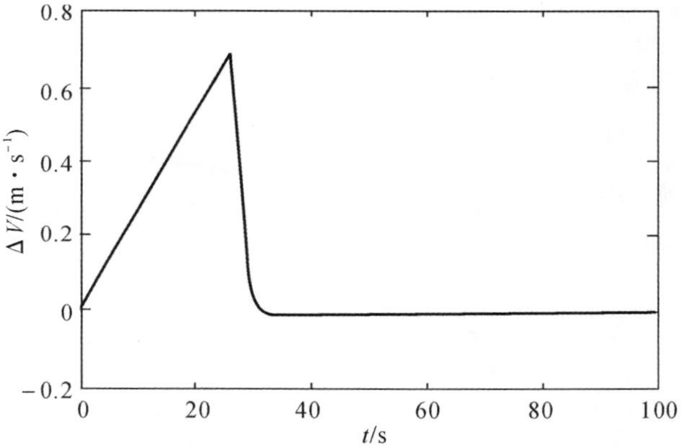

图 7.16　系绳展开速度误差的变化曲线

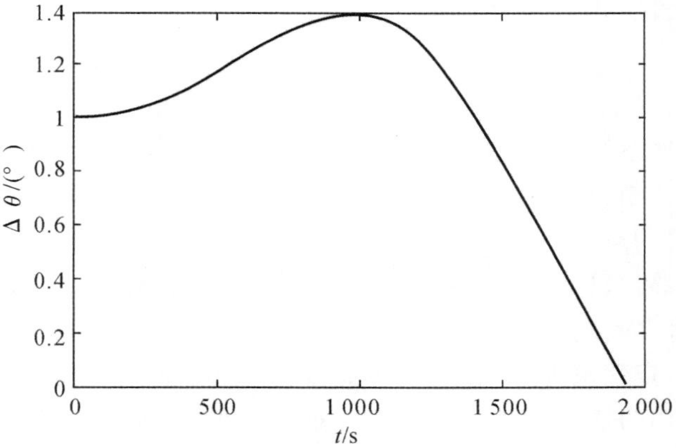

图 7.17　系绳摆动阶段面内角误差的变化曲线

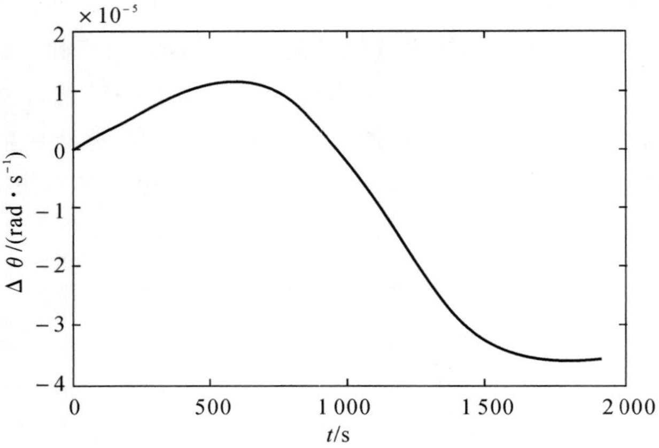

图 7.18　系绳摆动阶段面内角速度误差的变化曲线

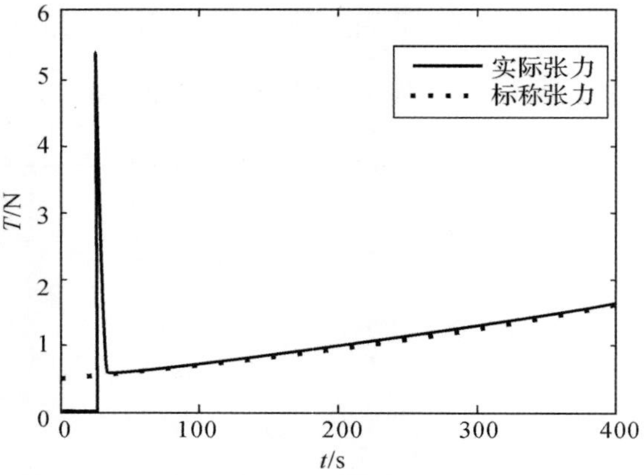

图 7.19　系绳系统摆动阶段的张力变化曲线

7.4　空间系绳系统动态释放空间碎片的仿真分析

为了利用空间系绳系统清除空间碎片，需要通过系绳将其释放到大气层中，从而可利用稠密的大气层将空间碎片销毁，即可达到清除空间碎片的目的。一种方法是直接展开足够长的系绳，使由绳网携带着的空间碎片进入大气层，最后再释放之。然而这种静态释放的方式要求系绳展开的绳长要足够长，比如当基站航天器位于 800 km 的轨道高度时，释放的绳长要达到 500 km 以上才可能将空间碎片投掷到大气层中。展开如此长的系绳不仅在技术上很难达到要求，而且对系统的稳定性也将带来诸多不利的影响。另一种方法是展开较短的系绳，然后利用系绳系统在轨道面内的摆动特性动态释放空间碎片，使其获得一个制动冲量，从而可使其轨道显著下降。这种方式节省了大量的能量，同时也使系统更具安全性和可靠性。

7.4.1　再入大气层销毁的条件

针对轨道高度小于600 km的近地轨道上的空间碎片，其轨道寿命受大气阻力的影响是显著的，空间碎片的轨道高度将由大气阻力的作用而自然衰减，并最终进入大气层而销毁。然而近地轨道上的空间碎片也有各不相同的命运，轨道高度在500～600 km范围内的空间碎片运行的寿命可达到几年甚至更长，而轨道高度为200～400 km的圆轨道空间碎片运行几个月就会再入大气层而被清除，同时空间碎片轨道高度越低及其轨道离心率越大，都将导致空间碎片的寿命越短。因此为了清除空间碎片，实际上只要将空间碎片释放到轨道高度小于400 km的情况，基本上就可以使空间碎片在几个月内自然清除。然而本节考虑将空间碎片一次性销毁的情形，因而需要使空间碎片释放后就立即再入大气层，并且使其在大气层中因过热而烧毁或者让其残骸着陆到地球上。

空间碎片由系绳将其释放到大气层之后，将基本无法对其施加任何控制作用，此时空间碎片在大气层中的运动主要产生空气阻力，而气动升力几乎不产生，这其实是一种弹道再入的方式。比如人造航天器在返回地面的过程中就需要先再入大气层中，而针对返回舱再入大气层有一个再入走廊的约束条件，所谓再入走廊的条件限制，其实就是指在再入大气层时要求对再入角和再入轨道速度有一定的范围限制。一方面如果再入角过小而再入速度过大时，则可能使飞船被大气弹出而导致再入失败。另一方面如果再入角过大且再入速度也较大时，则在短时间内空气阻力会很大，导致气动加热率峰值超过极限值，将使飞船销毁，从而无法使其返回地面。针对空间碎片，我们的任务就是要将再入大气层的空间碎片销毁，也就是说不允许空间碎片被大气层弹回而不能使之清除。因此相应的针对空间碎片的再入速度和再入角也有一个限制要求，显然再入角和再入速度越大，空间碎片就更容易被销毁，但在此不严格探究其极限值是多少，仅给出一个足以保证将空间碎片清除的再入角及再入速度的取值约束，以文献[76]和[108]中对再入走廊的分析为依据，要求空间碎片清除的条件是再入角和再入速度分别至少达到5°和7.5 km/s。

7.4.2　碎片释放的计算分析

7.4.2.1　*碎片释放的初始条件计算*

图7.20所示为绳网在面内回摆阶段的速度合成图，其中$\mathbf{V}_0$为绳网摆动阶段的合速度，而$\mathbf{V}_e$及$\mathbf{V}_r$分别表示为绳网的牵连速度和相对速度。假设在回摆阶段系绳的展开长度为l_f，初始最大面内摆动角为θ_f，系统质心轨道角速度为Ω，则空间系绳系统质心与基站航天器和绳网的距离分别为

$$\left.\begin{aligned} S_A &= \left(m_s + m_p + \frac{m_t}{2}\right)\frac{l_f}{m} \\ S_s &= \left(m_A + \frac{m_t}{2}\right)\frac{l_f}{m} \end{aligned}\right\} \tag{7.26}$$

式中，m_A为基站航天器的质量；m_t为系绳的质量；而m_s和m_p分别为绳网和空间碎片质量；m为整个系统的质量之和。

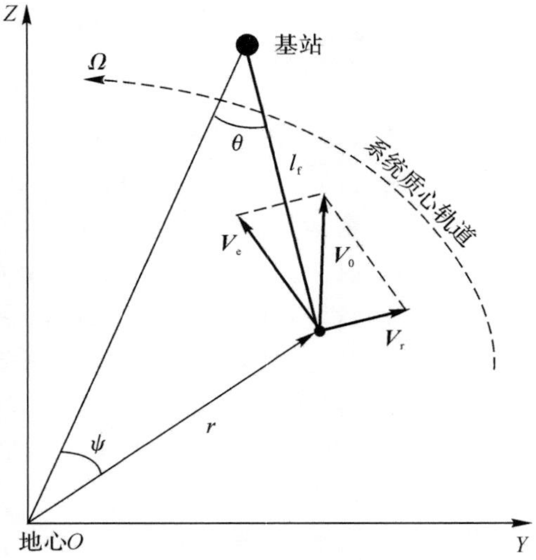

图 7.20 绳网在面内回摆阶段的速度合成图

由绳网在面内摆动的动力学方程 $\ddot{\theta}=-1.5\Omega^2\sin2\theta$，可对其进行能量积分得如下关系式：

$$\omega^2-1.5\Omega^2\cos2\theta=C=\text{const} \tag{7.27}$$

式中，ω 为绳网相对系统质心的摆动角速度，且常数 $C=-1.5\Omega^2\cos2\theta_f$，从而可以求得任意面内角位置处绳网的相对角速度，计算公式为

$$\omega=\dot{\theta}=\Omega\sqrt{1.5(\cos2\theta-\cos2\theta_f)} \tag{7.28}$$

则空间碎片相对系统质心的相对速度为

$$V_r=\omega S_s=S_s\,\Omega\sqrt{1.5(\cos2\theta-\cos2\theta_f)} \tag{7.29}$$

如图 7.20 所示，空间碎片在摆动阶段除了具有相对系统质心的相对速度，由于舱体与空间系绳系统一起相对引力中心以角速度 Ω 转动，还具有随着系统质心运动的牵连速度

$$V_e=\Omega r \tag{7.30}$$

式中，r 为空间碎片释放时相对地球引力中心的矢径。由图 7.20 可利用余弦定理求得其值为 $r=\sqrt{l_f^2+R_0^2-2l_fR_0\cos\theta}$，$R_0$ 为系统质心到地心的矢径模值。

从而可得到空间碎片释放时的绝对速度为

$$\mathbf{V}_0=\mathbf{V}_e+\mathbf{V}_r \tag{7.31}$$

此速度的方向与地平线的夹角为空间碎片的飞行角。绝对速度的模值和飞行角可根据下式确定：

$$V_0=\sqrt{V_e^2+V_r^2-2V_rV_e\cos(\theta+\Psi)} \tag{7.32}$$

$$\beta_0=\arctan\frac{V_r\sin(\theta+\Psi)}{V_e-V_r\cos(\theta+\Psi)} \tag{7.33}$$

式中，Ψ 为地心到空间碎片的矢径与当地垂线的夹角，$\Psi=\arcsin(l_f/r\sin\theta)$。

由以上的计算分析即可确定出在任意面内角时，空间碎片释放瞬间的速度大小和方向，以及释放时的轨道半径等相关初始条件。此外，由空间碎片释放时的速度及轨道半径，可得到释

放瞬间绳网施加于空间碎片的有效制动冲量为

$$\Delta V_0=\sqrt{\frac{\mu}{r}}-V_0 \tag{7.34}$$

式中，μ 为地心引力常数；有效制动冲量 ΔV_0 是系绳展开长度及面内角的函数。在空间碎片释放时面内角为零这一特殊情况下，空间碎片释放时的相关参数计算如下：

$$\left.\begin{aligned}V_0&=\Omega(R_0-l_f)-\dot{\theta}l_f\\ \Delta V_0&=\sqrt{\frac{\mu}{R_0-l_f}}-V_0\end{aligned}\right\} \tag{7.35}$$

7.4.2.2　空间碎片再入大气层的参数计算

绳网释放空间碎片之后，若不考虑大气阻力等干扰力的影响，则由航天器的轨道动力学特性，可对空间碎片释放时的位置与再入大气层的位置进行能量积分和面积积分，可得到碎片再入速度与再入角和碎片释放时初始条件的关系：

$$\left.\begin{aligned}V_0^2-\frac{2\mu}{r_0}&=V_x^2-\frac{2\mu}{r_x}\\ r_0V_0\cos\beta_0&=r_xV_x\cos\beta_x\end{aligned}\right\} \tag{7.36}$$

式中，μ 为地球引力常数；r_0 为空间碎片释放时地心到碎片的矢径；r_x 为地心到名义大气层边界的矢径模值，本节将大气层的名义边界定为 110 km 的轨道高度。则 V_x 和 β_x 分别为空间碎片再入大气层的速度大小和再入角，而 V_0 和 β_0 为释放时空间碎片的绝对速度大小及飞行角。

由上述方程组即可求得空间碎片再入大气层的轨道速度及再入角大小。另外，由释放瞬间空间碎片的轨道速度、地心距以及飞行角可求得空间碎片变轨后的轨道参数，比如离心率 e、近地点轨道半径 r_p 和远地点轨道半径 r_a。其计算公式分别如下：

$$e=\sqrt{\left(\frac{rV_0^2}{\mu}-1\right)^2\cos^2\beta_0+\sin^2\beta_0} \tag{7.37}$$

$$\left.\begin{aligned}r_p&=\frac{r^2V_0^2\cos^2\beta_0}{\mu(1+e)}\\ r_a&=\frac{r^2V_0^2\cos^2\beta_0}{\mu(1-e)}\end{aligned}\right\} \tag{7.38}$$

7.4.3　仿真分析

选取如下的基本仿真参数：假设基站航天器的质量为 10 000 kg，绳网的质量为 20 kg，空间系绳系统质心的轨道高度为 800 km，系绳的线密度为 0.3 kg/km，且取大气层名义边界高度值为 110 km。

7.4.3.1　面内角及绳长对再入条件的影响

假设初始最大面内摆动角为 60°，空间碎片的质量为 100 kg，并且取绳长分别为 100 km，150 km 以及 200 km 的情况下，考虑空间碎片释放时面内角及绳长对再入条件的影响。可得到仿真结果如图 7.21 至图 7.23 所示。

图 7.21 所示为不同绳长下释放时的面内角对空间碎片制动冲量的影响。从图中可看出，随着绳长的增加将导致相应的制动冲量也增大，而且当面内角为 0°时，空间碎片的制动冲量是最大的，因此为了使空间碎片的轨道降低最大，则应该当面内角为 0°时将空间碎片动态释放到大气层中。图 7.22 和图 7.23 所示分别为面内角对空间碎片进入大气层时的再入速度及再入角的影响。再入速度随着绳长的增加而相应地有所减小，且当面内角为 0°时有最小的再入速度值，但是当绳长在 100～200 km 之间时，最小的再入速度都在 7.5 km/s 以上，足以满足使空间碎片清除的条件。而再入角随着绳长的增加而相应地增大，且在面内角为 0°时再入角达到最大值，同时针对某些绳长及面内角的情况，再入角的值小于 0°，这说明该情况下释放空间碎片时，将无法使空间碎片到达名义大气层的边界处，也就没有所谓的再入角及再入速度，即不存在再入角。比如针对 $l_f=100$ km 的情形，能保证再入角存在且大于零条件的面内角取值范围为[－45°, 45°]。

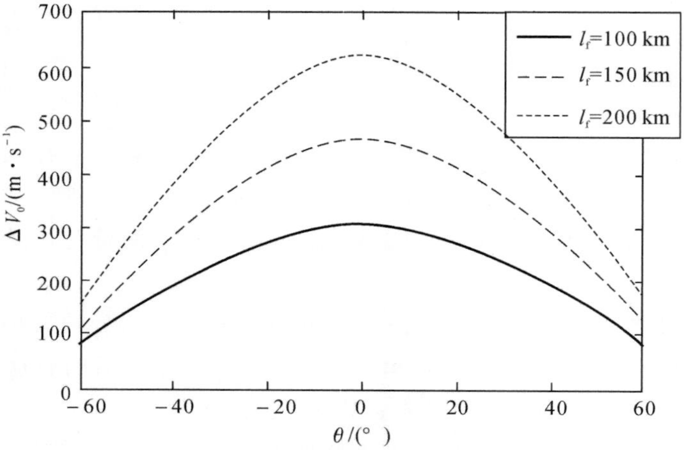

图 7.21　有效制动冲量关于面内角的变化曲线

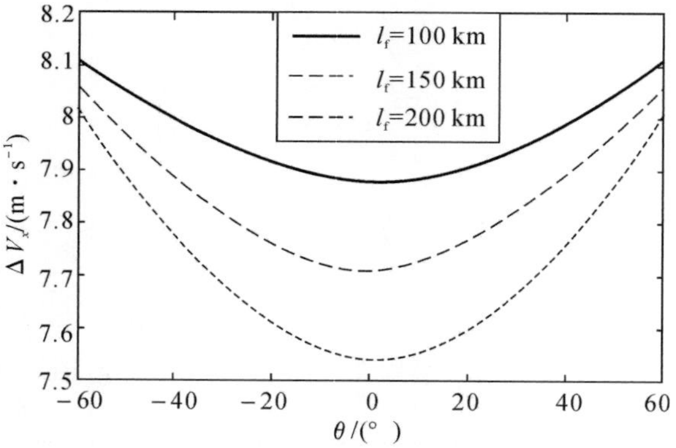

图 7.22　再入速度关于面内角的变化曲线

由以上的分析，可知在面内角为零的位置处释放空间碎片是最佳的时刻，因此以下在释放空间碎片时面内角为零的条件下，仅考虑系绳长度对再入条件的影响，可得到关系曲线如图

7.24 及图 7.25 所示，由图中可知，针对绳长在 100～200 km 的范围内时，空间碎片的再入速度随绳长的增大而逐渐减小，但再入速度始终大于 7.5 km/s。而再入角度随绳长的增大而逐渐增大，且再入角也比较大，能满足使空间碎片清除的条件。

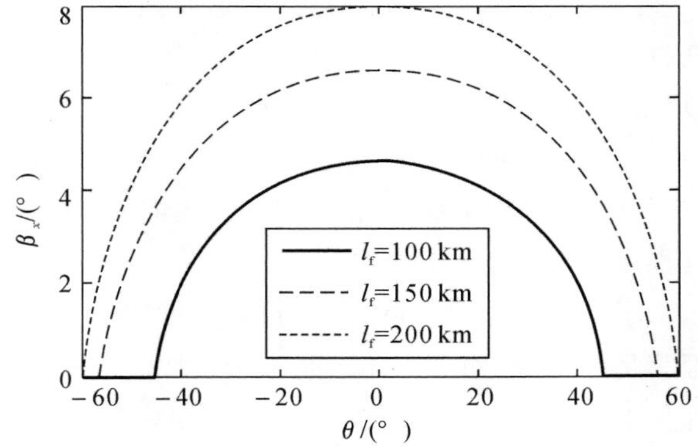

图 7.23　再入角关于面内角的变化曲线

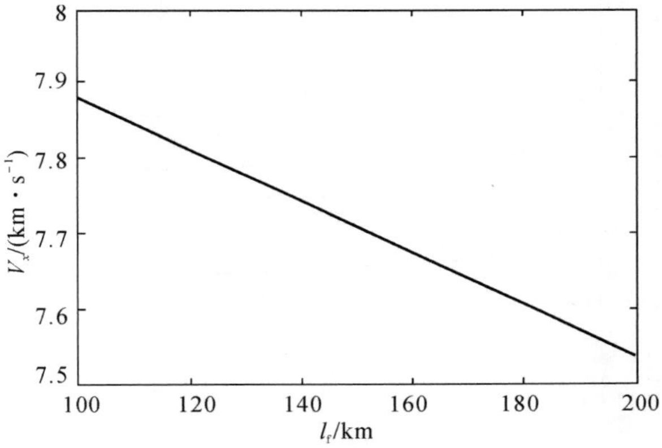

图 7.24　绳长对再入速度的影响

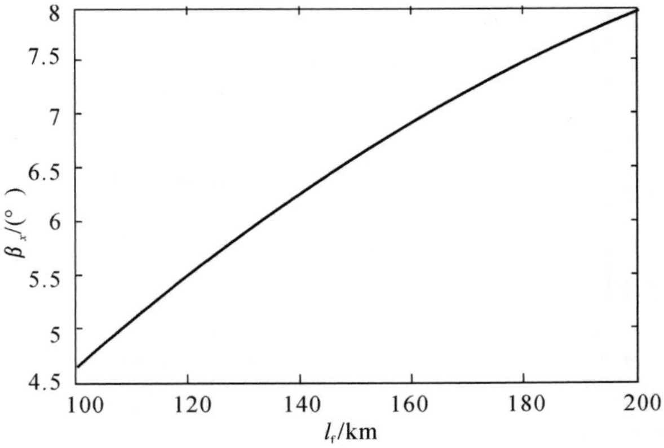

图 7.25　绳长对再入角的影响

7.4.3.2　绳长及最大面内摆动角对再入条件的影响

设空间碎片释放时面内角为零(最佳情况),空间碎片的质量为 100 kg,选取最大面内角的范围为 50°～65°,可得到相关分析曲线。其中图 7.26 给出了在不同绳长下最大面内摆动角对再入速度的影响,再入速度随着最大面内摆动角的增加而基本上呈线性的减小关系,并且绳长越长,相应的再入速度越小。图 7.27 所示为不同绳长下最大面内摆动角对再入角的影响。随着最大面内摆动角的增加而再入角基本上呈线性地增大,并且绳长越长,相应的再入角越大。这是因为当绳长越长时,将使空间碎片获得更大的制动冲量,从而使再入速度减小,而对再入角的影响更主要受空间碎片释放时离大气层的距离,当绳长越长时,释放时空间碎片离大气层的距离越短,则使其再入角越大。

正如上文所分析的,为了将空间碎片清除,要求再入速度应该至少为 7.5 km/s,而由以上的分析可知,再入速度都满足要求,然而再入角却是一个主要的限制条件。为了满足再入角的限制要求,现研究不同绳长下满足再入角要求的临界最大面内摆动角,可得到图 7.28 所示的关系曲线图。

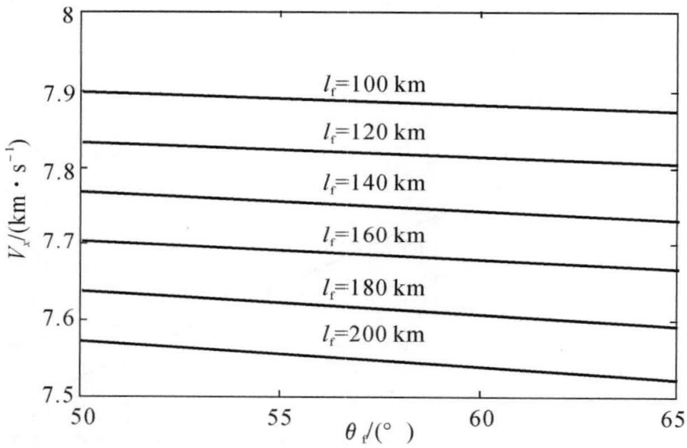

图 7.26　最大面内摆动角对再入速度的影响

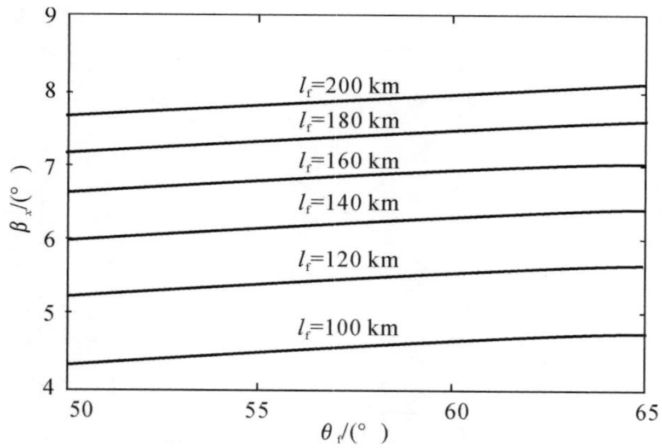

图 7.27　最大面内摆动角对再入角的影响

为了清除空间碎片，要求空间碎片再入大气层的再入角至少大于 5°，则针对每个绳长的情况下对应有一个极限的临界最大面内摆动角，也就是说在某个绳长下只有当最大面内摆动角大于相应的临界值时，才能够使空间碎片再入大气层的再入角大于 5°，从而可使空间碎片清除。现考虑绳长在 100～200 km 范围内的临界最大面内摆动角的数值，从图 7.28 中可发现，临界最大面内摆动角随着绳长的增大而减小，这说明当绳长较长时，初始最大摆动面内角只要求为较小的值即可将空间碎片清除。

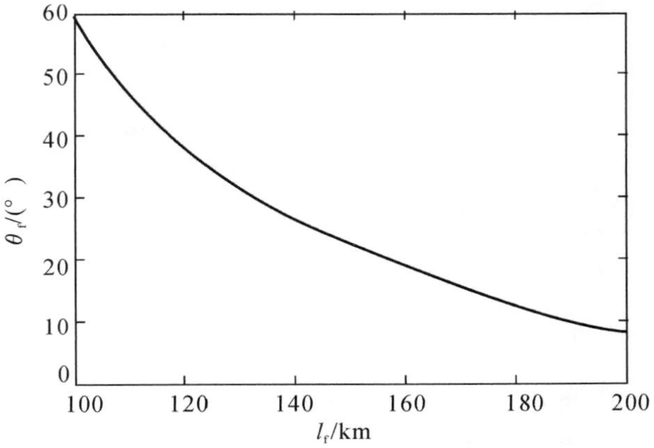

图 7.28　不同绳长下临界最大面内摆动角的变化

7.4.3.3　空间碎片质量对再入条件的影响

设绳长为 100 km，且最大面内摆动角为 60°，空间碎片释放时面内摆动角为零。分析空间碎片质量在 100～500 kg 范围内对再入条件的影响，可得到如下空间碎片质量对再入条件的影响曲线。由图 7.29 及图 7.30 可知随着空间碎片质量的增加，再入速度增大，而再入角减小，但是变化的幅值都比较小，这说明空间碎片的质量对再入条件影响很小。这主要是因为基站航天器质量足够大，使空间碎片的质量在小范围内变化时不能够显著地影响再入条件。

利用空间系绳系统将空间碎片释放到大气层中并将之清除后，可以进一步利用系绳系统将终端绳网系统回收。回收到一定的轨道高度之后，又可重新开始捕获其他的空间碎片，并且继续将之释放到大气层中进行销毁，从而可实现一个绳网多次清除空间碎片，这使清除空间碎片更加高效且使其总体经济成本更加低廉。可见这种基于空间系绳系统清除空间碎片的方案具有巨大的潜在应用价值。但是目前的理论研究及实践经验都远远不足，还需要对此进行更深入的探究，比如绳网捕获空间碎片的姿态动力学与控制，以及在考虑外太空中各种扰动力的情况下，如何实现精确地捕获空间碎片等相关问题。在真正将之应用于实践之前，这些都是亟须解决的关键技术问题。因此还需要投入大量的人力和物力，使得利用空间系绳系统清除空间碎片的方案得以实现。

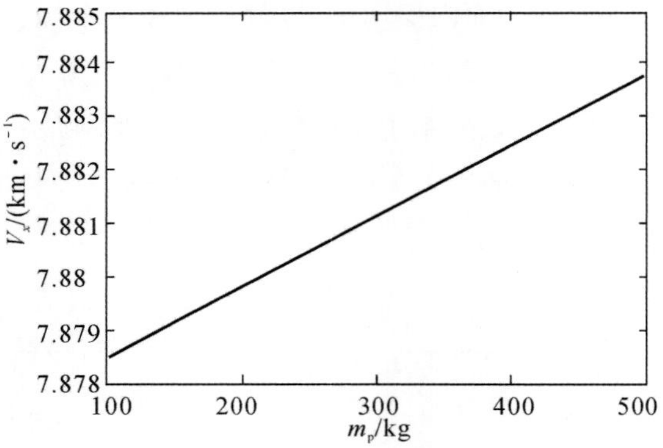

图 7.29　空间碎片质量对再入速度的影响

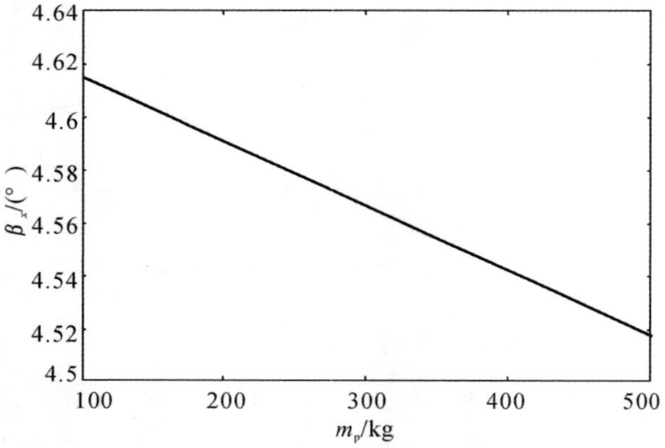

图 7.30　空间碎片质量对再入角的影响

第 8 章 空间系绳系统状态保持稳定控制

空间科学探测活动大多都是在子星被释放到指定位置后使其处于状态保持阶段进行的，例如：对地观测、地球资源勘探、地震监测、环境污染监测等。但是处于状态保持阶段的系绳系统由于受到自身因素或复杂太空环境的扰动很难保持稳定，会影响任务执行，造成不可估量的损失。

一般情况下，为了使处于状态保持阶段的系绳系统能够正常工作，通常要设计控制器以使系绳系统稳定。对于一般的控制系统，最常用的就是 PID 设计方法。但传统 PID 控制方法设计效率低下，并且在很大程度上依赖于设计人员的经验。为了简化控制系统的设计，本章采用在控制工程领域具有较好应用的标准系数法对空间系绳系统状态保持阶段的稳定控制进行研究。

8.1 标准系数法及性能指标的分析综合

标准系数法由法国和苏联的一些科学家于 20 世纪 60 年代中期提出的，它能够大大简化控制系统的设计，是一种标准化的设计方法[114]。但当时正处于现代控制理论的形成和发展期，这种方法并没有受到人们的广泛关注，到了 70 年代，经过人们的再开发之后这种方法才开始在工程界得到进一步的应用。

标准系数法的本质是标准特征多项式，即系统特征多项式系数的标准化。采用标准系数法设计控制系统具有很大的优势，在选定具有最优性能的标准传递函数后，再推导出含有被控对象和待求控制器参数的闭环系统传递函数，那么控制器参数就可通过简单的代数运算计算出来，既不需要复杂的优化算法，也不需要大量的整定实验[115]。正因为如此，标准系数法才得到了广泛的应用[114-115]。

标准特征多项式系数的确定方法有很多。通常，对象的过渡过程不仅取决于闭环系统的根（极点），同时也取决于闭环系统的零点。这里将闭环系统的传递函数分为有零点和没有零点两种情况来讨论，选取闭环系统期望的特征多项式所采用的标准系数法。

8.1.1 闭环传递函数没有零点的情况

8.1.1.1 牛顿标准型

由微分方程来描述闭环系统：

$$a_0 \frac{\mathrm{d}^n x}{\mathrm{d}t^n} + a_1 \frac{\mathrm{d}^{n-1} x}{\mathrm{d}t^{n-1}} + \cdots + a_n x = f(x) \tag{8.1}$$

外作用 $f(t)$ 采取幅值为 a_n 的阶跃函数形式，并且假设为零初始状态。为了保证最佳的响应过程 $x(t)$，假设特征方程的根有不同的分布。

$$s^n + a_1 s^{n-1} + \cdots + a_n = 0 \tag{8.2}$$

可以假设闭环系统的所有根是一样的，即有 n 重实负根，并且模值为 ω_0，这取决于快速性响应要求，根据式 $\omega_0 t_s$，ω_0 越大，调节时间越短，反之，调节时间越长，即 ω_0 描述了系统过渡过程的快速性，但它对阻尼系数没有影响。这样就可以将特征方程的左边变成牛顿二项式 $(s+\omega_0)^n$，展开后得到特征方程的标准(期望) 系数值。在表 8-1 中给出了 8 阶以前系统的特征方程的左边部分形式。图 8.1 所示为 1 阶到 8 阶系统的阶跃响应曲线。由响应曲线图可以看出，系统的调节时间相对较大，对于多数条件来说这些响应是相对比较慢的，不能认为是最优响应，但是所描述的系统是没有超调量的，整个过渡过程比较平稳。因此，牛顿二项式标准型一般只适用于那些要求无超调同时对调节时间要求不太高的系统。

表 8-1　牛顿二项式标准型

系统阶次	标准特征多项式
1	$s+\omega_0$
2	$s^2+2\omega_0+\omega_0^2$
3	$s^3+3\omega_0 s^2+3\omega_0^2 s+\omega_0^3$
4	$s^4+4\omega_0 s^3+6\omega_0^2 s^2+4\omega_0^3 s+\omega_0^4$
5	$s^5+5\omega_0 s^4+10\omega_0^2 s^3+10\omega_0^3 s^2+5\omega_0^4 s+\omega_0^5$
6	$s^6+6\omega_0 s^5+15\omega_0^2 s^4+20\omega_0^3 s^3+15\omega_0^4 s^2+6\omega_0^5 s+\omega_0^6$
7	$s^7+7\omega_0 s^6+21\omega_0^2 s^5+35\omega_0^3 s^4+35\omega_0^4 s^3+21\omega_0^5 s^2+7\omega_0^6 s+\omega_0^7$
8	$s^8+8\omega_0 s^7+28\omega_0^2 s^6+56\omega_0^3 s^5+70\omega_0^4 s^4+56\omega_0^5 s^3+28\omega_0^6 s^2+8\omega_0^7+\omega_0^8$

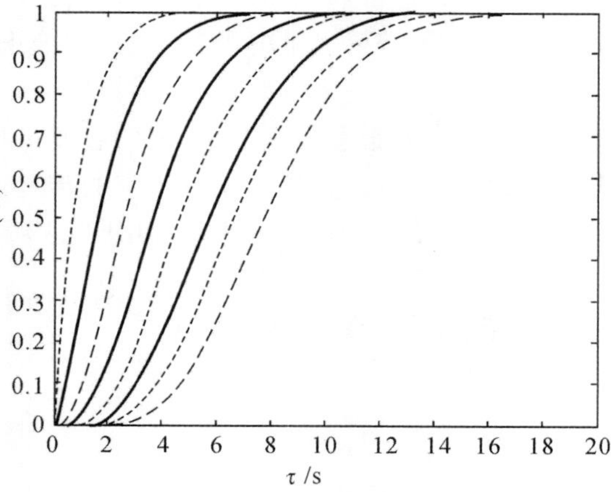

图 8.1　带有牛顿二项式系数的系统阶跃响应

8.1.1.2　Butterworth 标准型及其改进型

对 Butterworth 标准型来说，特征方程所对应的特征根是在 s 左半平面内沿着以 ω_0 为半径的半圆上等角距分布的，如图 8.2 所示。Butterworth 标准型跟牛顿二项式标准型一样，描述的都是系统系数对称分布的情形。牛顿二项式标准型是 Butterworth 标准型的一个特例，它描述的是特征方程的根都位于该圆的同一个点上。由图 8.3 可以看出，Butterworth 标准型（见表 8－2）的单位阶跃响应有一定的振荡，但系统响应较快，调节时间短。

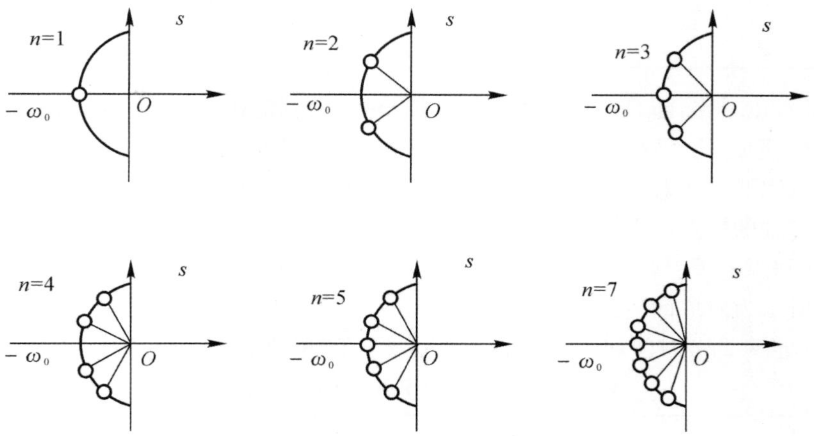

图 8.2　Butterworth 标准型系统根的分布图

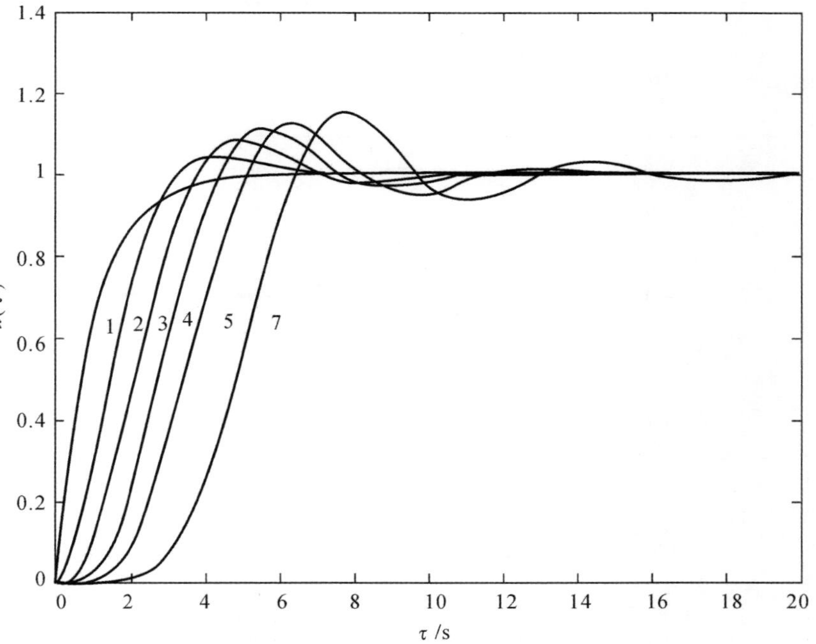

图 8.3　Butterworth 标准型的单位阶跃响应

表 8-2　Butterworth 标准型

阶次	标准特征多项式	t_s/s	σ/(%)
1	$s+\omega_0$	3.91	0
2	$s^2+1.41\omega_0 s+\omega_0^2$	5.9	4.4
3	$s^3+2\omega_0 s^2+2\omega_0^2 s+\omega_0^3$	6.6	8.1
4	$s^4+2.6\omega_0 s^4+3.4\omega_0^2 s^2+2.6\omega_0^3 s+\omega_0^4$	9.9	10.8
5	$s^5+3.24\omega_0 s^4+5.24\omega_0^2 s^3+5.24\omega_0^3 s^2+3.24\omega_0^4 s+\omega_0^5$	10.8	12.8
7	$s^7+4.49\omega_0 s^6+10.1\omega_0^2 s^5+14.59\omega_0^3 s^4+14.59\omega_0^4 s^3+10.1\omega_0^5 s^2+4.49\omega_0^6 s+\omega_0^7$	15.2	15.4

由图 8.2 可以看出，随着系统阶数 n 的增加，靠近虚轴的极点与虚轴之间的夹角越来越小，这意味着系统的阻尼比 ξ 越来越小，因此系统就会出现剧烈的振荡，出现大的超调量，这样不利于系统的稳定，因此需要对基本的 Butterworth 标准型进行改进。为了使系统的阻尼比不至于太小，将最靠近虚轴的极点与虚轴之间的角度固定为 25°，不受系统阶数的影响，剩下的极点均匀地分布在复平面圆周上。表 8-3 给出了改进型的 Butterworth 标准型的单位阶跃响应的动态性能指标，图 8.4 所示为对应的阶跃响应曲线。由表 8-3 可以看出，当系统阶次较高时，改进后的 Butterworth 标准型调节时间和超调量都明显地减小了，单位响应品质得到了很大程度的改善。

表 8-3　改进的 Butterworth 标准型

阶次	标准特征多项式	t_s/s	σ/(%)
5	$s^5+3.53\omega_0 s^4+5.96\omega_0^2 s^3+5.96\omega_0^3 s^2+3.53\omega_0^4 s+\omega_0^5$	7.6	6.4
7	$s^7+5.16\omega_0 s^6+12.66\omega_0^2 s^5+19.11\omega_0^3 s^4+19.11\omega_0^4 s^3+12.66\omega_0^5 s^2+5.16\omega_0^6 s+\omega_0^7$	8.8	4.8
8	$s^8+5.97\omega_0 s^7+16.98\omega_0^2 s^6+30.02\omega_0^3 s^5+36.02\omega s^4+30.02\omega_0^5 s^3+16.98\omega_0^6 s^2+5.97\omega_0^7 s+\omega_0^8$	8.3	3.5

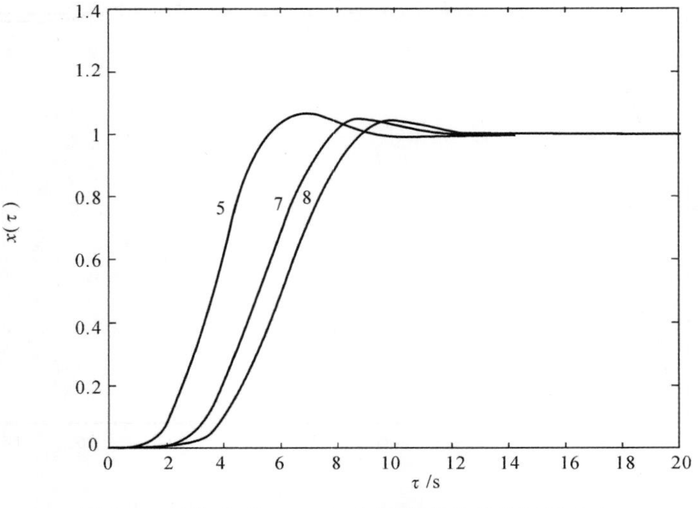

图 8.4　改进的 Butterworth 标准型的单位阶跃响应

8.1.1.3　根据误差泛函积分评价指标确定的标准型

评价控制系统的优劣时，误差 $|e(\tau)|$ 或 $e^2(\tau)$ 在任何时刻越接近于零，系统的品质指标也就越接近于理论上的不变性系统，性能指标也就越好。不管过渡过程是由控制作用还是干扰作用所激发的，其性能指标都可以用误差来表示。但是，在工程实际中，用误差的瞬时值来表示系统的性能指标，这就相当于求解系统的输出，而这在很多情况下是比较困难的。因此改用由它的组合泛函数的积分值大小来表示控制系统品质指标的优劣，称之为误差泛函积分评价指标。常见的有 ISE，ITAE 等。

误差二次方积分最小的性能指标为

$$J(\mathrm{ISE})=\int_0^{\infty} e^2(\tau)\mathrm{d}\tau=\min \tag{8.3}$$

ISE 标准型即把式(8.3)作为最优性能指标评价函数并使其最小来获得最佳的过渡过程。由图 8.5 可以看出，ISE 标准型(见表 8-4)系统的阶跃响应振荡比较厉害，到达平衡位置后仍保持持续的振荡。与 Butterworth 标准型的阶跃相比，其调节时间更长，动态响应品质差。

表 8-4　ISE 标准型

阶次	标准特征多项式	t_s/s	σ/(%)
1	$s+\omega_0$	3.0	0
2	$s^2+\omega_0 s+\omega_0^2$	5.3	16.3
3	$s^3+\omega_0 s^2+2\omega_0^2 s+\omega_0^3$	7.8	7.3
4	$s^4+\omega_0 s^3+3\omega_0^2 s^2+2\omega_0^3 s+\omega_0^4$	8.7	10.6
5	$s^5+\omega_0 s^4+4\omega_0^2 s^3+3\omega_0^3 s^2+3\omega_0^4 s+\omega_0^5$	12.4	11.5
7	$s^7+\omega_0 s^6+6\omega_0^2 s^5+5\omega_0^3 s^4+10\omega_0^4 s^3+6\omega_0^5 s^2+4\omega_0^6 s+\omega_0^7$	15.8	13.5

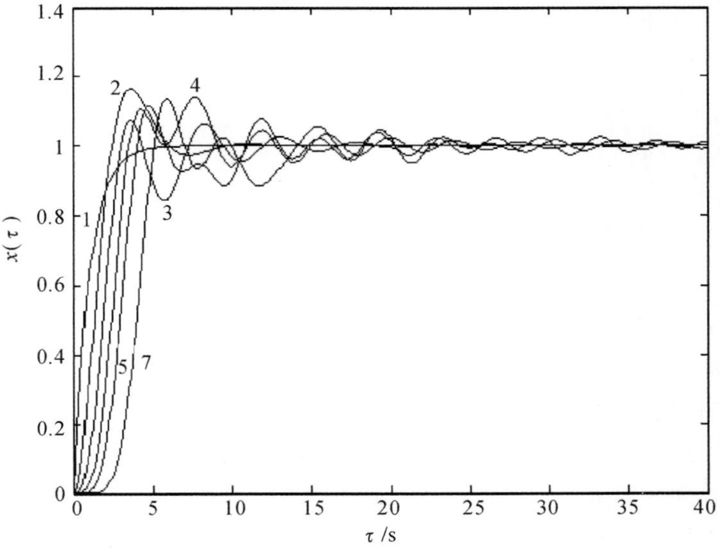

图 8.5　ISE 标准型的单位阶跃响应

ITAE 标准型是以误差绝对值 $e(\tau)$ 乘以时间 τ 的积分最小作为性能指标来确定的标准型。即

$$J(\text{ITAE})=\int_0^{\infty}|e(\tau)|\tau\mathrm{d}\tau=\min \tag{8.4}$$

定性地来看，根据它来设计控制系统的参数，具有快速、平稳的动态特性。表 8-5 给出了一部分 ITAE 标准多项式，图 8.6 所示为对应的阶跃响应曲线。由系统的阶跃响应曲线可以看出 ITAE 标准型的振荡比 Butterworth 标准型的小，同时系统响应更快。

表 8-5 ITAE 标准型

阶次	标准特征多项式	t_s/s	σ/(%)
1	$s+\omega_0$	2.9	0
2	$s^2+1.4\omega_0 s+\omega_0^2$	2.9	4.7
3	$s^3+1.75\omega_0 s^2+2.15\omega_0^2 s+\omega_0^3$	3.6	1.9
4	$s^4+2.1\omega_0 s^4+3.4\omega_0^2 s^2+2.7\omega_0^3 s+\omega_0^4$	4.3	1.9
5	$s^5+2.8\omega_0 s^4+5\omega_0^2 s^3+5.5\omega_0^3 s^2+3.4\omega_0^4 s+\omega_0^5$	5.3	5.1
7	$s^7+4.47\omega_0 s'+10.42\omega_0^2 s^5+15.1\omega_0^3 s^4+15.56\omega_0^4 s^3+$ $10.6\omega_0^5 s^2+4.58\omega_0^6 s+\omega_0^7$	10.0	12.6

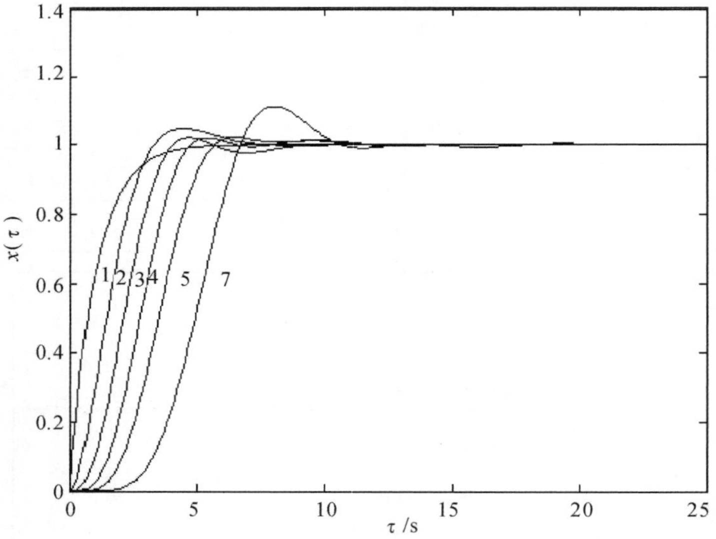

图 8.6 ITAE 标准型的单位阶跃响应

ITAE 标准型以其独特的优势在实践中得到了广泛的应用。但是，该标准型的应用被限制在八阶以内，而且构成 ITAE 标准型的算法并不存在，只能通过计算机模拟来获得标准特征方程参数的值。因此，对传统的 ITAE 标准型进行改进是非常必要的。

改进的 ITAE 标准型主要是从积分时间上进行改动，积分时间的上限不再是无穷大，而是根据系统误差百分比的不同要求来确定积分时间的上限值。工程上常用的误差性能指标有三个，即 $e(\tau)<1\%$，$e(\tau)<2\%$，$e(\tau)<5\%$。表 8-6 给出了不同误差下 ITAE 标准型的特征多项式形式与对应的动态性能指标，图 8.7 所示为对应的阶跃响应曲线。

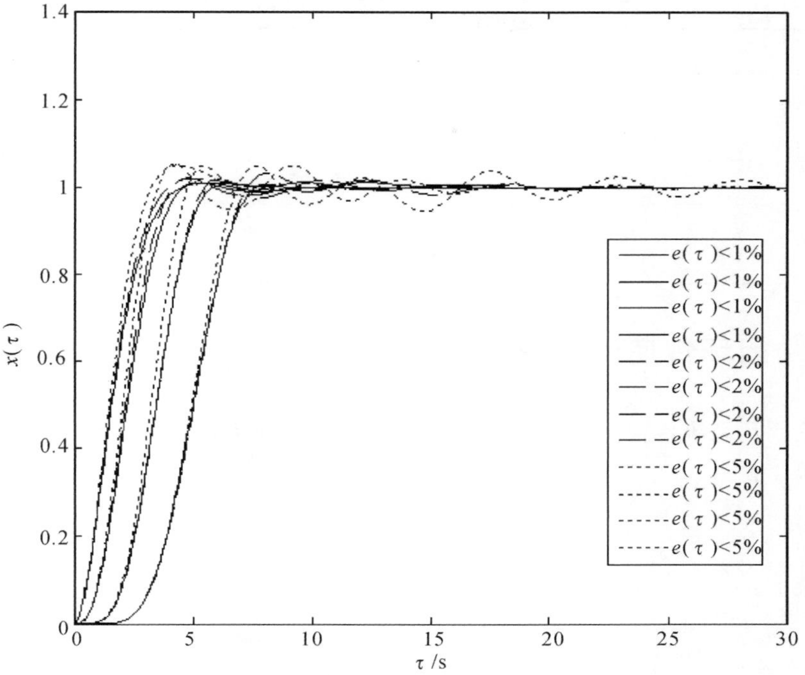

图 8.7 不同误差下 ITAE 标准型的阶跃响应

表 8-6(a) ITAE 标准型($e(\tau)<1\%$)

阶次	标准特征多项式	t_s/s	σ/(%)
2	$s^2+1.65\omega_0 s+\omega_0^2$	4.2	0.98
3	$s^3+1.98\omega_0 s^2+2.25\omega_0^2 s+\omega_0^3$	4.3	1.0
5	$s^5+2.6\omega_0 s^4+4.8\omega_0^2 s^3+5.3\omega_0^3 s^2+3.4\omega_0^4 s+\omega_0^5$	5.5	0.99
7	$s^7+4.9\omega_0 s^6+9.9\omega_0^2 s^5+16.1\omega_0^3 s^4+15.9\omega_0^4 s^3+11.6\omega_0^5 s^2+4.9\omega_0^6 s+\omega_0^7$	7.3	0.99

表 8-6(b) ITAE 标准型($e(\tau)<2\%$)

阶次	标准特征多项式	t_s/s	σ/(%)
2	$s^2+1.56\omega_0 s+\omega_0^2$	3.56	1.992
3	$s^3+1.49\omega_0 s^2+2.02\omega_0^2 s+\omega_0^3$	3.85	1.994
5	$s^5+2.16\omega_0 s^4+4.05\omega_0^2 s^3+4.65\omega_0^3 s^2+3.07\omega_0^4 s+\omega_0^5$	5.2	2.0
7	$s^7+5.23\omega_0 s^6+10.36\omega_0^2 s^5+15.01\omega_0^3 s^4+15.99\omega_0^4 s^3+10.68\omega_0^5 s^2+4.87\omega_0^6 s+\omega_0^7$	7.1	1.998

表 8-6(c) ITAE 标准型($e(\tau)<5\%$)

阶次	标准特征多项式	t_s/s	σ/(%)
2	$s^2+1.38\omega_0 s+\omega_0^2$	2.84	4.99
3	$s^3+1.49\omega_0 s^2+2.02\omega_0^2 s+\omega_0^3$	3.2	4.9
5	$s^5+2.16\omega_0 s^4+4.05\omega_0^2 s^3+4.65\omega_0^3 s^2+3.07\omega_0^4 s+\omega_0^5$	4.42	4.9
7	$s^7+5.23\omega_0 s^6+10.36\omega_0^2 s^5+15.01\omega_0^3 s^4+15.99\omega_0^4 s^3+10.68\omega_0^5 s^2+4.87\omega_0^6 s+\omega_0^7$	6.43	4.99

8.1.2 闭环传递函数有零点的情况

下面讨论闭环系统传递函数有零点的情况，给出两个带有零点的闭环系统的形式。

闭环系统Ⅰ：

$$\phi(s)=\frac{a_1 s+a_0}{a_n s^n+a_{n-1}s^{n-1}+\cdots+a_1 s+a_0} \tag{8.5}$$

闭环系统Ⅱ：

$$\phi(s)=\frac{a_2 s^2+a_1 s+a_0}{a_n s^n+a_{n-1}s^{n-1}+\cdots+a_1 s+a_0} \tag{8.6}$$

8.1.2.1 闭环系统Ⅰ的标准系数法

此时，系统为二阶无静差系统，设

$$\omega_0=\sqrt{\frac{a_0}{a_n}}$$

$$A_i=\frac{a_{n-i}}{a_n\omega_0},\ i=1,\cdots,n-1 \tag{8.7}$$

则系统Ⅰ可以描述为

$$\Phi(s)=\frac{A_{n-1}\omega_0^{n-1}s+\omega_0^n}{s^n+A_1\omega_0 s^{n-1}+\cdots+A_{n-1}\omega_0^{n-1}s+\omega_0^n} \tag{8.8}$$

式(8.8)中含有零点 $-\omega_0/A_{n-1}$，为了使得系统式(8.8)的超调量比较小，则要求 ω_0/A_{n-1} 很小，一般在0.1左右比较好。按照表8-7选择特征方程系数，系统的单位阶跃响应过程如图8.8所示，其中 $\tau=\omega_0 t_s$，t_s 为过渡过程时间。计算表明，此时的特征根按等差级数分布。

表 8-7 闭环系统 2 的标准系数法

系统阶数	标准特征多项式系数 $A_i(i=0,\cdots,n)$	特征根
2	1,2.5,1	$-0.5\omega_0$，$-2.0\omega_0$
3	1,5.1,6.35,1	$-0.183\omega_0$，$-1.686\omega_0$，$-3.229\omega_0$
4	1,7.22,16.3,11.8,1	$-0.973\omega_0$，$-1.2031\omega_0$，$-2.3788\omega_0$，$-3.5139\omega_0$
5	1,9,29,38,18,1	$(-3.2898\pm0.8631\mathrm{i})\omega_0$，$-1.3567\omega_0$，$-1.0000\omega_0$，$-0.0637\omega_0$
6	1,11,43,83,73,25,1	$-5.5389\omega_0$，$-0.0458\omega_0$，$(-1.9006\pm1.4357\mathrm{i})\omega_0$，$(-0.8071\pm0.2078\mathrm{i})\omega_0$

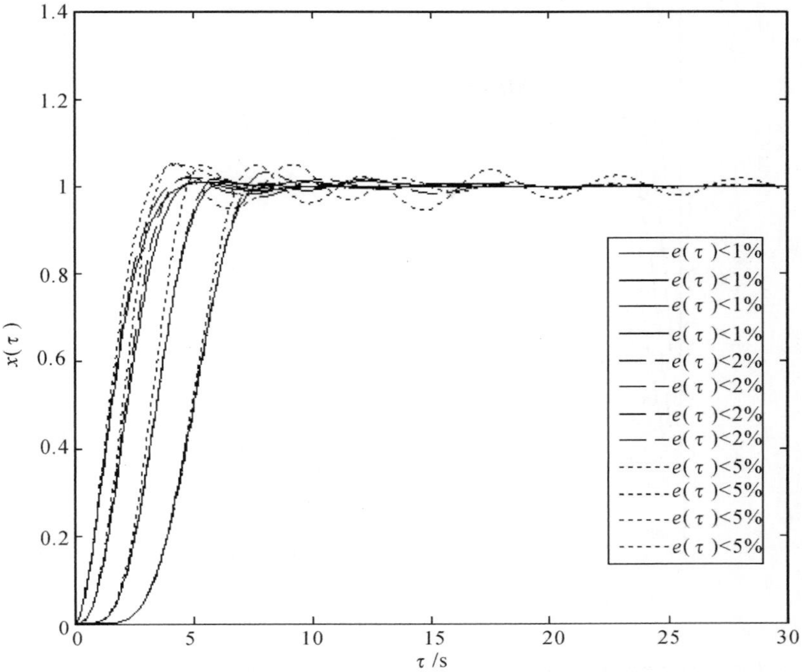

图 8.8　闭环系统Ⅰ的单位阶跃响应曲线

8.1.2.2　闭环系统Ⅱ的标准系数法

此时，系统为三阶无静差系统，设有闭环系统的传递函数

$$\Phi(s)=\frac{A_{n-2}\omega_0^{n-2}s^2+A_{n-1}\omega_0^{n-1}s+\omega_0^n}{s^n+A_1\omega_0 s^{n-1}+\cdots+A_{n-1}\omega_0^{n-1}+\omega_0^n} \tag{8.9}$$

按照表 8－8 选择特征方程系数，系统的单位阶跃响应过程如图 8.9 所示，其中 $\tau=\omega_0 t_s$，t_s 为过渡过程时间。计算表明，此时的特征根按等比级数分布。

表 8－8　闭环系统Ⅱ的标准系数法

系统阶数	标准特征多项式系数 $A_i(i=0,\cdots,n)$	特征根
3	1,6.7,6.7,1	$-5.5188\omega_0$，$-0.1812\omega_0$，$-1.0000\omega_0$
4	1,7.9,15,7.9,1	$-5.3773\omega_0$，$-1.7226\omega_0$，$-0.5641\omega_0$，$-0.1860\omega_0$
5	1,18,69,69,18,1	$-13.1409\omega_0$，$-3.4971\omega_0$，$-1.0000\omega_0$，$-0.2860\omega_0$，$0.0761\omega_0$
6	1,11,43,83,73,25,1	$-27.5029\omega_0$，$-5.7595\omega_0$，$2.0366\omega_0$，$-0.4910\omega_0$，$-0.1736\omega_0$，$-0.0364\omega_0$

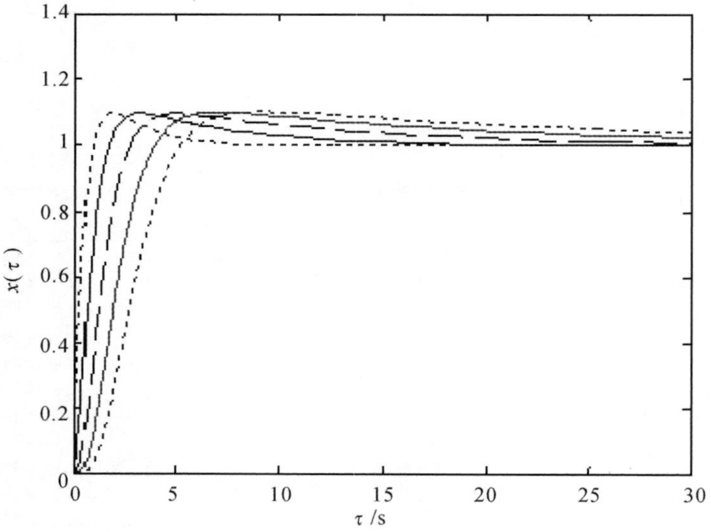

图 8.9 闭环系统Ⅱ的单位阶跃响应曲线

8.2 基于标准系数法的模态控制方法

模态为闭环系统特征方程的根，模态控制方法就是按照标准特征多项式来配置闭环系统模态在复平面上的期望位置的方法。本节将研究系统状态信息完全情况下和状态信息不完全情况下的模态控制方法。

8.2.1 状态信息完全情况下的模态控制方法

8.2.1.1 单输入系统的模态控制方法

研究线性、时不变、定常连续对象。

$$\dot{\boldsymbol{x}} = \boldsymbol{A}\boldsymbol{x} + \boldsymbol{B}u \tag{8.10}$$

$$\boldsymbol{y} = \boldsymbol{C}\boldsymbol{x} \tag{8.11}$$

式中，$\boldsymbol{A} \in \mathbf{R}^{n\times n}$，$\boldsymbol{B} \in \mathbf{R}^{n\times r}$，且$[\boldsymbol{A}\ \boldsymbol{B}]$能控，系统的全部状态变量是直接可测量的，并将其作为系统的输出，那么矩阵$\boldsymbol{C}$就变成了单位矩阵$\boldsymbol{I}$，即$\boldsymbol{y} = \boldsymbol{x}$。闭环系统的结构图如图 8.10 所示。

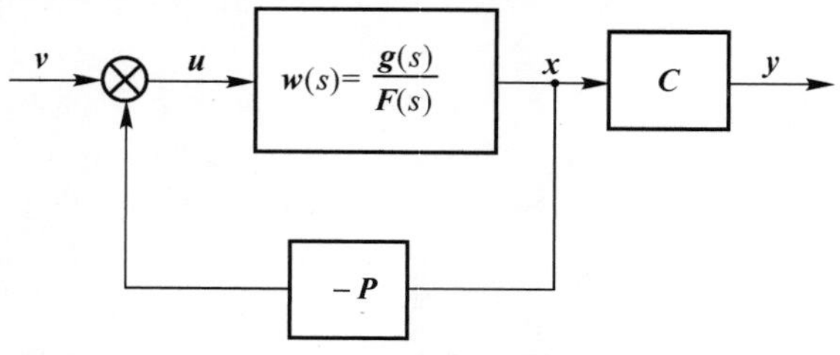

图 8.10 闭环系统的结构图

对于单输入系统，控制律可写为

$$\boldsymbol{u} = \boldsymbol{v} - \boldsymbol{P}\boldsymbol{x} \tag{8.12}$$

式中，$\boldsymbol{P} \in \mathbf{R}^{1\times n}$ 为反馈矩阵。

系统的开环与闭环传递函数如下：

$$\boldsymbol{w}(s) = \frac{\boldsymbol{X}(s)}{\boldsymbol{U}(s)} = (s \cdot \boldsymbol{I} - \boldsymbol{A})^{-1}\boldsymbol{B} \tag{8.13}$$

$$\boldsymbol{\Phi}(s) = \frac{\boldsymbol{X}(s)}{\boldsymbol{v}(s)} = (s \cdot \boldsymbol{I} - \boldsymbol{A} + \boldsymbol{B}\boldsymbol{P})^{-1}\boldsymbol{B} \tag{8.14}$$

把系统开环传递函数写成如下的分式形式：

$$\boldsymbol{W}(s) = \frac{\boldsymbol{g}(s)}{\boldsymbol{F}(s)} = \frac{1}{\boldsymbol{F}(s)}\begin{bmatrix} g_1(s) \\ \vdots \\ g_n(s) \end{bmatrix} \tag{8.15}$$

式中，$\boldsymbol{g}(s) = G \times [s^{n-1} \quad s^{n-2} \quad \cdots \quad s \quad 1]^{\mathrm{T}}$，$\boldsymbol{g}(s) \in \mathbf{R}^{n\times 1}$；$\boldsymbol{G}$ 为 $\boldsymbol{g}(s)$ 的系数矩阵，$\boldsymbol{G} \in \mathbf{R}^{n\times n}$；$\boldsymbol{F}(s) = \det(s\boldsymbol{I} - \boldsymbol{A}) = \boldsymbol{F} \times [s^n \quad s^{n-1} \quad \cdots \quad s \quad 1]^{\mathrm{T}}$ 为系统特征多项式，$\boldsymbol{F}$ 为特征多项式 $\boldsymbol{F}(s)$ 的系数矩阵，$\boldsymbol{F} \in \mathbf{R}^{1\times(n+1)}$。

则闭环系统特征方程可写为

$$\boldsymbol{P}\frac{\boldsymbol{g}(s)}{\boldsymbol{F}(s)} + 1 = 0 \tag{8.16}$$

对方程左边进行通分得到的分子式等于标准特征多项式 $\boldsymbol{H}(s)$，由此得到模态控制方法中的重要关系等式：

$$\boldsymbol{P}\boldsymbol{g}(s) = \boldsymbol{H}(s) - \boldsymbol{F}(s) = \sum_{i=1}^{n} p_i g_i(s) \tag{8.17}$$

在这个关系式中未知的只有矩阵 $\boldsymbol{P}$，而 $\boldsymbol{g}(s)$、多项式 $\boldsymbol{F}(s)$ 及标准特征多项式 $\boldsymbol{H}(s)$ 是可知的。令关系式左、右部分 s 相同指数的系数对应相等，得到代数方程组，由这个方程组可以求出闭环系统的控制器系数矩阵 $\boldsymbol{P}$ 的所有元素，确保闭环系统的根按指定分布，保证系统性能要求。

8.2.1.2　多输入的模态控制方法

对于多输入系统，反馈矩阵 $\boldsymbol{P} \in \mathbf{R}^{m\times n}$。根据上述闭环系统传递函数，特征方程取如下形式：

$$\det(s\boldsymbol{I} - \boldsymbol{A} + \boldsymbol{B}\boldsymbol{P}) = 0 \tag{8.18}$$

多输入(多维) 系统控制器的综合任务可以化简成单输入(一维) 系统控制器的综合任务，令 $\boldsymbol{P} = \boldsymbol{q}\boldsymbol{p}$，这里 $\boldsymbol{q}$ 是 $m \times 1$ 阶矩阵，而 $\boldsymbol{p}$ 是 $1 \times n$ 阶矩阵，于是式(8.18) 可以写成

$$\det(s\boldsymbol{I} - \boldsymbol{A} + \boldsymbol{B}\boldsymbol{q}\boldsymbol{p}) = 0 \tag{8.19}$$

或

$$\det(s\boldsymbol{I} - \boldsymbol{A} + \boldsymbol{b}\boldsymbol{p}) = 0 \tag{8.20}$$

可以接着总结以下结论：

闭环系统的根，是由带有矩阵 $\boldsymbol{A}$，$\boldsymbol{B}$ 的多维对象和带有矩阵 $\boldsymbol{P}$ 的多维控制器构成的。带有矩阵 $\boldsymbol{A}$ 和矩阵 $\boldsymbol{b} = \boldsymbol{B}\boldsymbol{q}$ 的一维对象构成的闭环系统的根，与带有矩阵 $\boldsymbol{P}$(这里 $\boldsymbol{P} = \boldsymbol{q}\boldsymbol{p}$) 的一维控

制器的根相符。按照这样的方式,多维控制器合成可以根据以下算法实现。

(1) 选择 $m \times 1$ 阶矩阵 $\boldsymbol{q}$。一般来说,这种选择是任意的。在工作中一般选择 $\boldsymbol{q}=[1 \quad \cdots \quad 1 \quad 1]^{\mathrm{T}}$。

(2) 在使用的单输入对象的模态控制方法的帮助下,找到对于一维对象($\boldsymbol{A},\boldsymbol{Bq}$)的一维控制器的 $1 \times n$ 阶矩阵 $\boldsymbol{p}$,能够使闭环系统的根配置到期望的位置。

(3) 获得对多维对象($\boldsymbol{A},\boldsymbol{B}$)的被预先指定的多维控制器的矩阵 $\boldsymbol{P}=\boldsymbol{qp}$,多维控制器的矩阵 $\boldsymbol{P}$ 仅取决于列矩阵 $\boldsymbol{q}$ 的元素的联系。这些元素的绝对值对矩阵 $\boldsymbol{p}$ 没有影响。实际上,将选择 $q_1,q_2,\cdots,q_m$ 作为矩阵元素,并且由这些元素将得到一维系统对象的开环传递函数。

对于任意的输入或几个输入的不理想的反馈可能取决于认识的困难或其他原因,与之相符合的矩阵 $\boldsymbol{q}$ 的元素全部地置为零,即 $q_l=0$。例如,对于 u_k 和 u_l 不理想的反馈,必须使 $q_k=0$ 和 $q_l=0$。所提出的综合方法假设,矩阵 $\boldsymbol{P}$ 的秩等于1。脱离这个局限的情况也是可能的,但是在这里不考虑这种情况。

8.2.2 状态信息不完全情况下的模态控制方法

在大多数情况下,状态向量很难或根本不可能完全测量。通常只能测量到部分状态变量。它们构成对象 r 维输出信号 $\boldsymbol{y}$,维数小于状态向量 $\boldsymbol{x}$ 的维数 n。根据输出信号 $\boldsymbol{y}$ 的观测结果通常可以还原全部状态向量 $\boldsymbol{x}$ 并基于此设计控制器。但是为了简化装置(甚至在状态向量完全可测量的情况下),相应的期望控制质量由部分状态变量反馈回路来保证。闭环系统的自由振荡基本上是由少数极点确定的,这些极点被称为主导极点。利用 r 个反馈(理论数量为 n)可以将 r 个极点(总数为 n)配置到期望的位置。而期望的特征值选择要求具有很强的工程经验性与高超的技巧性,使用标准系数作为期望的特征方程系数进行配置,只从数学计算方面进行研究,大大简化了控制系统的设计。

8.2.2.1 单输入的模态控制方法

有完全可控可观测对象:

$$\left.\begin{aligned}\dot{\boldsymbol{x}} &= \boldsymbol{Ax} + \boldsymbol{b}u \\ \boldsymbol{y} &= \boldsymbol{Cx}\end{aligned}\right\} \tag{8.21}$$

式中,$\boldsymbol{x},\boldsymbol{y}$ 相应为 n 和 r 维向量;u 为标量;$\boldsymbol{A},\boldsymbol{C},\boldsymbol{b}$ 相应为 $n\times n$,$r\times n$ 和 $n\times 1$ 阶矩阵。闭环系统结构图如图 8.11 所示。

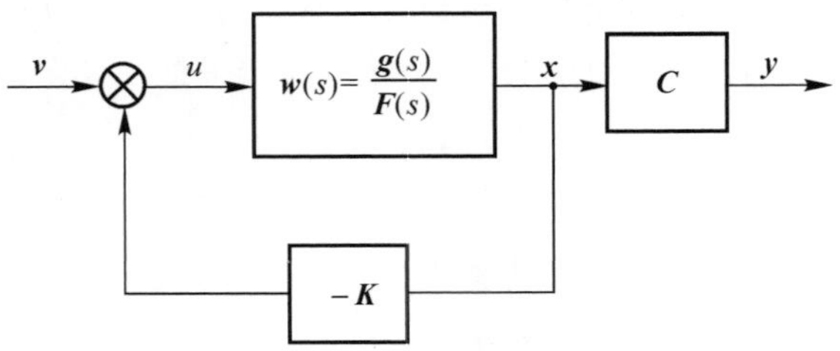

图 8.11 闭环系统结构图

从方程式(8.21) 很容易获得对象的开环传递函数矩阵:

$$\boldsymbol{W}(s)=\frac{\boldsymbol{Y}(s)}{\boldsymbol{U}(s)}=\boldsymbol{C}(s\boldsymbol{I}-\boldsymbol{A})^{-1}\boldsymbol{b}=$$

$$\frac{1}{\boldsymbol{F}(s)}\boldsymbol{w}(s)=\frac{1}{s^n+d_n s^{n-1}+\cdots+d_1}\begin{bmatrix} m_{11}+ & \cdots & +m_{1n}s^{n-1} \\ & \vdots & \\ m_{r1}+ & \cdots & m_{rn}s^{n-1}\end{bmatrix} \tag{8.22}$$

控制方程如下:

$$u=\boldsymbol{v}-\boldsymbol{K}\boldsymbol{y} \tag{8.23}$$

式中,$\boldsymbol{v}$ 为指令信号;$\boldsymbol{K}$ 为行矩阵($1\times r$)。

那么闭环系统特征多项式为

$$\boldsymbol{H}(s)=\det(s\boldsymbol{I}-\boldsymbol{A}+\boldsymbol{bKC})=s^n+a_n s^{n-1}+\cdots+a_1 \tag{8.24}$$

参照式(8.17) 可写出

$$\boldsymbol{Kw}(s)=\boldsymbol{H}(s)-\boldsymbol{F}(s) \tag{8.25}$$

或

$$\sum_{i=1}^{n}k_i\boldsymbol{w}_i(s)=\boldsymbol{H}(s)-\boldsymbol{F}(s) \tag{8.26}$$

用相应的多项式代替方程里的 $\boldsymbol{H}(s)$,$\boldsymbol{F}(s)$,$\boldsymbol{w}_i(s)$,并比较方程左、右两端相同阶次 s 的系数得到

$$\boldsymbol{M}^{\mathrm{T}}\boldsymbol{K}^{\mathrm{T}}=\boldsymbol{a}-\boldsymbol{d} \tag{8.27}$$

式中,$\boldsymbol{M}$ 为 $r\times n$ 阶矩阵,元素由多项式 $w_i(s)$ 的系数构成;$\boldsymbol{a}$,$\boldsymbol{b}$ 为列矩阵,它们的元素分别为多项式 $\boldsymbol{H}(s)$,$\boldsymbol{F}(s)$ 的系数。矩阵 $\boldsymbol{M}$ 的表达式为

$$\boldsymbol{M}=\begin{bmatrix} m_{11} & \cdots & m_{1n} \\ \vdots & & \vdots \\ m_{r1} & \cdots & m_{rn}\end{bmatrix} \tag{8.28}$$

列矩阵 $\boldsymbol{a}$,$\boldsymbol{b}$ 的表达式为

$$\left.\begin{aligned} \boldsymbol{a}&=\begin{bmatrix} a_1 \\ \vdots \\ a_n\end{bmatrix} \\ \boldsymbol{b}&=\begin{bmatrix} b_1 \\ \vdots \\ b_n\end{bmatrix}\end{aligned}\right\} \tag{8.29}$$

矩阵方程式(8.27) 有 n 个方程,r 个未知量 $k_1,\cdots,k_r(r<n)$。这个方程组只有在方程相容时有解,即 r 个方程组成的子系统的解同时符合剩余的 $n-r$ 个方程。

现在回到状态向量关系传递函数,对一维系统来说,对象开环传递函数可写为

$$\boldsymbol{W}(s)=\frac{\boldsymbol{X}(s)}{\boldsymbol{U}(s)}=(s\boldsymbol{I}-\boldsymbol{A})^{-1}\boldsymbol{b}=\frac{\boldsymbol{g}(s)}{\boldsymbol{F}(s)} \tag{8.30}$$

将这个函数的列矩阵 $\boldsymbol{g}(s)$ 写成如下形式:

$$\boldsymbol{g}(s)=\begin{bmatrix} l_{11} & +\cdots+ & l_{1n}s^{n-1} \\ & \vdots & \\ l_{n1} & +\cdots+ & l_{nn}s^{n-1}\end{bmatrix} \tag{8.31}$$

由方程式(8.22)和式(8.23)可以看出,$\boldsymbol{w}(s)=\boldsymbol{Cg}(s)$,由此 $\boldsymbol{M}=\boldsymbol{CL}$,这里 $\boldsymbol{L}$ 为 $n\times n$ 阶矩阵,由方程式(8.31)的多项式系数组成,如

$$\boldsymbol{L}=\begin{bmatrix} l_{11} & \cdots & l_{1n} \\ \vdots & & \vdots \\ l_{n1} & \cdots & l_{nn} \end{bmatrix} \tag{8.32}$$

将 $\boldsymbol{M}=\boldsymbol{CL}$ 代入方程式(8.27),得

$$\boldsymbol{L}^{\mathrm{T}}\boldsymbol{C}^{\mathrm{T}}\boldsymbol{K}^{\mathrm{T}}=\boldsymbol{a}-\boldsymbol{d}$$

将方程左乘以$(\boldsymbol{L}^{\mathrm{T}})^{-1}$,有

$$\boldsymbol{C}^{\mathrm{T}}\boldsymbol{K}^{\mathrm{T}}=(\boldsymbol{L}^{\mathrm{T}})^{-1}(\boldsymbol{a}-\boldsymbol{d}) \tag{8.33}$$

为了简化式子,引入 $\boldsymbol{E}=\boldsymbol{C}^{\mathrm{T}}$ 和单位阵 $\boldsymbol{I}$,则式(8.33)可写为

$$\boldsymbol{E}\boldsymbol{K}^{\mathrm{T}}=\boldsymbol{I}(\boldsymbol{L}^{\mathrm{T}})^{-1}(\boldsymbol{a}-\boldsymbol{d}) \tag{8.34}$$

式中,矩阵 $\boldsymbol{E}$ 和 $\boldsymbol{I}$ 的阶数分别是 $n\times r$ 和 $n\times n$。

从矩阵 $\boldsymbol{E}$ 选取 r 个线性不相关的行并组成 $r\times r$ 阶矩阵 $\boldsymbol{E}_B$,选取单位矩阵 $\boldsymbol{I}$ 的相应行组成 $r\times n$ 阶矩阵 $\boldsymbol{I}_B$。方程式(8.34)可以分成两个方程:

$$\boldsymbol{E}_B\boldsymbol{K}^{\mathrm{T}}=\boldsymbol{I}_B(\boldsymbol{L}^{\mathrm{T}})^{-1}(\boldsymbol{a}-\boldsymbol{d}) \tag{8.35}$$

$$\boldsymbol{E}_H\boldsymbol{K}^{\mathrm{T}}=\boldsymbol{I}_H(\boldsymbol{L}^{\mathrm{T}})^{-1}(\boldsymbol{a}-\boldsymbol{d}) \tag{8.36}$$

式中,$\boldsymbol{E}_H$ 和 $\boldsymbol{I}_H$ 相应为$(n-r)\times r$ 阶和$(n-r)\times n$ 阶矩阵,分别由 $\boldsymbol{E}$ 和 $\boldsymbol{I}$ 的剩余部分构成。

相对于 $\boldsymbol{K}^{\mathrm{T}}$ 解方程式(8.35)并将结果代入方程式(8.36)中,得到方程式(8.27)的相容性条件:

$$\boldsymbol{\alpha a}=\boldsymbol{\beta} \tag{8.37}$$

式中,$\boldsymbol{\alpha}$ 为$(n-r)\times n$ 阶矩阵,由下式确定:

$$\boldsymbol{\alpha}=(\boldsymbol{I}_H-\boldsymbol{E}_H\boldsymbol{E}_B^{-1}\boldsymbol{I}_B)(\boldsymbol{L}^{\mathrm{T}})^{-1}=\boldsymbol{S}(\boldsymbol{L}^{\mathrm{T}})^{-1} \tag{8.38}$$

在式(8.38)中$(n-r)\times n$ 维矩阵 $\boldsymbol{S}=\boldsymbol{I}_H-\boldsymbol{E}_H\boldsymbol{E}_B^{-1}\boldsymbol{I}_B=\boldsymbol{I}_H-\boldsymbol{C}_H^{\mathrm{T}}(\boldsymbol{C}_B^{\mathrm{T}})^{-1}\boldsymbol{I}_B$ 只取决于 $\boldsymbol{C}$,而 $n\times n$ 阶矩阵 $\boldsymbol{L}$ 仅取决于 $\boldsymbol{A}$ 和 $\boldsymbol{b}$。对于单输入对象 $r=1$ 来说,矩阵 $\boldsymbol{C}_B$ 是可逆的,即矩阵 $\boldsymbol{C}$ 的元素非零。

而 $\boldsymbol{\beta}$ 是 $n-r$ 维向量,由下式确定:

$$\boldsymbol{\beta}=\boldsymbol{\alpha d} \tag{8.39}$$

方程式(8.37)对闭环系统特征多项式的系数 $a_1,\cdots,a_n$ 有 $n-r$ 个约束,保证控制器矩阵 $\boldsymbol{K}$ 存在。由于矩阵 $\boldsymbol{a}$ 是非特殊矩阵,这些约束可以归结为相对于 a_i 的 $n-r$ 个不相关的线性代数方程。

如果方程式(8.37)中的向量 $\boldsymbol{a}$ 的约束得以实现,那么重新确定的方程组式(8.27)是相容的,反馈矩阵 $\boldsymbol{K}$ 可由方程式(8.35)来得到:

$$\boldsymbol{K}^{\mathrm{T}}=\boldsymbol{R}(\boldsymbol{L}^{\mathrm{T}})^{-1}(\boldsymbol{a}-\boldsymbol{d}) \tag{8.40}$$

式中

$$\boldsymbol{R}=\boldsymbol{E}_B^{-1}\boldsymbol{I}_B=(\boldsymbol{C}_B^{\mathrm{T}})^{-1}\boldsymbol{I}_B \tag{8.41}$$

通常,输出矩阵 $\boldsymbol{C}$ 由 $n\times n$ 阶单位矩阵的一些行构成,输出向量 $\boldsymbol{y}$ 就是相应的对象状态变量 x_i。这样,方程式(8.37)中的矩阵 $\boldsymbol{a}$ 将大大简化,矩阵 $\boldsymbol{E}_B=\boldsymbol{C}_B^{\mathrm{T}}$ 由矩阵 $\boldsymbol{C}^{\mathrm{T}}$ 的 r 行组成,元素为单位 1,矩阵 $\boldsymbol{C}^{\mathrm{T}}$ 其余的行由 0 组成,$\boldsymbol{E}_H=\boldsymbol{C}_H^{\mathrm{T}}=\boldsymbol{0}$,将其代入方程式(8.38)得

$$\boldsymbol{\alpha}=\boldsymbol{I}_H(\boldsymbol{L}^{\mathrm{T}})^{-1} \tag{8.42}$$

描述控制器的行矩阵 $\boldsymbol{P}=\boldsymbol{K}$ 由下式确定：

$$\boldsymbol{P}^{\mathrm{T}}=\boldsymbol{E}_B^{-1}\boldsymbol{I}_B(\boldsymbol{L}^T)^{-1}(\boldsymbol{a}-\boldsymbol{d})$$

或在行的有序追踪下，$\boldsymbol{E}_B$ 为单位矩阵，则关系式为

$$\boldsymbol{P}^{\mathrm{T}}=\boldsymbol{I}_B(\boldsymbol{L}^{\mathrm{T}})^{-1}(\boldsymbol{a}-\boldsymbol{d}) \tag{8.43}$$

除了相容条件式(8.37)外，闭环系统特征多项式系数 a_i 的其余约束条件是使部分根达到事先选定的值。正如前面介绍的，闭环系统的特征多项式写成下列形式：

$$H(s)=s^n+a_n s^{n-1}+\cdots+a_3 s^2+a_2 s+a_1$$

如果闭环系统特征方程根的期望值为实根 $s=\lambda$，必满足等式：

$$a_1+a_2\lambda+a_3\lambda^2+\cdots+\lambda^n=0$$

同时可以写成如下形式：

$$\begin{bmatrix}1 & \lambda & \lambda^2 & \cdots & \lambda^{n-1}\end{bmatrix}\begin{bmatrix}a_1\\a_2\\a_3\\\vdots\\a_n\end{bmatrix}=-\lambda^n \tag{8.44}$$

相对于 a_i 的线性方程式(8.44)就是这里所说的一个约束。如果闭环系统特征方程根的期望值为复数根 $s=\delta+\mathrm{j}\omega$ 时，约束就变成下面的形式：

$$H(\delta\pm\mathrm{j}\omega)=H(r\mathrm{e}^{\pm\mathrm{j}\varphi})=a_1+a_2 r\mathrm{e}^{\pm\mathrm{j}\varphi}+a_3 r^2\mathrm{e}^{\pm 2\mathrm{j}\varphi}+\cdots+a_n r^{n-1}\mathrm{e}^{\pm(n-1)\mathrm{j}\varphi}+r^n\mathrm{e}^{\pm n\mathrm{j}\varphi}=0$$

$$r=\sqrt{\delta^2+\omega^2},\ \varphi=\arctan\frac{\omega}{\delta}$$

令实部和虚部等于零，得到

$$\mathrm{Re}H(r\mathrm{e}^{\pm\mathrm{j}\varphi})=a_1+a_2 r\cos\varphi+a_3 r^2\cos 2\varphi+\cdots+a_n r^{n-1}\cos(n-1)\varphi+r^n\cos n\varphi=0$$

$$\mathrm{Im}H(r\mathrm{e}^{\pm\mathrm{j}\varphi})=a_2 r\sin\varphi+a_3 r^2\sin 2\varphi+\cdots+a_n r^{n-1}\sin(n-1)\varphi+r^n\sin n\varphi=0$$

这两个约束可以写成以下形式：

$$\begin{bmatrix}1 & r\cos\varphi & r^2\cos 2\varphi & \cdots & r^{n-1}\cos(n-1)\varphi\\0 & r\sin\varphi & r^2\sin 2\varphi & \cdots & r^{n-1}\sin(n-1)\varphi\end{bmatrix}\begin{bmatrix}a_1\\a_2\\a_3\\\vdots\\a_n\end{bmatrix}=\begin{bmatrix}-r^n\cos n\varphi\\-r^n\sin n\varphi\end{bmatrix} \tag{8.45}$$

如果闭环系统的期望根为 m 个重根，那么可以将这个根代入多项式 $H(s)$ 和它的前 $m-1$ 阶 s 导数中，并令这些表达式等于 0，来得到 a_i 的相应约束。

不难看出，将闭环系统的 $p(p<n)$ 个根配置到指定位置就是对 a_i 的 p 个线性约束。这些约束可以用下面的方程来表示：

$$\boldsymbol{\Theta a}=\boldsymbol{w} \tag{8.46}$$

式中，$\boldsymbol{\Theta}$ 为 $p\times n$ 阶定常矩阵，由方程式(8.44)或式(8.45)左部的第一个因式组成；$\boldsymbol{w}$ 为 $p\times 1$ 阶定常矩阵，由这些方程的右部组成。

闭环系统的部分根等于事先选定值的任务就是寻找 $a=a_0$，使其满足相容性条件式(8.37)和根配置到指定位置的条件式(8.46)。将这两个条件联立成一个方程：

$$\boldsymbol{\varphi a}_0=\boldsymbol{\gamma} \tag{8.47}$$

式中，$\boldsymbol{\varphi}$，$\boldsymbol{\gamma}$ 为对应的$(n-r+p)\times n$ 和$(n-r+p)\times 1$ 阶矩阵，由下式确定：

$$\left.\begin{aligned}\boldsymbol{\varphi}&=\begin{bmatrix}\boldsymbol{\alpha}\\ \boldsymbol{\Theta}\end{bmatrix}\\ \boldsymbol{\gamma}&=\begin{bmatrix}\boldsymbol{\beta}\\ \boldsymbol{w}\end{bmatrix}\end{aligned}\right\} \tag{8.48}$$

式中，矩阵 $\boldsymbol{\alpha}$ 和 $\boldsymbol{\Theta}$ 的秩分别为 $n-r$ 和 p；矩阵 $\boldsymbol{\varphi}$ 的秩是 $n-r$ 和 p 中最大的值。矩阵 $\boldsymbol{\alpha}$ 和 $\boldsymbol{\Theta}$ 的行之间是线性不相关的。但是在选取闭环系统的根时可能引起矩阵 $\boldsymbol{\Theta}$ 的某些行和矩阵 $\boldsymbol{\alpha}$ 的一些行之间线性相关，从而降低矩阵 $\boldsymbol{\varphi}$ 的秩，因此应该避免选取这样的根。只有 $\boldsymbol{\varphi}$ 为方阵时，方程式(8.47) 对于 a_0 才有精确解，即进入反馈回路的对象输出信号的数目 r 等于事先选定的期望根的个数 p。如果 $p>r$，那么方程式(8.47) 只能通过矩形矩阵 $\boldsymbol{\varphi}$ 的伪逆运算获得近似解。

本节只研究 $p=r$ 的情况，这时

$$\boldsymbol{a}_0=\boldsymbol{\varphi}^{-1}\boldsymbol{\gamma} \tag{8.49}$$

并且根据方程式(8.36) 可得反馈矩阵：

$$\boldsymbol{K}^{\mathrm{T}}=(\boldsymbol{C}_B^{\mathrm{T}})^{-1}\boldsymbol{I}_B(\boldsymbol{L}^{\mathrm{T}})^{-1}(\boldsymbol{a}_0-\boldsymbol{d}) \tag{8.50}$$

可以看出式(8.50) 的右部取决于对象的参数和闭环系统 p 个根的选取值。

8.2.2.2　多输入的模态控制方法

不完全状态向量反馈的根本不足是，不能保证所有根的期望分布和必须要评估未被控制根的值。要消除这个不足，或者将问题转换成完全状态向量反馈，或者按照下面所讲到的利用对象的多个输入。

假设 n 阶对象有 m 个输入，n 个状态变量中的 r 个变量进入反馈回路，设计一个多维控制器以保证闭环系统所有根的指定分布。为了完成这个设计，可以将多维系统$(\boldsymbol{A},\boldsymbol{B},\boldsymbol{C})$ 等效为一维系统$(\boldsymbol{A},\boldsymbol{Bq},\boldsymbol{C})$(即上面所讲到的) 并利用向量 $\boldsymbol{q}$ 选取的灵活性，通过选取元素 q_i 来使相容方程 $\boldsymbol{\alpha a}=\boldsymbol{\beta}$ 在 $\boldsymbol{a}=\boldsymbol{a}_\lambda$ 时得到满足，这里列矩阵 $\boldsymbol{a}_\lambda$ 的元素是闭环系统期望的特征多项式系数。

在等效的一维系统矩阵 $\boldsymbol{g}$ 里，也可以说矩阵 $\boldsymbol{L}$ 是 m 维向量 $\boldsymbol{q}$ 的函数，相容方程可写成

$$\boldsymbol{\alpha}(\boldsymbol{q})\boldsymbol{a}=\boldsymbol{\beta}(\boldsymbol{q}) \tag{8.51}$$

取 $\lambda_1,\lambda_2,\cdots,\lambda_n$ 作为闭环系统的根，期望的特征多项式系数组成的向量 $\boldsymbol{a}_\lambda$ 满足方程式(8.51)：

$$\boldsymbol{H}_\lambda(s)=(s-\lambda_1)\cdots(s-\lambda_n)=s^n-(\lambda_1+\cdots+\lambda_n)s^{n-1}+\cdots+(-1)^n\lambda_1\cdots\lambda_n$$

将 $\boldsymbol{a}_\lambda$ 代入方程式(4.1) 就得到一个非线性的对于 $\boldsymbol{q}$ 的方程：

$$\boldsymbol{\alpha}(\boldsymbol{q})\boldsymbol{a}_\lambda=\boldsymbol{\beta}(\boldsymbol{q}) \tag{8.52}$$

由 $n-r$ 个包含变量比值$\dfrac{q_i}{q_m}$ 的标量方程组成的方程组也符合矩阵方程式(8.52)，这里 q_m 是自由选取的列矩阵最后一个元素。为了使方程组有解，变量的总数 $m-1$ 应该满足条件：

$$m-1\geqslant n-r$$

由此可见，为保证闭环系统所有根的期望分布，对象的输入信号个数 m 和用于组成反馈回路的输出信号个数 r 应该满足条件：

$$m+r-1\geqslant n$$

式中，n 为对象的阶次。

应该注意到，这里讲述的方法并没有考虑到全部可能性，因为在最开始就假设 $m\times r$ 阶反

馈矩阵 $\boldsymbol{K}=\boldsymbol{qk}$ 的秩为 1，$\boldsymbol{K}$ 的秩不能超过描述等效的一维系统的单个因子 $m\times1$ 阶矩阵 $\boldsymbol{q}$ 和 $1\times r$ 阶矩阵 $\boldsymbol{k}$ 的秩。

8.3 空间系绳系统可控性、可观性以及稳定性分析

众所周知，动态系统的可控性和可观性是系统的两个基本结构特性，它在解决线性系统的极点配置、最优控制等问题时具有重要的作用。随着状态空间分析方法的引入，卡尔曼(Kalman)在 20 世纪 60 年代首先提出并研究了可控性和可观性这两个非常重要的概念，这是经典控制进入现代控制理论的标志之一。系统可控性是指控制作用对被控系统的状态和输出进行控制，而可观性则反映系统直接测量输入输出量的量测值以确定系统状态的可能性。一般形式的非线性系统可控性是很难判断的，但是对于线性系统来说则存在确定的可控判断方法。本节为了判断的方便，首先将复杂的空间系绳系统模型进行简化，然后对简化系统进行线性化处理，在此基础上采用卡尔曼可控性和可观性判据分别来判断系统的可控性与可观性。

8.3.1 空间系绳系统模型线性化

将第 2 章 2.2 节中的方程式(2.43)～式(2.45)在平衡点附近线性化得

$$l''=3l+2l\theta'-\frac{T}{m\Omega^2} \tag{8.53a}$$

$$\theta''=-2\,\frac{l'}{l}-3\theta \tag{8.53b}$$

$$\beta''=-4\beta \tag{8.53c}$$

令 $\varepsilon=\dfrac{l}{l_c}$，$l_c$ 为系绳展开的最终长度，得

$$\varepsilon''=3\varepsilon+2\theta'-\frac{T}{m\Omega^2 l_c} \tag{8.54a}$$

$$\theta''=-2\dot{\varepsilon}-3\theta \tag{8.54b}$$

$$\beta''=-4\beta \tag{8.54c}$$

因此，原系统的可控性问题就转化为线性定常微分方程组的可控性。在平衡点附近，系统方程可以写成状态空间形式：

$$\left.\begin{aligned}\dot{\boldsymbol{X}}&=\boldsymbol{AX}+\boldsymbol{BU}\\ \boldsymbol{Y}&=\boldsymbol{CX}\end{aligned}\right\} \tag{8.55}$$

式中，$\boldsymbol{X}=\begin{bmatrix}\varepsilon\\ \dot{\varepsilon}\\ \theta\\ \dot{\theta}\\ \beta\\ \dot{\beta}\end{bmatrix}$；$\boldsymbol{A}=\begin{bmatrix}0&1&0&0&0&0\\3&0&0&2&0&0\\0&0&0&1&0&0\\0&-2&-3&0&0&0\\0&0&0&0&0&1\\0&0&0&0&-4&0\end{bmatrix}$；$\boldsymbol{B}=\begin{bmatrix}0\\1\\0\\0\\0\\0\end{bmatrix}$；$\boldsymbol{U}=\dfrac{T}{m\Omega^2 l_c}$。

8.3.2 空间系绳系统可控性分析

线性连续系统

$$\dot{\boldsymbol{x}}(t)=\boldsymbol{A}(t)\boldsymbol{x}(t)+\boldsymbol{B}(t)\boldsymbol{u}(t) \tag{8.56}$$

对初始时刻 t_0 和初始状态 $x(t_0)$（$t_0 \in T$，T 为系统的时间定义域），存在另一有限时刻 t_1（$t_1 > t_0$，$t_1 \in T$），可以找到一个输入控制向量 $\boldsymbol{u}(t)$，能在有限时间 $[t_0, t_1]$ 内把系统从初始状态 $x(t_0)$ 控制到原点，即 $x(t_1)=0$，则称系统在 t_0 时刻的初始状态 $x(t_0)$ 能控；若对 t_0 时刻的状态空间中的所有状态都能控，则称系统在 t_0 时刻状态完全能控；若系统在所有时刻状态完全能控，则称系统状态完全能控，简称系统能控。若系统存在某个状态 $x(t_0)$ 不满足上述条件，则称系统状态不完全能控，简称系统状态不能控。

根据卡尔曼(Kalman)可控性判据，由式(8.55)可得空间系绳系统的可控性矩阵 $\boldsymbol{M}$ 为

$$\boldsymbol{M}=[\boldsymbol{B}\quad \boldsymbol{AB}\quad \boldsymbol{A}^2\boldsymbol{B}\quad \boldsymbol{A}^3\boldsymbol{B}\quad \boldsymbol{A}^4\boldsymbol{B}\quad \boldsymbol{A}^5\boldsymbol{B}]=\begin{bmatrix} 0 & -1 & 0 & 1 & 0 & -13 \\ -1 & 0 & 1 & 0 & -13 & 0 \\ 0 & 0 & 2 & 0 & -8 & 0 \\ 0 & 2 & 0 & -8 & 0 & -50 \\ 0 & 0 & 0 & 0 & 0 & 0 \\ 0 & 0 & 0 & 0 & 0 & 0 \end{bmatrix}$$

因为 $\mathrm{rank}(\boldsymbol{M})=4<6$，所以系统不完全可控。

当不考虑面外角 β 时，系统的可控性矩阵 $\boldsymbol{N}$ 为

$$\boldsymbol{N}=[\boldsymbol{B}\quad \boldsymbol{AB}\quad \boldsymbol{A}^2\boldsymbol{B}\quad \boldsymbol{A}^3\boldsymbol{B}]=\begin{bmatrix} 0 & -1 & 0 & 1 \\ -1 & 0 & 1 & 0 \\ 0 & 0 & 2 & 0 \\ 0 & 2 & 0 & -8 \end{bmatrix}$$

因为 $\mathrm{rank}(\boldsymbol{M})=4$，所以系统状态变量 $\boldsymbol{\varepsilon},\dot{\boldsymbol{\varepsilon}},\boldsymbol{\theta},\dot{\boldsymbol{\theta}}$ 可控。

综上所述，系统状态变量 $\boldsymbol{\varepsilon},\dot{\boldsymbol{\varepsilon}},\boldsymbol{\theta},\dot{\boldsymbol{\theta}}$ 可控，状态变量 $\boldsymbol{\beta}$ 和 $\dot{\boldsymbol{\beta}}$ 不可控。同时，由系统的可控性系数表 8-9 可以看出，状态变量 $\boldsymbol{\theta},\dot{\boldsymbol{\theta}}$ 虽然可控，但是为弱可控，状态变量 $\boldsymbol{\beta}$ 和 $\dot{\boldsymbol{\beta}}$ 则完全不可控。

表 8-9　系绳长度 L 决定的可控性系数

l/km	0.001	0.002	0.25	0.5	1	2	3
N_l	0.428	0.471	0.488	0.488	0.488	0.488	0.488
$N_{\dot{l}}$	0.542	0.597	0.619	0.619	0.619	0.619	0.619
N_θ	0.126	0.069	0.000 5	0.000 2	0.000 1	0.000 07	0.000 05
$N_{\dot{\theta}}$	0.159	0.087	0.000 7	0.000 3	0.000 1	0.000 09	0.000 06
N_β	0	0	0	0	0	0	0
$N_{\dot{\beta}}$	0	0	0	0	0	0	0

8.3.3　空间系绳系统可观性分析

线性连续系统

$$\left.\begin{aligned}\dot{\boldsymbol{x}}(t)&=\boldsymbol{A}(t)\boldsymbol{x}(t)\\ \boldsymbol{y}(t)&=\boldsymbol{C}(t)\boldsymbol{x}(t)\end{aligned}\right\}\tag{8.57}$$

若根据在有限时间 $[t_0,t_1]$ $(t_1>t_0)$ 内量测到的输出 $\boldsymbol{y}(t)$，能够唯一地确定系统在时刻 t_0 的初始状态 $x(t_0)$，则称系统在 t_0 时刻的初始状态 $x(t_0)$ 能观；若系统对 t_0 时刻的状态空间中的所有状态都能观，则称系统在 t_0 时刻状态完全能观；若系统在所有时刻状态完全能观，则称系统状态完全能观，简称系统能观。若系统存在某个状态 $x(t_0)$ 不满足上述条件，则称系统状态不完全能观，简称系统为状态不完全能观。

根据卡尔曼(Kalman)可观性判据，由式(8.55)可得空间系绳系统的能观性矩阵 $\boldsymbol{Q}$ 为

$$\boldsymbol{Q}=[\boldsymbol{C}\quad \boldsymbol{CA}\quad \boldsymbol{CA}^2\quad \boldsymbol{CA}^3\quad \boldsymbol{CA}^4\quad \boldsymbol{CA}^5]^{\mathrm{T}}$$

带入数据得

$$\operatorname{rank}(\boldsymbol{Q})=6$$

因此空间系绳系统的状态是可观的。

8.3.4　空间系绳系统稳定性分析

本节主要研究带子星的系绳相对于地垂线的横向稳定性，将第 2 章 2.2 节中的方程式(2.41)和式(2.42)在平衡点附近线性化得

$$\ddot{\theta}+2\frac{\dot{l}}{l}(\dot{\theta}+\Omega)+3\Omega^2\theta=0\tag{8.58a}$$

$$\ddot{\beta}+2\frac{\dot{l}}{l}\dot{\beta}+4\Omega^2\beta=0\tag{8.58b}$$

由式(8.58)可得关于面内角 θ 和面外角 φ 的特征方程：

$$s^2+2\frac{\dot{l}}{l}s+3\Omega^2=0\tag{8.59a}$$

$$s^2+2\frac{\dot{l}}{l}s+4\Omega^2=0\tag{8.59b}$$

解式(8.59)得系统极点：

$$\theta_{1,2}=\frac{-2\dfrac{\dot{l}}{l}\pm\sqrt{\left(2\dfrac{\dot{l}}{l}\right)^2-12\Omega^2}}{2}\tag{8.60a}$$

$$\theta_{1,2}=\frac{-2\dfrac{\dot{l}}{l}\pm\sqrt{\left(2\dfrac{\dot{l}}{l}\right)^2-16\Omega^2}}{2}\tag{8.60b}$$

由式(8.60)可知，只有当 $(\dot{l}/l)>0$ 时，系统的极点才会全部位于虚轴左半平面，此时系统才是稳定的。当系绳系统处于释放阶段时 $\dot{l}>0$，此时系统极点全部位于虚轴的左半平面，因此系统稳定；当系绳系统处于回收阶段时 $\dot{l}>0$，此时系统必然会有一个极点位于虚轴的右半

平面，因此系统发散；当系绳长度保持不变即系统处于状态保持阶段时 $\dot{l}=0$，此时系统的极点是位于虚轴上的一对纯虚根，因此系统做无阻尼等幅振荡。

8.4 状态信息完全情况下空间系绳系统状态保持稳定控制仿真分析

采用张力控制策略时面外角对系统的影响不大，因此空间系绳系统的运动方程可以简化为关于绳长以及面内角的方程。由式(8.54)可得系统的状态空间方程为

$$\left.\begin{aligned}\dot{\boldsymbol{X}}&=\boldsymbol{AX}+\boldsymbol{BU}\\ \boldsymbol{Y}&=\boldsymbol{CX}\end{aligned}\right\}\tag{8.61}$$

式中，$\boldsymbol{A}=\begin{bmatrix}0&1&0&0\\3&0&0&2\\0&0&0&1\\0&-2&-3&0\end{bmatrix}$；$\boldsymbol{B}=[0\quad 1\quad 0\quad 0]^{\mathrm{T}}$；$\boldsymbol{X}=[\varepsilon\quad \dot{\varepsilon}\quad \theta\quad \dot{\theta}]^{\mathrm{T}}$。

根据8.2.1.1节的方法，将系统开环传递函数写成式(8.15)形式。代入数据，计算得系数矩阵 $\boldsymbol{F}$，$\boldsymbol{G}$ 分别为

$$\boldsymbol{F}=[1\quad 0\quad 4\quad 0\quad -9]$$

$$\boldsymbol{G}=\begin{bmatrix}0&1&0&3\\1&0&3&0\\0&0&-2&0\\0&-2&0&0\end{bmatrix}$$

简化后的空间系绳系统为四阶系统，当采用ITAE标准型作为参考标准型时，在表8-5中选取标准特征多项式 $H(s)$，其系数矩阵为

$$\boldsymbol{H}=[1\quad 2.1\omega_0\quad 3.4\omega_0^2\quad 2.7\omega_0^3\quad \omega_0^4]$$

本节根据系统控制要求选取 $\omega_0=1.5$，根据式(8.17)求解控制器系数矩阵 $\boldsymbol{P}$ 得

$$\boldsymbol{P}_{\mathrm{ITAE}}=[4.687\,5\quad 3.150\quad 0.168\,7\quad 0.518\,7]$$

同理，当Butterworth标准型作为参考标准型时，ω_0 仍取1.5，其对应的控制器系数矩阵别为

$$\boldsymbol{P}_{\mathrm{Butterworth}}=[4.687\,5\quad 3.90\quad 1.462\,5\quad 1.037\,5]$$

8.4.1 仿真分析

通过前面的分析计算得到了以ITAE标准型和Butterworth标准型作为参考标准型时系绳系统状态保持稳定控制系数矩阵 $\boldsymbol{P}$。为了验证所设计的控制器的有效性，本节取系统的初始面内角 $\theta=-0.1°$，$\dot{\theta}=0.1(°/\mathrm{s})$。系统运行轨道高度为300 km，母星质量为6 000 kg，子星质量为20 kg，系绳长度 $L=50$ km，系绳密度 $\rho=26.3$ g/m，系绳直径为0.6 mm，弹性模量为 $2.5\times10^{10}\ \mathrm{N/m^2}$，气动阻力系数 $C_D=2.2$，仿真分析时全部采用无量纲形式，系绳系统稳定保

持的动态特性仿真结果如图 8.12 所示。

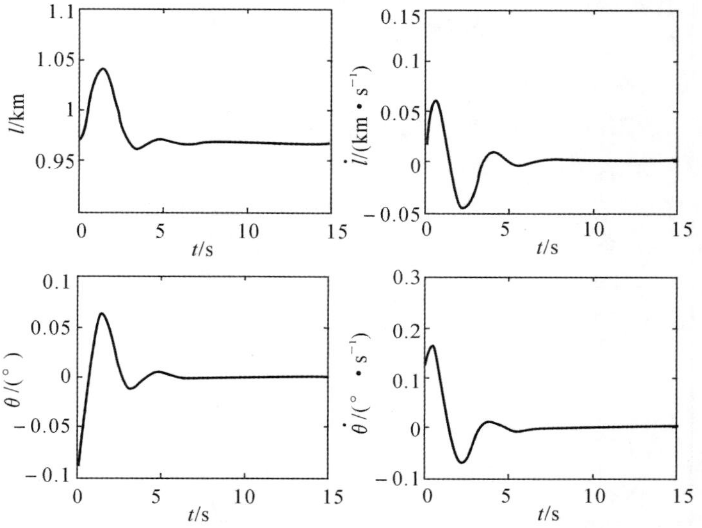

图 8.12　基于 ITAE 标准系数法的状态保持稳定控制

图 8.12 所示为基于 ITAE 标准系数法的空间系绳系统状态保持稳定控制曲线图。由图可以看出，四个状态变量都在 6 s 内回到稳态值，此时系绳系统又稳定到平衡状态，系统响应比较快。在扰动初期，四个状态变量都出现一定的振荡，之后逐渐衰减，在达到平衡位置后还有小幅的振荡，但都在一定的误差范围之内。总体而言，在系统恢复到平衡状态的整个过程中，虽然系统出现一定的振荡，但是振荡都比较小，系统过渡过程平缓，四个状态变量最大振荡幅值分别为 1.054，0.06，0.062，0.166 5。由此可见，采用 ITAE 标准系数法作为参考标准型所得到的控制系统具有较好的动态品质。

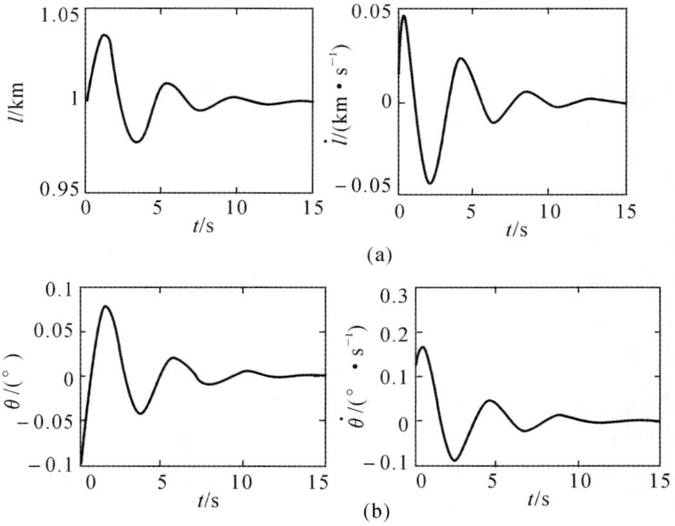

图 8.13　基于 Butterworth 标准系数法的状态保持稳定控制

图 8.13 所示为基于 Butterworth 标准系数法的空间系绳系统状态保持稳定控制曲线图。由图可以看出，四个状态变量都在 10 s 左右趋于稳定。虽然绳长变化率、面内角以及面内角变化率在 10 s 后还有一定的振荡，但也可以称此时为系绳系统的平衡状态。在达到稳态过程中其四个状态量的最大振幅分别为 1.037，0.048，0.08，0.17。与 ITAE 标准型相比，系绳长度和绳长变化率最大振幅减小，但是振荡比较大；面内角和面内角速度不仅振荡幅度大，而且调节时间长，受到扰动后衰减过程比较慢。总体而言，采用 ITAE 作为参考标准型获得的控制系统要比 Butterworth 效果好，因为对于传统的 Butterworth 标准型，随着阶数的增加，闭环系统的极点就越靠近虚轴，系统的阻尼比就越小，所以振荡得比较厉害(见图 8.14)。

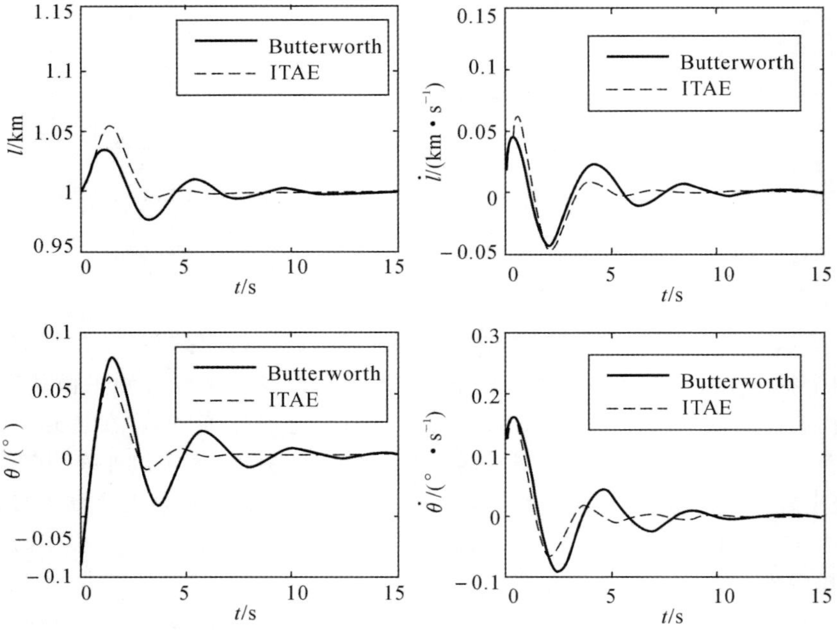

图 8.14　ITAE 标准系数法与 Butterworth 标准系数法控制效果比较

针对空间系绳卫星系统在稳定状态附近的线性化模型，也可以采用线性二次型(LQR)最优控制来设计控制律。采用该方法时，性能指标函数为

$$J=\frac{1}{2}\boldsymbol{e}^{\mathrm{T}}(t_{\mathrm{f}})\boldsymbol{F}\boldsymbol{e}(t_{\mathrm{f}})+\frac{1}{2}\int_{t_0}^{t_{\mathrm{f}}}[\boldsymbol{e}^{\mathrm{T}}(t)\boldsymbol{Q}(t)\boldsymbol{e}(t)]\,\mathrm{d}t+\frac{1}{2}\int_{t_0}^{t_{\mathrm{f}}}[\boldsymbol{u}^{\mathrm{T}}(t)\boldsymbol{R}(t)\boldsymbol{u}(t)]\,\mathrm{d}t \tag{8.62}$$

式中，$\boldsymbol{F}$ 为半正定 $m\times m$ 阶常数矩阵；$\boldsymbol{Q}(t)$ 为半正定 $m\times m$ 阶对称矩阵；$\boldsymbol{R}(t)$ 为正定 $r\times r$ 阶对称矩阵；终端时刻 t_{f} 固定。要求确定 $\boldsymbol{u}(t)$ 使性能指标式(8.62)最小。

在式(8.62)中，第一项表示在控制过程结束后，对系统终端状态跟踪误差的要求。第二项表示在某个时间段内误差的大小，它反映了控制过程中系统动态跟踪误差的累积和。根据误差的二次型的表达形式可知，权矩阵 $\boldsymbol{Q}(t)$ 实际上能给较大的误差以较大的加权，而 $\boldsymbol{Q}(t)$ 表示时间函数，这就意味着对不同时刻误差赋予不同的加权值，该项反映了系统的控制效果。第三项表示在整个控制过程中所消耗的控制能量。$\boldsymbol{R}(t)$ 实际上能给各控制分量赋予不同的权，它是时间的函数。

对于线性二次型最优控制，状态变量和输入变量的加权矩阵 $\boldsymbol{Q}$,$\boldsymbol{R}$ 的选择非常重要。选取时，通常将 $\boldsymbol{R}$ 设定为常数，并且固定不变，然后改变 $\boldsymbol{Q}$ 的值，最优控制结果通常在经过仿真和实际比较后得到。经过实验仿真，当取 $\boldsymbol{Q}=\text{diag}(5,5,30,30)$，$\boldsymbol{R}=1$ 时控制效果比较好。因此取 $\boldsymbol{Q}=\text{diag}(5,5,30,30)$，$\boldsymbol{R}=1$。然后用 MATLAB 可以直接求得最优化反馈增益矩阵为

$$\boldsymbol{K}=[6.741\,7 \quad 5.966\,7 \quad -3.702 \quad -4.279\,5]$$

在相同条件下，空间系绳系统稳定保持的动态特性仿真结果如图 8.15 所示。

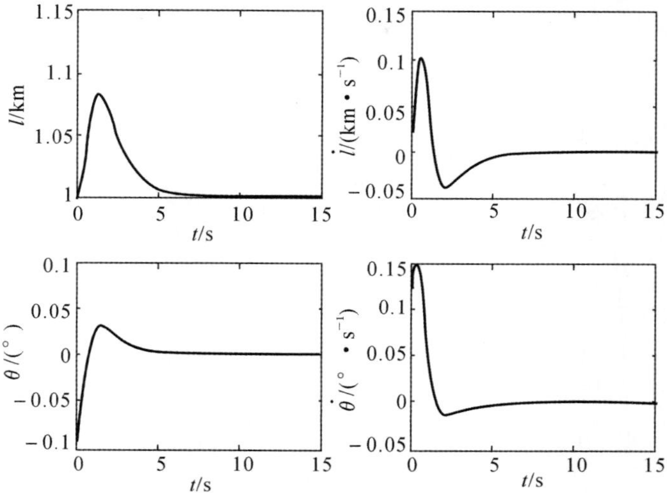

图 8.15　基于 LQR 方法的状态保持稳定控制

由图 8.15 可以看出，基于 LQR 方法设计的控制系统其绳长、绳长变化率、面内角和面内角变化率也都在 6 s 内回到稳态值。在系统恢复到平衡状态的过程中，系统过渡比较平稳，只是在扰动初期有较大的振荡，衰减过程中并没有出现太大的振荡，其最大振幅分别为 1.083，0.102，0.031，0.149。由此可见，采用线性二次型最优控制得到的控制效果比较好。但是线性二次型最优控制中矩阵 $\boldsymbol{Q}$ 和矩阵 $\boldsymbol{R}$ 选择比较困难，使用时需要反复实验才能得到好的控制效果，这也是该方法的局限性所在。

图 8.16 和图 8.17 所示为采用标准系数法与 LQR 设计方法的控制效果的比较，由图可以看出，采用标准系数法设计的控制系统过渡过程没有采用 LQR 设计方法所设计的控制系统平缓，但使用标准系数法设计的控制系统完全能够达到 LQR 设计方法的控制效果。而使用 ITAE 标准系数法设计的控制系统要比使用 Butterworth 标准系数法设计的控制系统的控制效果要好一些。使用标准系数法设计控制系统简单、方便，它可以把复杂的控制系统的设计转化为简单的代数计算，这是线性二次型最优控制设计方法所不可比拟的。

8.4.2　鲁棒性分析

鲁棒性是指控制系统在一定(结构、大小)的参数摄动下维持某些性能的特性。根据性能指标来划分，鲁棒性又可分为稳定鲁棒性和性能鲁棒性。稳定鲁棒性是指系统结构或模型参数发生变化时能够保持渐进稳定；如果还要求系统在扰动下品质指标仍保持在某个范围内，则称为性能鲁棒性。在实际应用中，产生摄动的原因主要有两个方面：一是测量的误差使得系统特性或参数的实际值偏离预定值；二是系统在运行过程中受到周边环境因素的影响而使系统特性或参数发生漂移。鲁棒性是系统性能的一个重要指标，它反映了系统的稳定状态。

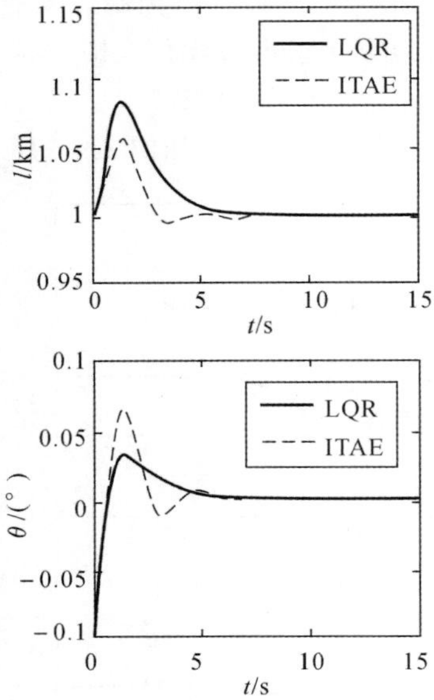

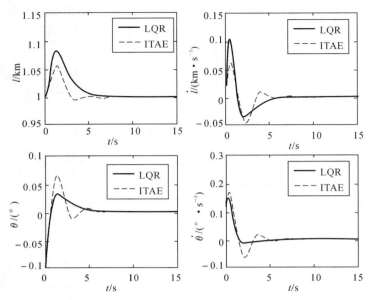

图 8.16　ITAE 标准系数法与 LQR 设计方法控制效果比较

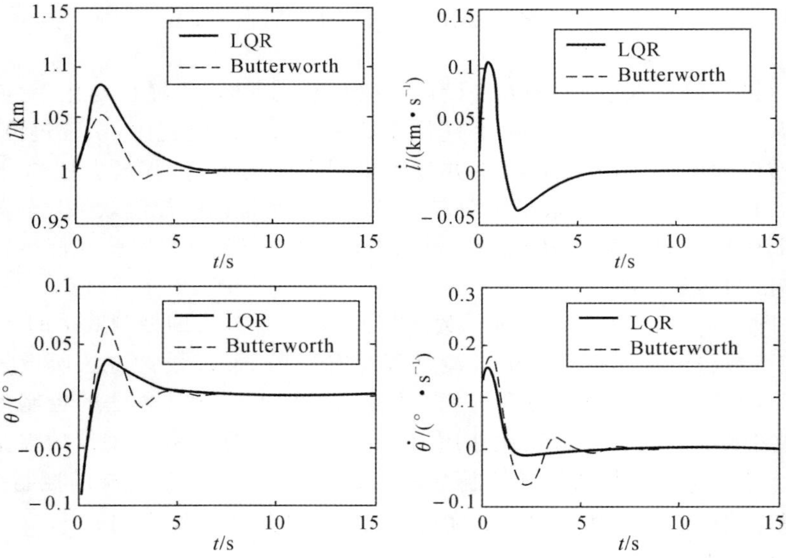

图 8.17　Butterworth 标准系数法与 LQR 设计方法控制效果比较

空间系绳系统所处的太空环境并非真空，会受到太空碎片、极端温度、高能粒子、大气阻力等各种外界因素的影响，因此系统参数会有一定的摄动，这主要表现在系统方程中 $\boldsymbol{A}$，$\boldsymbol{B}$ 阵的变化上。为了验证采用标准系数法所设计的状态保持稳定控制系统的鲁棒性，本小节以 ITAE 标准系数法和 Butterworth 标准系数为例来进行仿真验证。仿真时采用无量纲形式，并且系统参数保持不变。当系绳系统初始面内角 $\theta=-0.1°$、面内角速度 $\dot{\theta}=0.1$ 时，分别从 $\boldsymbol{A}$ 阵变化 $\pm 20\%$、$\boldsymbol{B}$ 阵变化 $\pm 20\%$ 以及 $\boldsymbol{A}$ 阵和 $\boldsymbol{B}$ 阵同时变化 $\pm 20\%$ 三个方面研究系绳系统状态保持动态特性的鲁棒性。

图 8.18、图 8.19 和图 8.20 表示系统受到扰动参数发生变化后空间系绳系统四个状态变量的动态特性图。由图 8.18 可以看出，当系统受到扰动 **A** 阵生变化时对系绳长度 L 的影响最大，系统的面内角 θ 几乎保持不变；由图 8.19 可以看出，当系统受到扰动 **B** 阵发生变化时对系绳长度和面内角的影响都比较大；由图 8.20 可以看出，系统受到扰动后 **A** 阵和 **B** 阵同时发生变化，四个状态变量都出现了不同程度的振荡，调节时间变长。当系统受到 +20% 摄动时，θ 的最大振幅增加量在 0.015 以内；当系统受到 −20% 摄动时，θ 的最大振幅增加量在 0.01 以内。由此可见基于标准系数法的设计方法设计的控制系统具有良好的鲁棒性，在系统受到扰动发生参数变化时，系统最终仍能稳定到平衡状态。

图 8.21、图 8.22 和图 8.23 表示以 Butterworth 作为参考标准型时，系统受到扰动参数发生变化后空间系绳系统四个状态变量状态保持的动态特性图。由图 8.21 可以看出，当系统受到扰动 **A** 阵发生变化时对系统面内角 θ 的影响比较大，受到扰动后，系统出现来回摆动，持续时间比较长，系统最终在 15 s 附近稳定在平衡位置；由图 8.22 可以看出，当系统受到扰动使 **B** 阵发生变化时，系统四个状态变量受到的影响都比较大，受到扰动后系统出现了较长时间的振荡；由图 8.23 可以看出，当系统受到扰动使 **A** 阵和 **B** 阵同时变化时，四个状态变量的振荡幅度有所减弱。当系统受到 +20% 摄动时，θ 的最大振幅增加量在 0.015 以内；当系统受到 −20% 摄动时，θ 的最大振幅增加量在 0.02 以内，与 ITAE 标准型相比最大摆角变大。系统受到扰动后虽然出现了持续的振荡，但是逐渐衰减，最终仍稳定到了平衡位置。这说明了采用 Butterworth 标准型作为参考标准型所设计的控制系统具有较好的鲁棒性。从系统整个稳定过程来看，系统受到扰动后振荡比较大，这也充分说明了传统的 Butterworth 标准型对于高阶系统的局限性，因为当系统阶数比较大时，闭环系统的特征根就越接近虚轴，此时系统的阻尼比比较小，所以系统的振荡比较大。

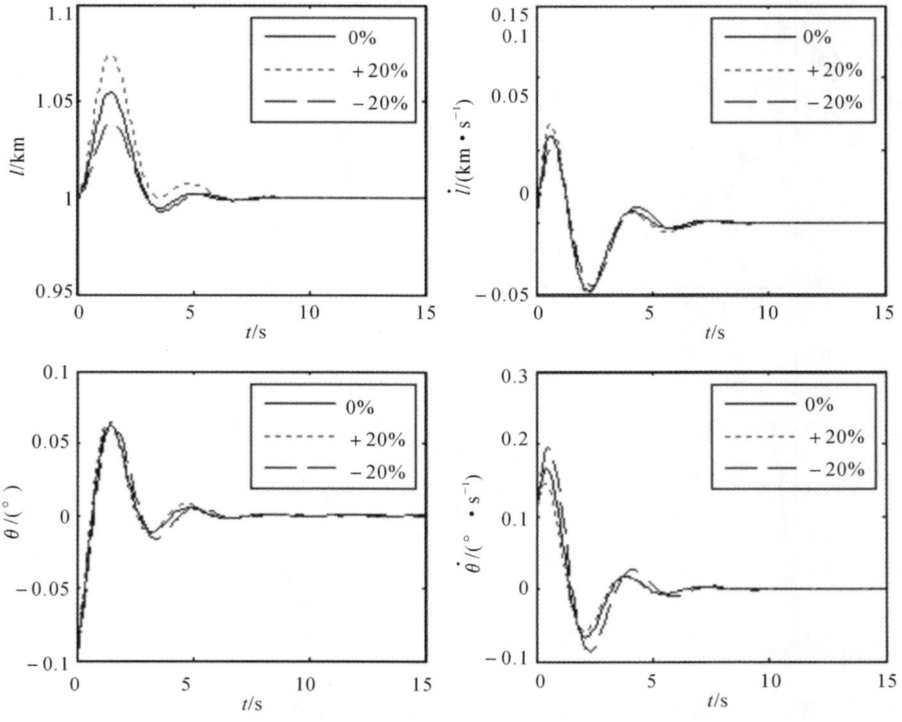

图 8.18　**A** 阵变化±20%时系绳系统状态保持的动态特性(ITAE)

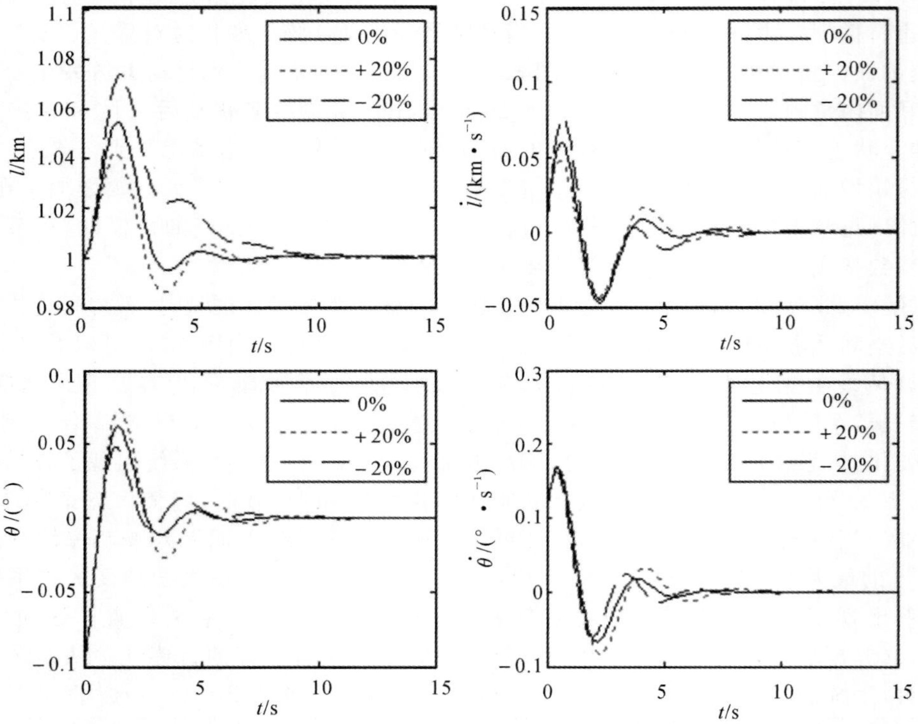

图 8.19　***B*** 阵变化±20%时系绳系统状态保持的动态特性(ITAE)

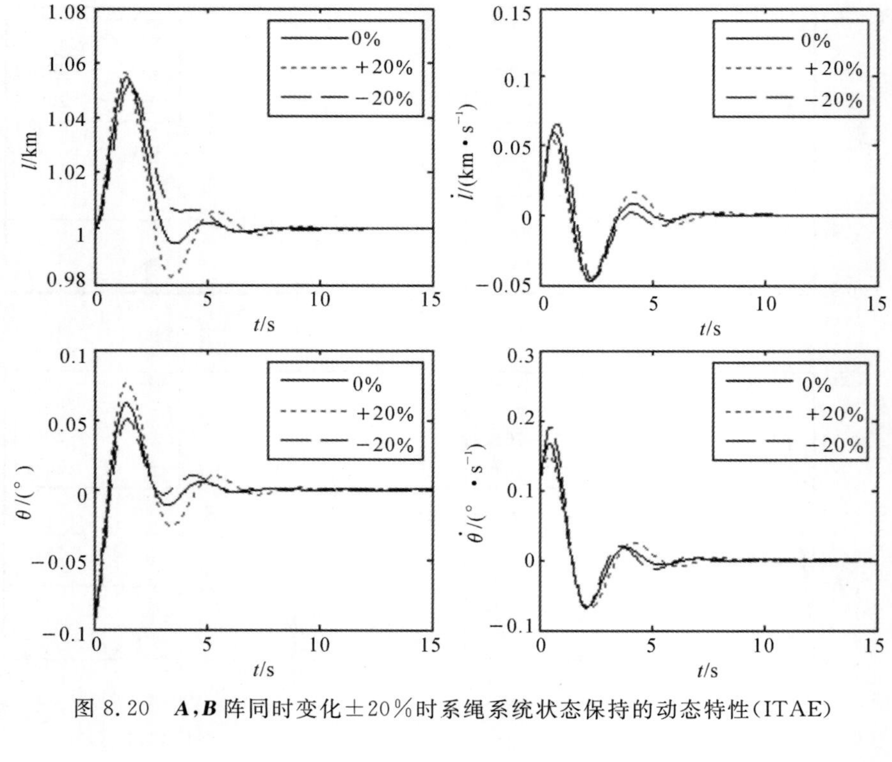

图 8.20　***A***,***B*** 阵同时变化±20%时系绳系统状态保持的动态特性(ITAE)

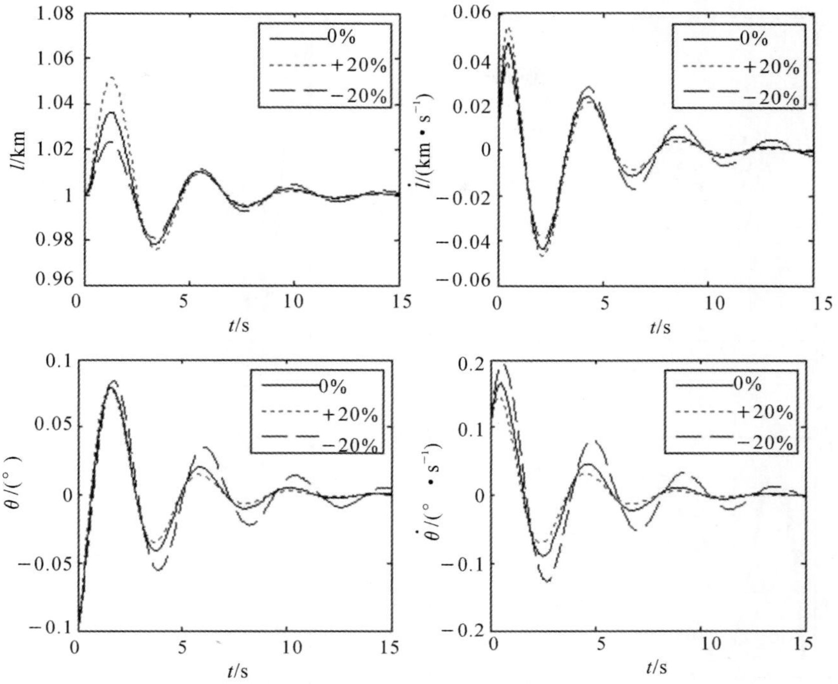

图 8.21　**A** 阵变化±20%时系绳系统状态保持的动态特性(Butterworth)

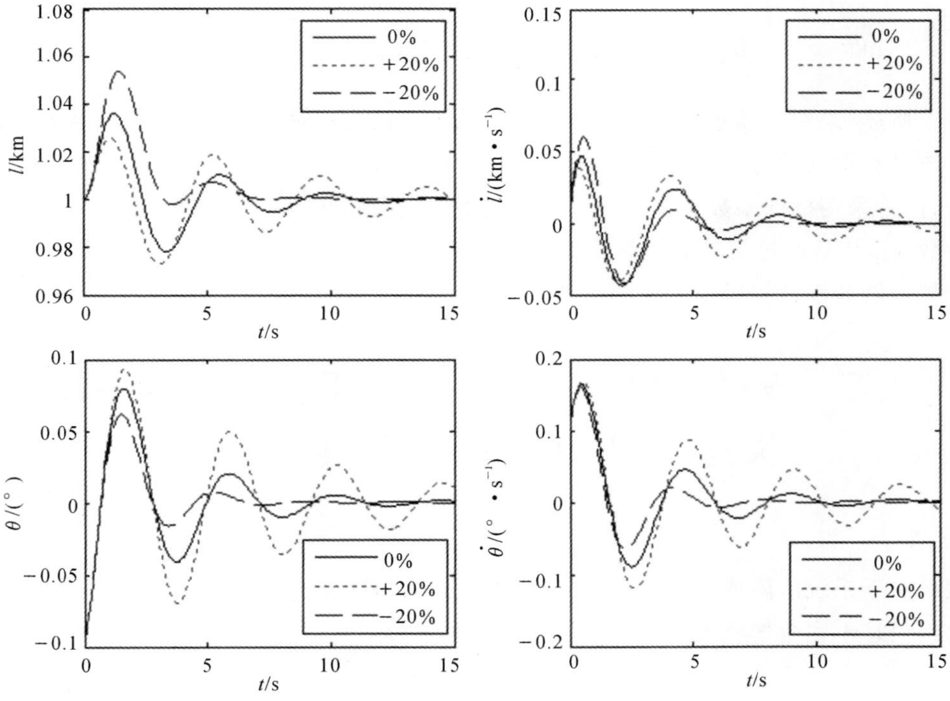

图 8.22　**B** 阵变化±20%时系绳系统状态保持的动态特性(Butterworth)

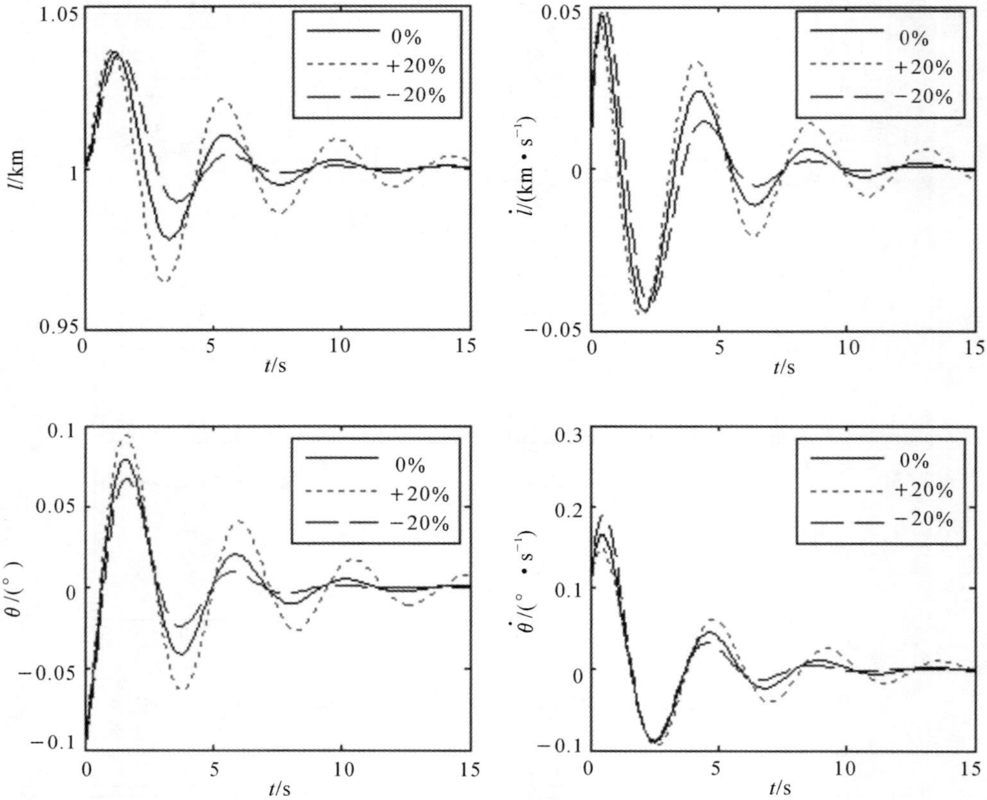

图 8.23 **A**,**B** 阵同时变化±20%时系绳系统状态保持的动态特性(Butterworth)

综上所述,采用标准系数法所设计的控制系统不仅能够使空间系绳系统的状态保持稳定,而且系统具有很好的鲁棒性。与采用线性二次型最优化设计方法所得到的控制器相比控制效果相当,但是采用标准系数法设计过程比二次型优化设计方法简单,只需要根据系统性能要求选定参数 ω_0,然后通过简单的代数计算就可以得到控制器参数矩阵。研究结果对未来空间系绳系统控制器的设计提供了一定的参考。

8.5 状态信息不完全情况下空间系绳系统状态保持稳定控制仿真分析

假设由于系统故障或其他原因,面内角 θ 和面内角速度 $\dot{\theta}$ 的信号测量不到,这时就会出现系统输出信息不完全的状况。因此系统的状态方程为

$$\left.\begin{aligned}\dot{\boldsymbol{X}} &= \boldsymbol{AX} + \boldsymbol{BU} \\ \boldsymbol{Y} &= \boldsymbol{CX}\end{aligned}\right\} \tag{8.62}$$

其中，$\boldsymbol{A}=\begin{bmatrix}0 & 1 & 0 & 0\\ 3 & 0 & 0 & 2\\ 0 & 0 & 0 & 1\\ 0 & -2 & -3 & 0\end{bmatrix}$；$\boldsymbol{B}=[0\quad 1\quad 0\quad 0]^{\mathrm{T}}$；$\boldsymbol{C}=\begin{bmatrix}1 & 0 & 0 & 0\\ 0 & 1 & 0 & 0\end{bmatrix}$。

根据 8.2.2.1 节的方法，将系统开环传递函数写成式(8.22)的形式，代入相应的数据，得到系数矩阵 $\boldsymbol{L}$ 和 $\boldsymbol{d}$ 分别为

$$\boldsymbol{L}=\begin{bmatrix}3 & 0 & 1 & 0\\ 0 & 3 & 0 & 1\\ 0 & -2 & 0 & 0\\ 0 & 0 & -2 & 0\end{bmatrix}$$

$$\boldsymbol{d}=[-9\quad 0\quad 4\quad 0]$$

则得

$$(\boldsymbol{L}^{\mathrm{T}})^{-1}=\begin{bmatrix}0.33 & 0 & 1 & 0\\ 0 & 0 & 0 & 1\\ 0 & -0.5 & 0 & 1.5\\ 0.167 & 0 & -0.5 & 0\end{bmatrix}$$

根据选取原则 $\boldsymbol{E}_B$，$\boldsymbol{I}_B$，$\boldsymbol{E}_H$，$\boldsymbol{I}_H$ 分别为

$$\boldsymbol{E}_B=\begin{bmatrix}1 & 0 & 0\\ 0 & 1 & 0\\ 0 & 0 & 1\end{bmatrix}$$

$$\boldsymbol{I}_B=\begin{bmatrix}1 & 0 & 0 & 0\\ 0 & 1 & 0 & 0\end{bmatrix}$$

$$\boldsymbol{E}_H=[0\quad 0\quad 0]$$

$$\boldsymbol{I}_H=\begin{bmatrix}0 & 0 & 1 & 0\\ 0 & 0 & 0 & 1\end{bmatrix}$$

将 ITAE 标准型作为参考标准型，将其系数作为期望的系数，因此可得期望的特征根系数 $\boldsymbol{a}=[\omega^4\quad 2.7\omega^3\quad 3.4\omega^2\quad 2.1\omega]^{\mathrm{T}}$。

根据相容性条件式(8.37)代入数据可解得 ω：±1.527，$\pm3.19\mathrm{i}$，0。选择 ω 在 0.5～3 附近的值代入 ITAE 的标准传递系数中，得到期望的系数值。选择 $\omega=1.527$，代入期望的系数值，得到期望的系数值为

$$\boldsymbol{a}=[14.062\,5\quad 9.112\,5\quad 3.65\quad 3.15]^{\mathrm{T}}$$

根据式(8.50)，即可得到反馈矩阵 $\boldsymbol{K}$ 为

$$\boldsymbol{K}=[4.687\,5\quad 3.15]^{\mathrm{T}}$$

8.5.1　仿真分析

假设系统受到初始面内角速度 $\dot{\theta}=2.5$ rad/s 的扰动，仿真参数列于表 8-10 中。仿真分析采用无量纲形式，系绳系统稳定保持的动态特性仿真结果如图 8.24 所示。

表 8-10 仿真参数

参数名称	数值
地球重力梯度参数	398 600 km^3/s^2
地球平均半径	6 371.02 km
圆轨道高度	300 km
母星质量	6 000 kg
子星质量	20 kg
系绳直径	0.000 6 m
系绳密度	0.026 3 kg/km
气动阻力系数 C_D	2.2
弹性模量 E	2.5×10^{10} N/m^2

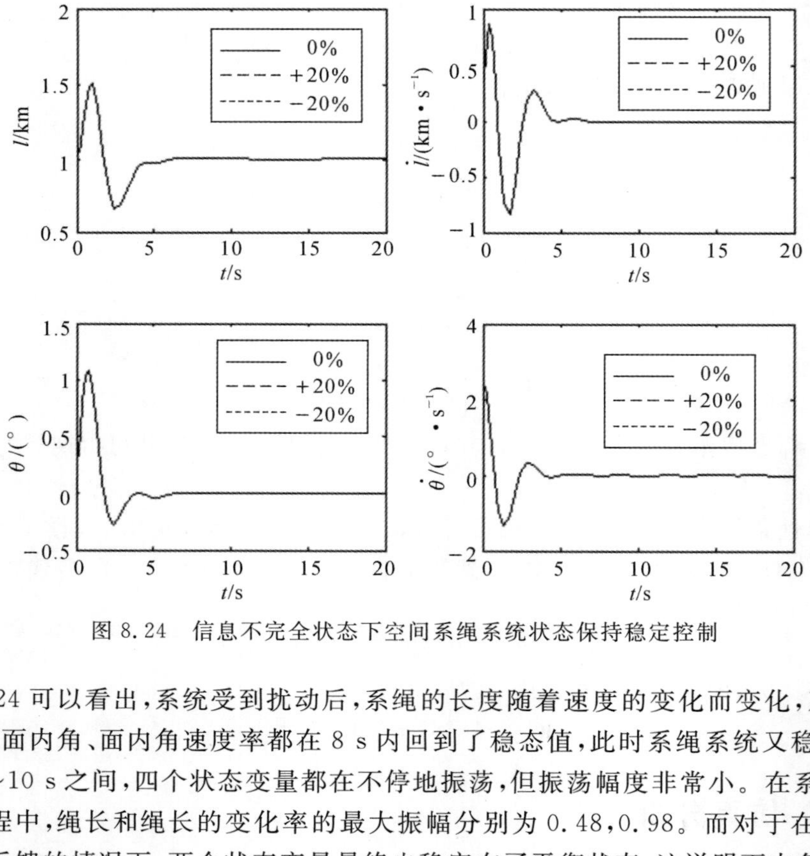

图 8.24 信息不完全状态下空间系绳系统状态保持稳定控制

由图 8.24 可以看出，系统受到扰动后，系绳的长度随着速度的变化而变化，系绳长度、绳长的变化律、面内角、面内角速度率都在 8 s 内回到了稳态值，此时系绳系统又稳定到平衡状态。在 4.5～10 s 之间，四个状态变量都在不停地振荡，但振荡幅度非常小。在系统恢复到平衡状态的过程中，绳长和绳长的变化率的最大振幅分别为 0.48，0.98。而对于在无面内角和面内角速度反馈的情况下，两个状态变量最终也稳定在了平衡状态，这说明面内角受系绳长度与系绳长度的变化率的影响，同时也说明采用基于标准系数法的信息不完全状态模态控制方法得到的控制系统能够使系统稳定。

8.5.2　鲁棒性分析

本节主要研究基于标准系数法的信息不完全状态模态控制方法所设计的控制系统的鲁棒性。假设系统受到扰动面内角有 2.5 rad/s 的初始速度。系统的动态特性鲁棒仿真验证曲线如图 8.25 所示。由图可以看出，采用基于标准系数法的信息不完全模态控制方法设计的状态保持系统具有良好的鲁棒性。

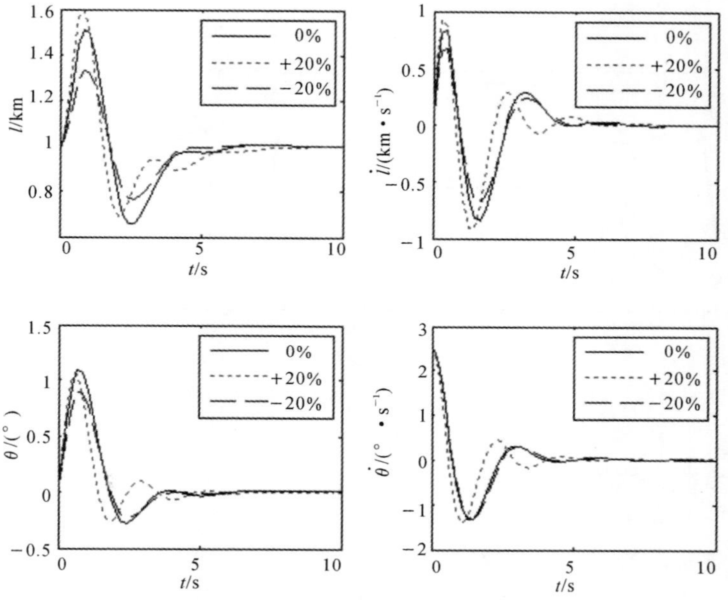

图 8.25(a)　***A*** 阵变化±20%时系绳系统状态保持的动态特性

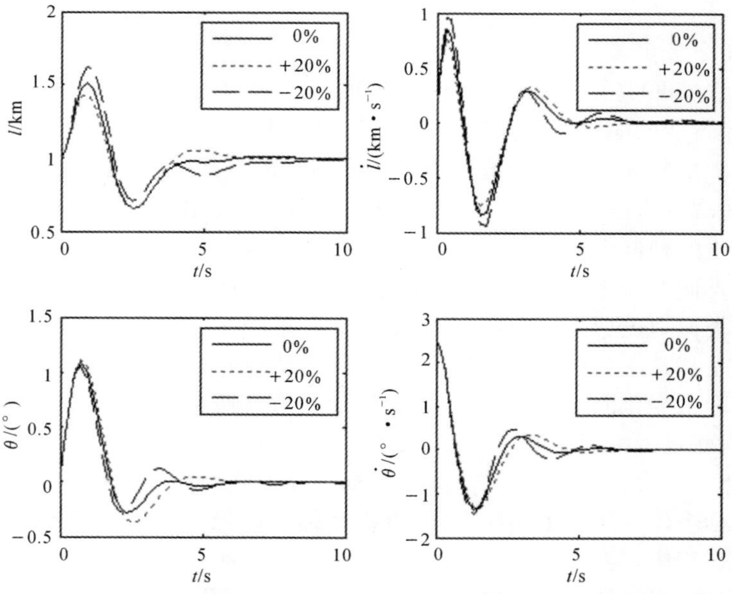

图 8.25(b)　***B*** 阵变化±20%时系绳系统状态保持的动态特性

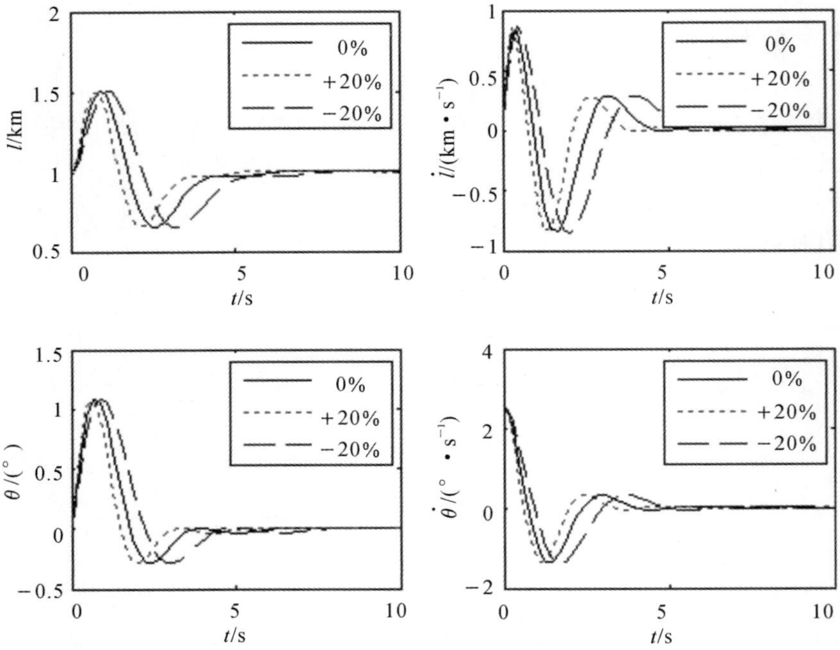

图 8.25(c) ***A***,***B*** 阵变化±20%时系绳系统状态保持的动态特性

8.5.3 参数优化

采用标准系数法得到的反馈系数能够保证系统的稳定,但并不能保证系统的最优。为了得到最优的反馈系数,需要使用优化算法来进行计算。本小节把采用标准系数法得到的反馈系数作为初值,然后采用差分优化算法来寻求空间系绳系统在一定范围内的最优状态反馈矩阵。

8.5.3.1 *差分优化算法*

差分优化算法(DE)是由 Storn 和 Price 于 1995 年提出的,它和 ACO,PSO 等进化算法一样,都是基于群体智能的随机并行优化算法,通过模拟生物群体内个体间的合作与竞争产生的启发式群体智能来指导优化搜索。该算法具有很强记忆力,可以动态跟踪当前的搜索情况以调整搜索策略,实现自适应寻优,因此具有较强的收敛性和鲁棒性。

差分优化算法的种群由若干个体组成,每个个体代表优化问题的一个潜在。差分算法的优化机制是根据不同个体之间的距离和方向信息来生成新的候选个体,从而实现群体进化的。与其他进化算法类似,它也是采用变异、交叉以及选择这三个典型进化算子对种群进行更新的。其基本思想是从某一随机产生的初始群体开始,从种群中随机选取两个个体,将其差向量作为第三个个体随机变化的来源,然后将差向量加权后按照某些规则与第三个个体求和而产生变异个体,该操作过程称为变异。之后,将变异个体与某个预先确定的目标个体进行参数混合,产生实验个体,这个过程称为交叉。如果目标个体的适应度值比实验个体的适应度值差,则在下一代中目标个体被实验个体所取代,否则目标个体仍保存下来,该操作过程称为选择。在每一代的进化过程中,每一个个体矢量作为目标个体一次,通过不断地迭代计算,保留优良个体,淘汰劣质个体,引导搜索过程向全局最优解逼近。流程图如图 8.26 所示。

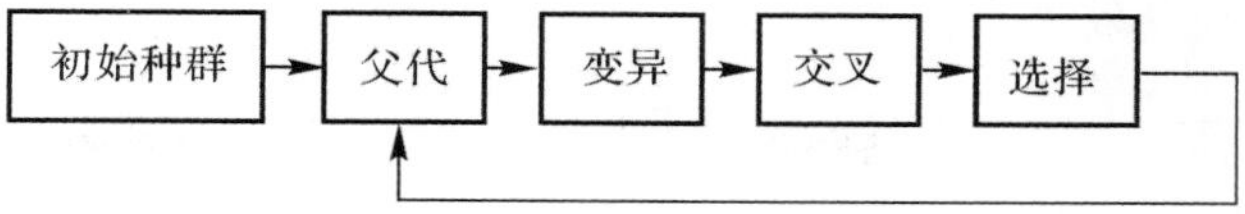

图 8.26　差分优化算法进化流程图

差分优化算法流程如下：

(1)确定差分优化算法的控制参数和具体策略。控制参数主要包括变异算子、种群数量、交叉算子、终止条件等;本节中选取交叉概率为 0.8,缩放因子为 0.4,最大迭代次数为 100,进化代数 k 的初值为 1。

(2)随机产生初始种群,进化代数 k 。

(3)计算初始种群中每个个体目标函数值。

(4)判断进化代数是否达到最高或者达到终止条件。若进化终止,则将此时的个体作为输出,否则迭代继续进行。

(5)进行交叉和变异操作,处理边界条件,获得临时种群。

(6)评价临时种群,计算种群中每个个体的目标函数。

(7)进行操作选择,得到新的种群;如果生成的新个体适应度值小于父代值,那么就用新的个体取代对应的父代,否则就保留父代。

(8)令 $k=k+1$。

(9)若 $k=G_{max}$ 则转到步骤(4)继续进行,否则结束运算。

8.5.3.2　优化与仿真分析

根据上一节介绍的优化算法,将标准系数法得出的初值作为基础,将系绳长度和速度误差为零作为目标函数对反馈系数进行优化,设定迭代次数为 100。优化后得到的系数矩阵 $\boldsymbol{P}$ 为

$$\boldsymbol{P}=[4.254\quad 4.637]^{\mathrm{T}}$$

图 8.27 所示为优化后系统状态变量的动态响应特性,图 8.28 所示为优化前、后控制效果比较图。由图 8.27 可以看出,采用差分优化算法优化后系绳正向和反向的最大振幅分别为 0.42 和 0.38,相对于优化前最大振幅有明显的降低,当系统接近平衡状态时系统出现了小幅振荡,但是非常小;而面内角和面内角速度在优化后振荡变大。

出现这种情况是因为面内角和面内角速度没有反馈,在优化时是以绳长和绳长变化率最后的误差为零作为目标函数的。标准系数法为我们对系统进一步进行优化提供了基础。采用标准系数法得到的控制系统能够使系统保持稳定,其动态响应特性也比较良好,但并不是最优的控制效果。如果系统对动态响应特性有严格的要求,那么可以采用标准系数法获得的参数作为基础,采用适当优化算法对系统参数进行优化。

8.5.4　简单模型与复杂模型下控制效果比较

本章采用标准系数法计算控制参数时,首先将空间系绳系统的动力学方程进行量纲归一化处理,然后在平衡点附近线性化,最后经过计算得出系统的状态方程。因此,所求出的控制参数是在线性化条件下得出的。由前面章节可以看出,采用标准系数法得出的控制参数在线性化方程下控制效果良好,能够满足系统要求。为了进一步验证标准系数法的有效性,本小节主要采用系统的非线性方程来验证线性化条件下得出的控制参数的控制效果。同时,也对释

放不同长度时系统的控制效果进行了比较。

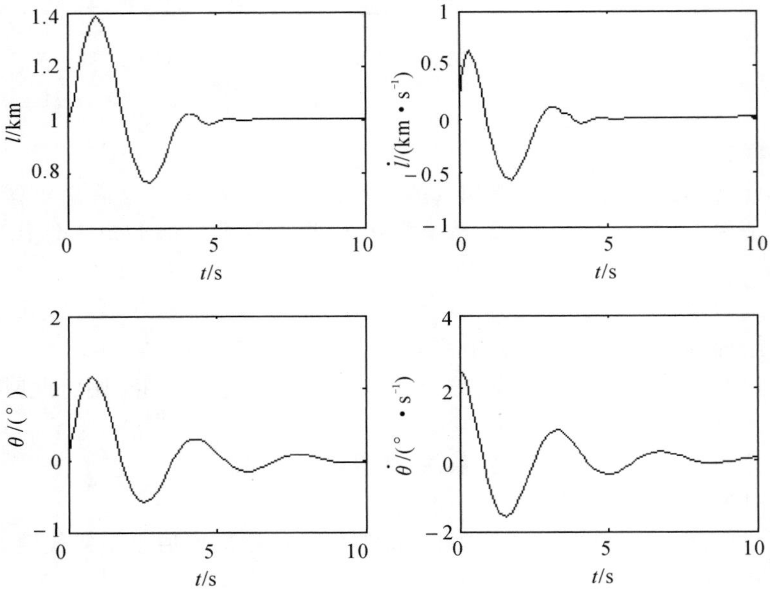

图 8.27　优化后系统状态变量的动态响应特性

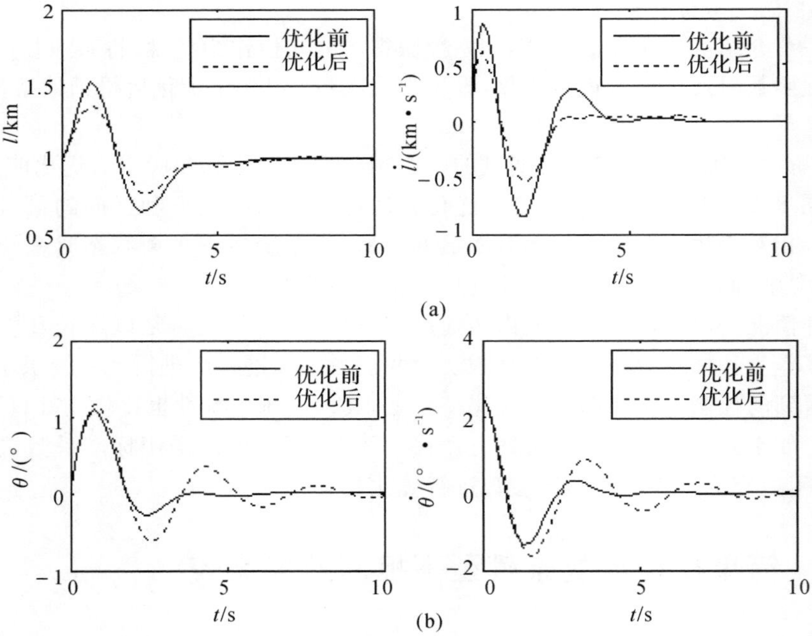

图 8.28　优化前、后控制效果比较图

8.5.4.1　珠式模型下仿真分析

本小节是针对系绳长度为 50 km 时的仿真。为了方便仿真分析，表 8-11 列出了仿真时用到的参数。

表 8-11　仿真参数

参数名称	数值
地球重力梯度参数	398 600 km^3/s^2
地球平均半径	6 371.02 km
圆轨道高度	300 km
母星质量	6 000 kg
子星质量	20 kg
系绳直径	0.000 6 m
系绳密度	0.026 3 kg/km
稳定状态绳长	50 km
弹性模量 E	2.5×10^{10} N/m^2
气动阻力系数 C_D	2.2

图 8.29 所示为在珠式模型下，系统受到扰动后系绳长度的变化曲线，图 8.30 所示为对应的系绳速度的变化曲线。由图可以看出，在系统刚开始受到扰动时系绳长度突然变化，长度由 50 km 突然变为 45.1 km，之后系统逐渐向平衡位置靠近。在系统向平衡位置靠近时，珠式模型呈现出振荡上升的趋势，振荡周期大约为 8 s，振荡幅度由最大值 4.9 km 逐渐降低。系绳出现振荡是因为珠式模型考虑了系绳的弹性力和阻尼力。系统从受到扰动到最终稳定在平衡位置总共持续了 70 s，调节时间比较长，但系统最终稳定在了 51 km，在±5%误差范围内。之所以出现这种情况是因为珠式模型考虑了系绳的弹性，实际长度可能还要大于 51 km。使用该控制方法只能使系统近似稳定在 50 km。系统最终稳定，这也从侧面证明了采用标准系数法设计控制系统的有效性。

图 8.31 所示为在只有绳长和绳长变化率反馈时珠式模型下面内角变化情况。在面内角向平衡位置逼近的过程中，系统在受到扰动后初始阶段面内摆角并不大，随着时间的推移，面内摆角增大，在大气阻力和系绳弹性的影响下面内角出现了来回摆动的情况，最终在 75 s 时恢复到了零，整个过程中最大摆动幅度为 2.3°。

图 8.32 所示为两种不同模型下系绳长度的变化曲线图。由图可以看出，对于哑铃模型，系统也是在刚受到扰动时出现振荡，但振荡幅度并不大，上下最大振幅分别为 0.98 km 和 0.2 km，系统最终稳定在了 50.1 km，在±5%误差范围内。总体上来说，系统在向平衡位置过渡过程中没有出现大的振荡，过渡过程相对平稳，并且系统在 15 s 时已达到平衡状态，过渡过程比较快。与线性化模型下的控制效果相比，系统只是在初期出现振荡，振荡幅度比线性化模型下的大。而珠式模型则在扰动初期出现大的振荡，在向平衡位置靠近过程中也呈现出振荡状态，过渡过程长达 70 s。由此可以说明，在该释放长度下，简单模型和复杂模型的控制效果差别比较大，为了能够获得真实的状况，应该采用复杂模型，建模时应尽可能多地把太空干扰因素考虑进去。

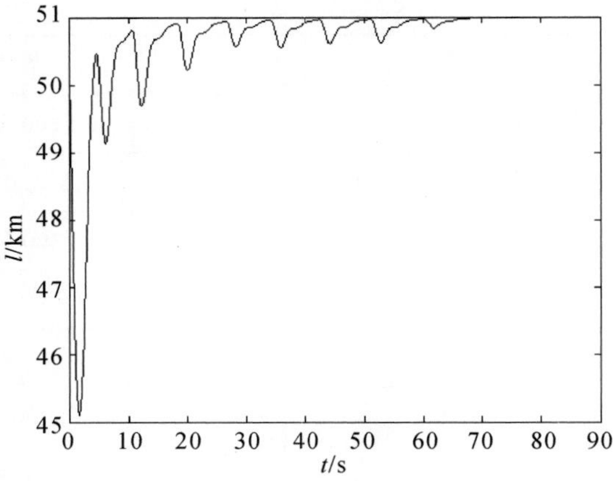

图 8.29 珠式模型下系绳长度的变化曲线

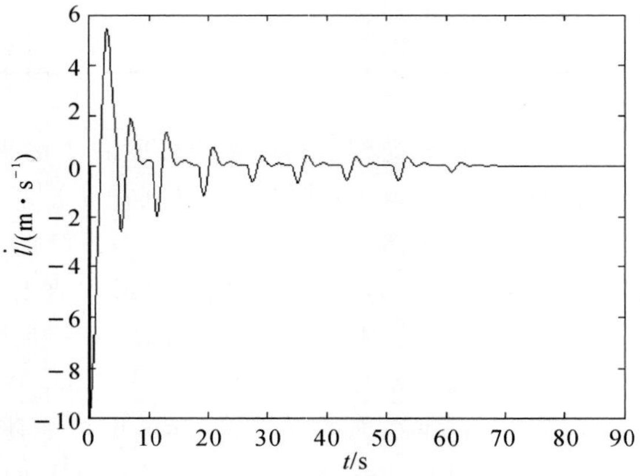

图 8.30 珠式模型下系绳速度的变化曲线

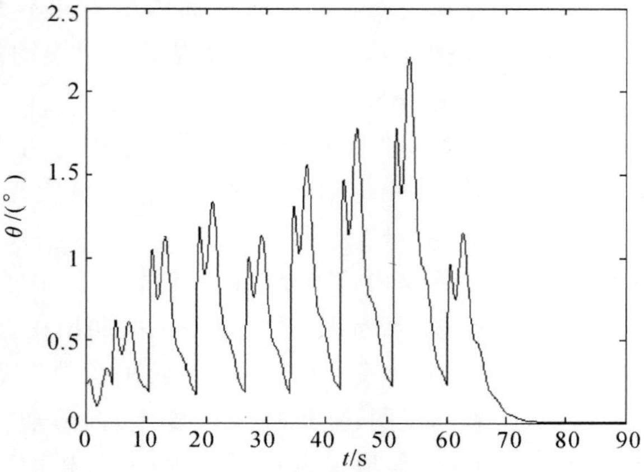

图 8.31 珠式模型下面内角变化曲线

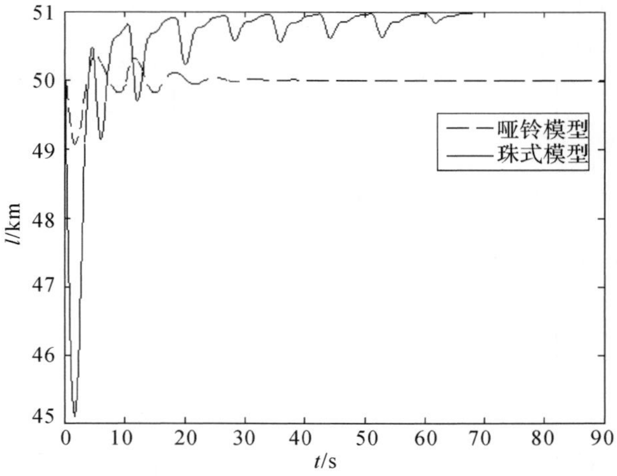

图 8.32　珠式模型和哑铃模型下控制效果比较

8.5.4.2　不同长度下两种模型控制效果仿真分析

图 8.33 所示为系绳长度为 25 km 时系绳长度控制效果图。由图中可以看出，在珠式模型下系统上下最大振幅分别为 0.4 km 和 2.9 km，相对于系绳长度为 50 km 时负向最大振幅大幅度减小，正向最大振幅稍微变大。这是因为系绳长度减小时，系绳整体的弹性形变也变小。系统在向平衡位置靠近过程中仍然呈现振荡状态，但振荡幅度逐渐减小，同时振荡周期也有所减小，最终稳定在 25.1 km，长度误差减小，调节时间为 52 s，总体上相对于系绳长度为 50 km时控制效果要好。对于哑铃模型，相对于长系绳时系统的控制效果更好，系统在扰动初期振荡幅度进一步减小，调节时间也略微变小，系统最终稳定状态已经接近 25 km。

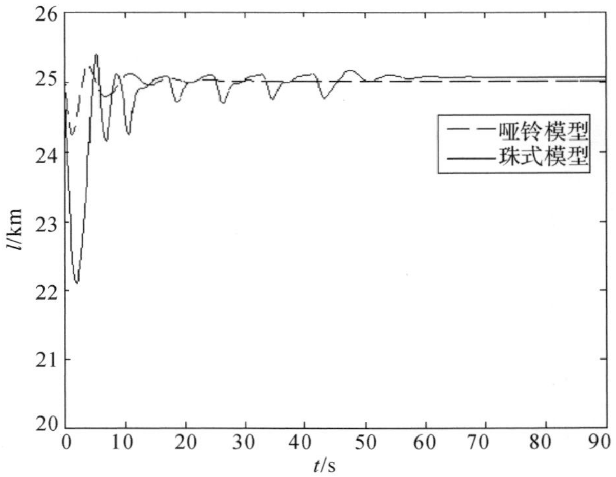

图 8.33　绳长为 25 km 时系绳长度的变化曲线

图 8.34 所示为系绳长度为 10 km 时系绳长度控制效果图。对于珠式模型，受到扰动后系统振荡幅度大大地减小，最大振幅为 1.6 km。按误差为±5%来看，系统在 25 s 时已经进入稳定状态，但系统还有持续的小幅振荡，之所以出现振荡是由于系绳弹性的影响。可见，随着系绳长度的减小，珠式模型下系统控制效果越来越好。而哑铃模型的振荡也非常微小，对于系

绳长度而言可以忽略不计。

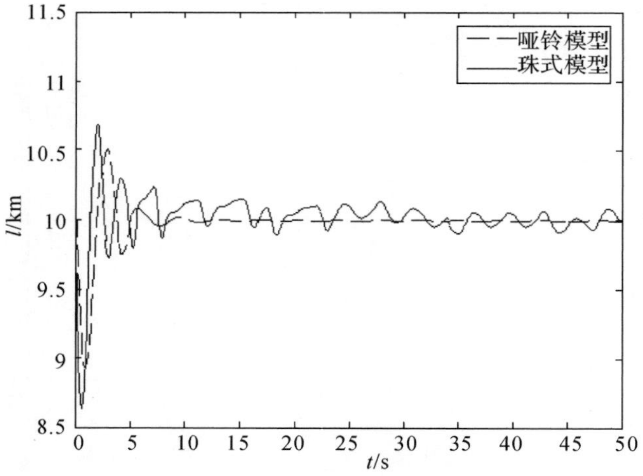

图 8.34 绳长为 10 km 时系绳长度的变化曲线

图 8.35 所示为系绳长度为 5 km 时系绳长度的变化曲线。由图可以看出，系统受到扰动后出现振荡，振荡幅度比较小，之后逐渐衰减，最终稳定到平衡状态。两种模型下系统都在 25 s内回到平衡状态。在该长度下，哑铃模型和珠式模型下系统响应曲线几乎重合。

由图 8.32 至图 8.35 可以得出以下结论：当释放系绳长度较短时，简化模型和复杂模型下控制效果差别不大，因此可以采用简化模型来代替复杂模型，这样可以大大简化计算过程；当释放系绳长度较长时，简化模型和复杂模型下控制效果差别很大，必须采用复杂模型来进行仿真验证，此时采用简化模型已经不能反映系统的真实状况。

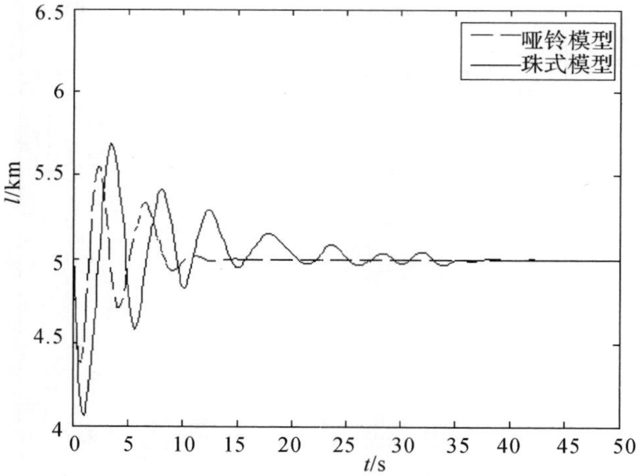

图 8.35 绳长为 5 km 时系绳长度的变化曲线

参考文献

[1] 张万周．空间系绳系统的发展及其应用前景[J]．中国航天，1999，47(3)：23－28.

[2] 孔宪仁，徐大富．空间系绳研究综述[J]．航天器环境工程，2010，27(6)：775－783.

[3] Tsiolkovsky K E. Speculations of earth and sky[M]. Moscow：Izd-vo AN SSSK，1895：35(reprint in 1959).

[4] Artsutanov Yu N. Spaceby a Locomotive[J]. Komsomolskaya Pravda，July 31st，1960，supplement (in Russian).

[5] Lang D L，Nolting R K. Operations with Tethered Space Vehicles[C]. Gemini Summary Conference，NASA SP－138，1967，2：55－64.

[6] Colombo G，Goposchkin E M，Grossi M D，et al. Shuttle-Borne Skyhook：A New Tool for Low-Orbital-Altitude Research [R]. Smithsonian Inst. Astrophysical Observatory Rept. Cambridge，MA：NAS8－02138，1974，9.

[7] Misra A K，Modi V J. A Survey on the Dynamics and Control of Tethered Satellite Systems[J]. Advances in the Astronautical Sciences，1986，62：667－719.

[8] Cosmo M L，Lorenzini E C. Tethers in space handbook[M]. NASA Marshall Space Flight Center，1997.

[9] Keshmiri M，Misra A K，Modi V J. Effects of aerodynamic lift on the stability of tethered satellite systems[J]. Journal of the Astronautical Sciences，1994，42(3)：301－318.

[10] Biswell B L，Puig-Suari J. Lifting body effects on the equilibrium orientation of tethers in the atmosphere[J]. Acta astronautica，1998，43(9)：521－529.

[11] Braginsky V B，Thorne K S. Skyhook gravitational-wave detector[J]. Nature，1985，316(6029)：610－612.

[12] Carroll J A，Cutlter A H. Potential role of tethers in space transportation[C]. 20th Joint Propulsion Conference，AIAA－1984－1448.

[13] Sanmartin J R，Charro M. Performance of electrodynamic tethers and ion thrusters against hybrid systems [J]. Journal of propulsion and power，2006，22 (3)：698－700.

[14] Sanmartin J R，Estes R D，Lorenzini E C，et al. Efficiency of electrodynamic tether thrusters[J]. Journal of spacecraft and rockets，2006，43(3)：659－666.

[15] Vas I E，Kelly T J，Scarl E A. Space station reboost with electrodynamic tethers[J]. Journal of spacecraft and rockets，2000，37(2)：154－164.

[16] Bannister P R，Harrison J K，Rupp C C，et al. Orbiting transmitter and antenna for spaceborne communications at ELF/VLF to submerged submarines[C]. In AGARD，ELF/VLF/LF Radio Propagation and Systems Aspects，1993.

[17] Quadrelli B M，Lorenzini E C. Dynamics and Stability of a Tethered Centrifuge in

Low Earth Orbit[J]. Journal of the Astronautical Sciences, 1992, 40(1): 3-25.

[18] Pasca M, Lorenzini E C. Optimization of a low altitude tethered probe for Martian atmospheric dust collection[J]. Journal of the Astronautical Sciences, 1996, 44(2): 191-205.

[19] Longuski J M, Puig-Suari J, Mechalas J. Aerobraking tethers for the exploration of the solar system[J]. Acta Astronautica, 1995, 35(2): 205-214.

[20] Merlina P. PROTEUS-PRObe tethered for exploration of uncovered satellite: The proteus Lunarmission[R]. ESA WPP-081, 1994, 512-527.

[21] Lorenzini E C. A three-mass tethered system for micro-g/variable-g applications[J]. Journal of Guidance, Control, and Dynamics, 1987, 10(3): 242-249.

[22] Hoffman J, Mazzoleni A. Investigation of a tethered satellite system for generating artificial gravity [C]. The 39th AIAA/ASME/SAE/ASEE Joint Propulsion Conference and Exhibit, 20-23 July 2003, Huntsville, AIAA-2003-5215.

[23] Padgett D A, Mazzoleni A P. Nullcline analysis as an analytical tethered satellite mission design tool[J]. Journal of guidance, control, and dynamics, 2007, 30(3): 741-752.

[24] Lorenzini E C, Cosmo M, Vetrella S, et al. Dynamics and control of the tether elevator/crawler system[J]. Journal of Guidance, Control, and Dynamics, 1989, 12(3): 404-411.

[25] Kumar K D, Yasaka T. Satellite attitude stabilization through kite-like tether configuration[J]. Journal of spacecraft and rockets, 2002, 39(5): 755-760.

[26] Menon C, Bombardelli C. Self-stabilising attitude control for spinning tethered formations[J]. Acta Astronautica, 2007, 60(10): 828-833.

[27] Takeichi N. Practical operation strategy for deorbit of an electrodynamic tethered system[J]. Journal of spacecraft and rockets, 2006, 43(6): 1283-1288.

[28] 朱仁璋. 未来空间站系统中的空间系绳[J]. 中国空间科学技术,1994(2):41-42.

[29] Lorenzini E C, Cosmo M L, Kaiser M, et al. Mission analysis of spinning systems for transfers from low orbits to geostationary[J]. Journal of Spacecraft and Rockets, 2000, 37(2): 165-172.

[30] Ziegler S W, Cartmell M P. Using motorized tethers for payload orbital transfer[J]. Journal of Spacecraft and Rockets, 2001, 38(6): 904-913.

[31] Williams P. Optimal Orbit transfer with electrodynamic tether [J]. Journal of Guidance, Control, and Dynamics, 2005, 28(2): 369-372.

[32] Williams P. Optimal Orbital Maneuvers Using Electrodynamic Tethers (AAS 05-206)[J]. Advances in the Astronautical Sciences, 2005, 120(2): 1671.

[33] Williams P. Simple approach to orbital control using spinning electrodynamic tethers [J]. Journal of spacecraft and rockets, 2006, 43(1): 253-256.

[34] Stevens R, Wiesel W. Large time scale optimal control of an electrodynamic tether satellite[J]. Journal of guidance, control, and dynamics, 2008, 31(6): 1716-1727.

[35] 刘丽丽,文浩,金栋平,等. 绳系卫星轨道转移的最优控制[J]. 航空学报,2009,30(2):332-336.

[36] Bonometti J A, Sorensen K F, Dankanich J W, et al. Status of the Momentum eXchange Electrodynamic Re-boost (MXER) tether development[C]. 42nd AIAA/ASME/SAE/ASEE joint propulsion conference and exhibit, 9-13 July 2006, Sacramento, CA: United States, AIAA-2006-4521.

[37] Lorenzini E C. Error-tolerant technique for catching a spacecraft with a spinning tether[J]. Journal of Vibration and Control, 2004, 10(10): 1473-1491.

[38] Williams P, Blanksby C. Prolonged payload rendezvous using a tether actuator mass [J]. Journal of spacecraft and rockets, 2004, 41(5): 889-892.

[39] Williams P. Optimal control of a tethered payload capture maneuver[C]. 41st AIAA/ASME/SAE/ASEE Joint Propulsion Conference & Exhibit, 10-13 July 2005, Tucson, Arizona, AIAA-2005-4114.

[40] Williams P. Spacecraft rendezvous on small relative inclination orbits using tethers [J]. Journal of Spacecraft and Rockets, 2005, 42(6): 1047-1060.

[41] Williams P. In-plane payload capture with an elastic tether[J]. Journal of guidance, control, and dynamics, 2006, 29(4): 810-821.

[42] Williams P. Dynamics and control of spinning tethers for rendezvous in elliptic orbits [J]. Journal of Vibration and Control, 2006, 12(7): 737-771.

[43] 徐大富,孙克新,孔宪仁,等. 基于电动力绳系的航天器离轨方式初步研究[J]. 航天器环境工程,2009,26(4):378-382,404.

[44] Tyc G, Han R P S. Attitude dynamics investigation of the OEDIPUS-A tethered rocket payload[J]. Journal of Spacecraft and Rockets, 1995, 32(1): 133-141.

[45] Tyc G, Vigneron F, Jablonski A, et al. Flight dynamics results from the OEDIPUS-C tether mission[C]. Proc. AIAA/AAS Astrodynamics Specialist Conference, 29-31 July 1996, San Diego, CA. AIAA-1996-3573.

[46] Cosmo M, Lorenzini E, Gramer D, et al. TESSX: A Mission for Space Exploration with Tethers[C]. 41st AIAA/ASME/SAE/ASEE Joint Propulsion Conference & Exhibit, 10-13 July 2005, Tucson, Arizona, AIAA-2005-4288.

[47] Dobrowolny M, Stone N H. A technical overview of TSS-1: the first tethered-satellite system mission[J]. II Nuovo Cimento C, 1994, 17(1): 1-12.

[48] Stone N H, Bonifazi C. The TSS-1R Mission: Overview and scientific context[J]. Geophysical Research Letters, 1998, 25(4): 409-412.

[49] Tomlin D D, Mowery D K, Musetti B, et al. TSS mission 1 flight dynamic anomalies [C]. Proceedings of the Fourth International Conference on Tethers in Space. Science and Technology Corp, Hampton, VA, 1995, 1: 119-132.

[50] Pearson J, Carroll J, Levin E, et al. Overview of the electrodynamic delivery express (EDDE) [C]. 39th AIAA/ASME/SAE/ASEE Joint Propulsion Conference and Exhibit, 20-23 July 2003, Huntsville, AL, AIAA-2003-4790.

[51] Alfriend K T, Barnds W J, Coffey S L, et al. Attitude and orbit determination of a satellite system[J]. Advances in the Astronautical Sciences, 1995, 90: 133 - 162.

[52] Purdy W, Coffey S, Barnds W J, et al. TiPS-Results of a tethered satellite experiment[J]. Astrodynamics, 1997, 3 - 23.

[53] Kruijff M. The Young Engineers' Satellite-Flight results and critical analysis of a super-fast hands-on satellite project[C]. IAF, International Astronautical Congress, 50 th, Amsterdam, Netherlands. 1999.

[54] Williams P, Hyslop A, Stelzer M, et al. YES2 optimal trajectories in presence of eccentricity and aerodynamic drag[J]. Acta Astronautica, 2009, 64(7): 745 - 769.

[55] Westerhoff J. Optimal configuration of MXER tether systems [C]. 39th AIAA/ASME/SAE/ASEE Joint Propulsion Conference and Exhibit, 20 - 23 July 2003, Huntsville, Alabame, AIAA - 2003 - 5220.

[56] Sorensen K. Hyperbolic injection issues for MXER tethers[C]. 39th AIAA/ASME/SAE/ASEE joint propulsion conference and xhibit, 20 - 23 July 2003, Huntsville, Alabame, AIAA - 2003 - 5221.

[57] Sorensen K. Conceptual design and analysis of an MXER tether boost station[C]. AIAA Joint Propulsion Conference and Exhibit, 8 - 11 July 2001, Saltlake City, UT, United States, AIAA - 2001 - 3915.

[58] Hoyt R, Slostad J, Twiggs R. The multi-application survivable tether (MAST) experiment[C]. 39th AIAA/ASME/SAE/ASEE Joint Propulsion Conference and Exhibit. 20 - 23 July 2003, Huntsville, Alabama, AIAA - 2003 - 5219.

[59] Sorensen K. Momentum eXchange Electrodynamic Reboost (MXER) Tether Technology Assessment Group Final Report[R]. NASA/MSFC In-Space Propulsion Technology Office, Huntsville, AL, 2003, 4.

[60] Kremic Tibor. An overview of NASA's in-space propulsion technology program[C]. 43rd AIAA/ASME/SAE/ASEE Joint Propulsion Conference & Exhibit, 8 - 11 July 2007, Cincinnati, OH, AIAA - 2007 - 5432.

[61] Jost R J, Chlouber D, Wilson T L, et al. Plasma motor generator mission report[C]. Proceedings of the 4 th International Conference on Tethers in Space, Smithsonian Inst. , Washington, D. C. 1995: 149 - 163.

[62] Gates S S, Koss S M, Zedd M F. Advanced tether experiment deployment failure[J]. Journal of Spacecraft and Rockets, 2001, 38(1): 60 - 68.

[63] Higuchi K, Natori M C, Iwasa T, et al. Ground experiment of motion control of retrieving space tether [C]. Proceedings of the AIAA/ASME/ASCE/AHS/ASC Structures, Structural Dynamics & Materials Conference, Kissimmee, Fl, USA, AIAA - 1997 - 1217.

[64] Hironori A F, Koga N. Experimental study on control of tethered subsatellite system in the rotational field[C]. AIAA Guidance, Navigation, and Control Conference and Exhibit, Monterey, AIAA - 1998 - 4317.

[65] Kojima H, Furukawa Y. Experimental verification of chaotic librational motion of tethered satellite system in elliptic orbit [C]. AIAA Modeling and Simulation Technologies Conference, 10 - 13 August 2009, Chicago. Illinois, AIAA - 2009 - 5815.

[66] Modi V J, Pradhan S, Misra A K. Controlled dynamics of flexible orbiting tethered systems: analysis and experiments[J]. Journal of Vibration and Control, 1997, 3 (4): 459 - 497.

[67] Schultz F W, Vigneron F R, Jablonski A M. Horizontally-configured ground-test method for tethered satellites[J]. Canadian aeronautics and space journal, 2002, 48 (1): 97 - 106.

[68] Nakaya K, Iai M, Omagari K, et al. Formation deployment control for spinning tethered formation flying-simulations and ground experiments[C]. AIAA guidance, navigation, and control conference and exhibit, AIAA - 2004 - 4896.

[69] Mori O, Matunaga S. Formation and attitude control for rotational tethered satellite clusters[J]. Journal of Spacecraft and Rockets, 2007, 44(1): 211 - 220.

[70] Chung S J, Slotine J E, Miller D W. Nonlinear model reduction and decentralized control of tethered formation flight [J]. Journal of Guidance, Control, and Dynamics, 2007, 30(2): 390 - 400.

[71] Nohmi M, Yamamoto T, Takagi Y. Microgravity experiment for attitude control of a tethered body by arm link motion[C]. 2007 International Conference on Mechatronics and Automation. IEEE, 2007: 3519 - 3524.

[72] Nakanishi K, Kojima H, Watanabe T. Trajectories of in-plane periodic solutions of tethered satellite system projected on van der Pol planes[J]. Acta Astronautica, 2011, 68(7): 1024 - 1030.

[73] Hamel J F, Lafontaine J D. Linearized dynamics of formation flying spacecraft on a J2-perturbed elliptical orbit[J]. Journal of Guidance, Control, and Dynamics, 2007, 30(6): 1649 - 1658.

[74] Wright K H, Stone N H, Winningham J D, et al. Satellite particle collection during active states of the Tethered Satellite System (TSS)[C]. Plasmadynamics and Lasers Conference, AIAA - 1996 - 2298

[75] Carroll J, Oldson J. Tethers for small satellite applications[C]. Proceedings of the AIAA/USU Small Satellite Conference, Logan, Utah, 1995.

[76] Gates S S, Koss S M, Zedd M F. Advanced tether experiment deployment failure[J]. Journal of Spacecraft and Rockets, 2001, 38(1): 60 - 68.

[77] Brian E. Gilchrist, Penny L, et al. Tethered atmospheric/ionospheric research satellite(AIRSAT)[C]. Space Programs and Technologies Conference and Exhibit, AIAA SPACE Forum, 1993 - 4767.

[78] Andrew D, Santangelo. AIRSEDSS:A proof-of-concept tether mission into the earth' s upper atmosphere[C]. 32nd Aerospace Sciences Meeting and Exhibit, Reno,NV,U.

S. A , 1994 , AIAA paper, 1994 - 0872.

[79] Herrmann M, Johnson L. A upper atmospheric tether mission[C]. AIAA, Space Programs and Technologies Conference, Huntsville, AL, Sept. 24 - 26, 1996 - 4253.

[80] Carroll J A. SEDS deployer design and flight performance[C]. Space Programs and Technologies Conference, AIAA SPACE Forum, 1993 - 4764.

[81] Vaughn J A, Kamenetsky R R, Finckenor M, et al. Development of polymer coatings for the ProSEDS tether[C]. Aerospace Sciences, Reno, NV, AIAA - 2000 - 0244.

[82] Stone N H. Electrodynamic characteristics of the Tethered Satellite System during the TSS-1R mission [C]. Space Programs and Technologies Conference, AIAA SPACE Forum, 1996 - 4472.

[83] Anselmo L, Pardini C. The survivability of space tether systems in orbit around the earth[J]. Acta Astronautica, 2005, 56(3): 391 - 396.

[84] Gilchrist B E, Bilén S G, Patrick T A, et al. Bare electrodynamic tether ground simulations in a dense, high-speed plasma flow[C]. Proceedings of the 36th AIAA/ASME/SAE/ASEE joint propulsion conference and exhibit, AIAA - 2000 - 3869.

[85] Khazanov G, Krivorutsky E, Sorensen K. Analyses of bare-tether systems as a thruster for MXER studies[C]. 41st AIAA/ASME/SAE/ASEE Joint Propulsion Conference & Exhibit, AIAA - 2005 - 4116.

[86] Hoyt R P, Forward R L. The terminator tether: autonomous deorbit of LEO spacecraft for space debris mitigation [C]. 38th Aerospace Sciences Meeting & Exhibit. 2000: 10 - 13.

[87] Kruijff M, van der Heide E J. Qualification and in-flight demonstration of a European tether deployment and momentum transfer system on YES2[C]. Proceedings of the IAA symposium on small satellites system and services, Rhodes, Greese. 2008: 1 - 17.

[88] Tomlin D D, Faile G C, Hayashida K B, et al. Space Tethers: Design Criteria[R]. NASA Technical Memorandum 108537, NASA, Marshall Space Flight Center-MSFC, July 1997.

[89] Sanmartin J R, Lorenzini E C, Martinez-Sanchez M. Electrodynamic tether applications and constraints[J]. Journal of Spacecraft and Rockets, 2010, 47(3): 442 - 456.

[90] Biswell B, Puig-Suari J. Stability and control of an atmospheric tether with a lifting probe[J]. Journal of guidance, control, and dynamics, 1999, 22(5): 664 - 670.

[91] Chobotov V A, Mains D L. Tether satellite system collision study[J]. Space Debris, 1999, 1(2):543 - 551.

[92] Larsen M B, Blanke M. Control by damping injection of electrodynamic tether system in an inclined orbit[C]. American Control Conference, Larsen, Martin, 2009: 4824 - 4829.

[93] Fujii H A, Watanabe T, Trivailo P M. Wave-absorbing control of transverse vibration of tether systems [J]. Journal of the Astronautical Science, 2003, 51(3): 249 - 259.

[94] Williams P, Watanabe T, Blanksby C, et al. Libration control of flexible tethers using electromagnetic forces and movable attachment [J]. Journal of Guidance, Control and Dyanmics, 2004, 27(5):882 - 897.

[95] Kojima H, Iwasaki M, Fujii H A, et al. Nonlinear control of librational motion of tethered satellite in elliptic orbits[J]. Journal of Guidance, Control, and Dynamics, 2004, 27 (2):229 - 239.

[96] Pasca M. Nonlinear control of tethered satellite system oscillations[J]. Nonlinear Analysis Theory Methods and Applications, 1997, 30(6): 3867 - 3878.

[97] Takeichi N, Natori M C, Okuizumi N, et al. Periodic solutions and controls of tethered systems in elliptic orbits[J]. Journal of Vibration and Control, 2004, 10 (10):1393 - 1413.

[98] Mankala K K, Agrawl S K. A boundary controller based on linear infinite dimensional system for station keeping of a tethered satellite system[C]. American Control Conference, Mankala, Kalyan, 2006,1(12):793.

[99] Williams P. Optimal control of a spinning double-pyramid earth-pointing tether formation[J]. Acta Astronautica, 2009, 64(11 - 12):1191 - 1223.

[100] He Y, Liang B, Xu W. Study on the stability of tethered satellite system[J]. Acta Astronautica, 2011, 68(11): 1964 - 1972.

[101] Zabolotnov Y M, Elenev D V. Stability of motion of two rigid bodies connected by a cable in the atmosphere[J]. Mechanics of Solids, 2013, 48(2): 156 - 164.

[102] Zabolotnov Y M, Naumov O N. Motion of a descent capsule relative to its center of mass when deploying the orbital tether system[J]. Cosmic Research, 2012, 50(2): 177 - 187.

[103] Zabolotnov Y M. Statistical analysis of attitude motion of a light capsule entering the atmosphere[J]. Cosmic Research, 2013, 51(3): 213 - 224.

[104] Zabolotnov Y M, Lyubimov V V. Application of the method of integral manifolds for construction of resonant curves for the problem of spacecraft entry into the atmosphere[J]. Cosmic Research, 2003, 41(5): 453 - 459.

[105] Zabolotnov Y M, Nikonova I A. Disturbance ranging in capsule atmosphere descent [J]. Russian Aeronautics (Iz VUZ), 2010, 53(4): 375 - 381.

[106] Zabolotnov Y M, Elenev D V. A way for accelerated calculation of spacecraft motion in an atmosphere with a tethered aerodynamic stabilizer[J]. Mathematical Models and Computer Simulations, 2014, 6(1): 38 - 45.

[107] Naumov O N. Statistical analysis for rotational motion of a light descent capsule under deployment of a space cable system [J]. Russian Aeronautics, 2012, 55(2): 164 - 169.

[108] Naumov O N. Statistical analysis for rotational motion of a light descent capsule under deployment of a space cable system[J]. Russian Aeronautics (IZ VUZ), 2012, 55(2): 164 - 169.

[109] Wang C, Wei H, Li A. Calculating and analysis of re-entry condition for space tethered-assisted return system in elliptic orbit[J]. International Journal of Space Science and Engineering, 2014, 2(3): 248 - 258.

[110] Zhang Malin, Wang Wei, Wang Changqing, et al. Stability control for state-keeping stage of tetheredsatellite based on LQG design [C]. Proceedings of 2014 IEEE Chinese Guidance, Navigation and Control Conference. August 8 - 10, Yantai, China. IEEE, 2014:250 - 254.

[111] Luo L, Li A, Wang C. Simulation analysis of orbital parameters of small satellite launching by space tether system[C]. Control Conference (CCC), 2014 33rd Chinese. IEEE, 2014: 6398 - 6402.

[112] Wang C, Li A, Xu L. A simple method for multi - loop control system optimization and design[C]. Communication Systems and Network Technologies (CSNT), 2012 International Conference on. IEEE, 2012: 419 - 422.

[113] 刘丽丽,文浩,金栋平,等. 空间碎片对绳系卫星冲击的影响分析[J]. 振动与冲击, 2009,28(7):12 - 16,209.

[114] 胡剑波,辛海良. 飞机姿态角稳定系统的标准系数法研究[J]. 系统工程与电子技术, 2008,30(1):152 - 155.

[115] 杨平. 控制器的标准传递函数设计方法[J]. 化工自动化及仪表,2010,37(11):9 - 13.

[116] 王长青,孙娇,汪庆,等. 基于ITAE准则的飞控系统航向通道的设计[J]. 西北工业大学学报,2012,30(3):345 - 349.

[117] 王长青,李爱军,王伟. Butterworth滤波器在飞行控制系统设计中的应用[J]. 飞行力学,2009,27(1):74 - 76,96.

[118] 李爱军,孙娇,王长青,等. 基于标准系数法的飞控系统横侧向模态控制方法研究[J]. 西北工业大学学报,2011,29(6):844 - 848.